U0238473

水科学博士文库

Forward and Back Analysis Methods and Optimal Control of Safety Monitoring in Dams

大坝安全监控正反分析方法与优化调控

黄耀英 著

内 容 提 要

本书系统阐述了已建大坝中水荷载问题和在建大坝中温度控制问题的正反分析与优化调控理论、模型和方法，并列举了相应的实例。全书共8章，包括：绪论，大坝变形分析中的水荷载，大坝稳定分析中的水荷载，运行期混凝土坝分析中的不确定性反馈方法，施工期混凝土坝不确定性的反馈方法，施工期混凝土坝特殊监控指标拟定，施工期通水冷却的控制论法，施工期混凝土坝测温辅助决策支持系统等内容。

本书可供从事水利水电工程、土木和建筑工程等领域内的科研、教学和工程技术人员参考，也可作为大专院校相关专业的研究生教材。

图书在版编目（CIP）数据

大坝安全监控正反分析方法与优化调控 / 黄耀英著
. -- 北京 : 中国水利水电出版社, 2016.6
（水科学博士文库）
ISBN 978-7-5170-4487-1

Ⅰ. ①大… Ⅱ. ①黄… Ⅲ. ①大坝－安全监控－研究
Ⅳ. ①TV698.2

中国版本图书馆CIP数据核字(2016)第145208号

书　名	水科学博士文库 **大坝安全监控正反分析方法与优化调控**
作　者	黄耀英　著
出版发行	中国水利水电出版社 （北京市海淀区玉渊潭南路1号D座　100038） 网址：www.waterpub.com.cn E-mail：sales@waterpub.com.cn 电话：（010）68367658（发行部）
经　售	北京科水图书销售中心（零售） 电话：（010）88383994、63202643、68545874 全国各地新华书店和相关出版物销售网点
排　版	中国水利水电出版社微机排版中心
印　刷	北京嘉恒彩色印刷有限责任公司
规　格	170mm×240mm　16开本　15.25印张　290千字
版　次	2016年6月第1版　2016年6月第1次印刷
印　数	0001—1000册
定　价	**65.00**元

序

XU

黄耀英教授主撰的《大坝安全监控正反分析方法与优化调控》一书，即将由中国水利水电出版社出版，我有机会事先阅读原稿，实感荣幸。著者嘱我写篇序言，我也欣然同意。

在大坝安全监控领域，运行期大坝中水荷载问题和施工期大坝中的温度控制问题是大坝建设和运行管理中的两个重要问题。众所周知，水荷载是运行期大坝应力变形分析和稳定分析中的一项基本荷载，暂且不谈水对大坝、地基的化学作用、物理作用和力学作用的复杂耦合，在当前坝工界，关于地基水荷载到底如何施加？库盘水荷载作用引起的大坝位移到底多大？建立大坝-地基数值计算模型时，地基到底截取多大范围？采用有限元等数值计算方法进行大坝变形稳定分析时，扬压力如何施加？诸如此类的问题至今仍未取得一致的看法。此外，在施工期，因温度控制不当导致混凝土出现裂缝至今仍然困扰着坝工界，到底是由于现有温度控制理论存在不足，还是设计温控措施和施工温控措施存在脱节，坝工界也存在不同的解释。

针对上述问题，青年教授黄耀英自从跟我读研究生以来，陆续对运行期大坝中水荷载问题和施工期大坝中的温度控制问题进行了较全面地分析和反分析，并在这些研究成果的基础上，撰写成《大坝安全监控正反分析方法与优化调控》。粗读之余，我认为本书有以下一些特点：①拓展了反分析方法。例如，提出了利用运行期大坝原位监测资料反演不确定性地基水荷载和地基几何尺寸的方法，完善了施工期混凝土坝热学参数的反演方法，解析了高拱坝已灌区温度回升现象，提出了基于矩法的高拱坝实际温度荷载反馈方法，以及提出了准大体积混凝土温控措施优选的方法。②发展了施工期特殊监控指标拟定的方法，提出了用于控制混凝土浇筑仓最高温度的温度双控指标法及预警机制，以及提出了利用小概率事件法或最大熵法结合实测应力估计大坝混凝土实际抗拉强度的方法。③提出了施工期混凝土坝通水冷却的控制论法，踏实推进了“规划设计-施工建设-安全监控”这一“闭路系统”在温控防裂中的应用。因此，本书不仅具有较高的学术水平，更具有重要的实际意义。

当然，大坝安全监控研究是一个复杂的课题，作者试图拓展已有的分析方法，以及尝试将现代控制理论引入混凝土温控防裂，目前尚未做到都如人意的程度，但作者无疑已迈出了重要的一步，我期待着作者将现代控制理论深入推展到大坝安全监控领域并应用于实际工程。

欣喜之余，写了个人感受，谨以为序。

中国工程院院士 吴中如

2016年5月

前言

由于法国的马尔帕赛（Malpasset）拱坝、美国的Teton坝以及我国的板桥、石漫滩等大坝失事引发了下游地区严重的灾难，大坝安全监控逐渐得到重视。近些年来，随着西部大开发和“西电东送”工程的大力开展，突破现行规范适用范围的高坝大库建得越来越多，这些大坝一旦发生破坏，后果难以估计，大坝安全监控更显重要。大坝需要安全，大坝需要监控。

在大坝安全监控领域，已建大坝中水荷载问题和在建大坝中的温度控制问题是大坝建设和运行管理中的两个重要问题。本书分两部分介绍相关内容。

本书第1部分介绍了已建大坝中水荷载问题。

大坝变形监测正分析和反馈分析中的水荷载问题是一个十分传统的问题。这个大家习以为常的问题一直困扰着笔者，以致笔者对坝工数值计算结果的可信度持怀疑的态度。笔者尝试着与一些熟悉的同行讨论这个传统的问题，发现大家分歧很大，大家在讨论时经常出现一些自相矛盾的观点和结论。笔者惊诧地发现一些专家早已在这些含糊不清的传统水荷载问题的基础上，开始着手研究更复杂的问题和现象。这些状况进一步加重了笔者的困扰。

近些年，笔者陆续关注和研究这个传统的水荷载问题。例如，地基水荷载到底如何施加？地基水荷载作为面荷载或体荷载存在什么关系？库盘水荷载作用引起的大坝位移到底多大？建立大坝-地基数值计算模型时，地基到底截取多大范围？采用有限元等数值计算方法进行大坝变形稳定分析时，扬压力如何施加？倒垂线在基岩深处的锚固点确实是固定不动的吗？目前的反演反馈分析，往往是假设本构模型、计算荷载、几何尺寸、边界初始条件等完全确定，然后进行计算参数（坝体混凝土弹性模量或基岩变形模量等）的反演，该反演参数对应于所建立大坝-地基数值计算模型的参数，它和实际参数关系如何？等等。这些传统的水荷载问题至今仍困扰着笔者。虽然关于这些传统的水荷载问题至今笔者尚未理清楚，但基于“积跬步，才能至千里”的原则，笔者整理了以往的一些工作，这些工作主要是针对重力坝而言，但有些结论或许对拱坝或边坡的变形和渗流监测也有一定的参考作用。

本书第2部分介绍了在建大坝中的温度控制问题，其又分为混凝土坝不确定性的反馈、监控指标拟定以及温控措施的优选和调控。

对于混凝土坝不确定性的反馈，一般工程领域内的力学问题基本上采用偏微分方程及相应的初始边界条件来描述，然后借助于计算机和数值算法来进行求解。这种分析模式的计算精度往往受限于计算参数和计算模型等的合理性和准确性。混凝土坝不确定性的反馈，尤其是计算参数的反分析是一个十分传统的问题，说简单也不简单。由于已有现成的分析套路，即基于室内或现场监测值，采用常规、优化或仿生算法进行计算参数反演，所以略微有一点数学基础的人都能开展这项研究，但由于反分析不适定性问题尚未解决，要获得合理准确的计算参数又不简单，它需要对反演参数的工程有着比较深入的认识。

针对现有大坝安全监控中计算参数反演主要局限于运行期的参数反演，本书首先完善了一些施工期的计算参数反演。例如：基于施工期混凝土实测温度的热扩散率和太阳辐射热反馈；针对施工期高拱坝已灌区温度回升的现象，结合建设中的溪洛渡特高拱坝已灌区温度回升值进行统计分析，从理论上对已灌区温度回升的现象进行了解析，笔者认为这些解析有“四两拨千斤”的作用。然后针对现有拱坝温度荷载是线性等效温度，忽略了非线性温度，为此对重力拱坝温度荷载进行了改进，以考虑非线性温度的影响，进而说明采用不同的等效方式，虽然温度变化引起全截面的力学作用接近相等，对坝体的变形影响较小，但截面上的应力分布不同。最后提出基于矩法对高拱坝温度荷载进行反馈。

对于监控指标拟定，众所周知，在进行体检时，借助于医学仪器或设备可以获得人体各个检查项目的体检值，然后与健康指标参考值进行对比，以此判断健康与否。效仿健康体检思想，借助于监测或检测仪器可以获得大坝各个物理量的实测值，然后与监控指标进行对比，以此判断大坝正常与否。目前健康体检思想在工程上使用广泛。由于健康体检思想简单，所以对工程单位有着很大的诱惑性，但合理监控指标的拟定是一件十分复杂的事情。

混凝土坝是人工构造建筑物，各个混凝土浇筑仓的温度变化规律较好，这为拟定温度监控指标提供了一个相对理想的状态，很幸运，笔者发现并提出了温度双控指标法。与此同时，笔者提出结合实测应力应变，基于小概率法估计大坝混凝土实际抗拉强度这一特殊强度监控指标。

对于温控措施优选和调控，将通水冷却阶段的混凝土坝作为控制系统（受控对象），由于混凝土坝的温度场可以采用热传导方程及相应的初始边界条件来描述，那么在进行温度控制时，可以从热传导偏微分方程和边界初始条件角度着手进行调控，当然，要进行温度控制（调控）必须事先要有温度预测（受控对象数学状态模型）。笔者试着采用朱伯芳提出的理论和方法进行大体积混凝土温度场及应力场仿真分析，遇到如下问题：由于温控防裂是一个与温控措施和混凝土热力学参数相关的复杂多因素问题，必须进行细致分析及多方案比选，严格来说，对不同（可行域内的）温控措施，应采用优化算法来寻找最优解，但在寻优的过程中存在计算工作量很大的问题，即：要进行有效地温控措施寻优，必须要采用一种计算工作量小的先验性模型进行快速的温度预测。

由于施工期的混凝土坝的通水冷却相对比较明确和理想，以致可以获得一些温度理论解析解（有热源水管冷却实用方程，无热源水管冷却实用方程，等），受隧洞衬砌支护中“新奥法”的启示——实时监测、动态调控、寻找最优支护时机，基于“实时监测、动态调控、寻找最优的措施”的思路，笔者探讨了施工期混凝土坝通水冷却的动态调控，即结合实测温度（由观测器输出），以及通水阶段的一些温度理论解析解，进行预测，通过采用实测温度动态更新温度理论解析解中的重要输入项（校正状态变量的初始值），来达到修正温度理论解析解预测中的误差，从而达到提高预测精度的目的。快速可靠的温度预测（受控对象数学状态模型）的建立是温度控制（调控）必要前提。接下来就可以基于设计温控措施拟定控制变量和状态变量的完备约束条件，进而建立混凝土坝通水冷却最优调控模型（受控系统最优调控模型），最后软硬件结合，研发控制器，引入优化算法，实时动态调控通水措施，使调控温度过程线按设计温度过程线变化，温控防裂目的自然解决。

笔者认为，无论大体积混凝土还是准大体积混凝土的温控防裂问题都是一个复杂多因素系统优选问题。从某种意义上来说，这些问题都应采用优化理论和优化方法来解决，略微有一点数学基础和工程常识的人都能开展这项研究，但至今仍然“无坝不裂”！看似简单的问题，具体实施时，难度实在太大，以致控制论和协同论等理论往往流于形式。而当前很多的研究是一个静态预测，没有和实测资料进行有机结合，以达到动态预测-调控；虽然有些研究开始着手进行动态预测，但存在计算工作量很大，以致难以达到优化调控的目的。相对于进行温度场数值仿真分析来说，笔者提出的受控系统最优调控模型，由于和实测资料进行了有机结合，能保证一定的预测精度，且计算工作量小，可以达到快速可靠的调控的目的，从而踏实推进了“规划设计-施工建设-安全监测”这一“闭路系统”（吴中如，1989）在温控防裂中的应用。

本书部分内容来自笔者的博士学位论文，部分研究成果得到国家自然科学基金（批准号：51209124）和湖北省教育厅重点项目（批准号：D20101207）等的资助，工程应用研究主要来自溪洛渡、龙羊峡、涔天河水库扩建工程等科研项目的研究成果，在此谨表感谢！在研究期间，河海大学吴中如院士、沈振中教授等，中国科学院武汉岩土力学研究所郑宏教授等给予笔者许多指导和有益的建议，三峡大学谭超博士在最优调控系统的研发中给予了大力帮助，三峡大学周宜红教授在溪洛渡项目的研究中提供了支持，在此谨表谢忱。

笔者的研究生程中凯硕士、陈勋辉硕士、魏晓斌硕士和陈义涛硕士分别参与了本书第2.6节、第3.6节、第5.6节和第8章部分初稿的撰写。对这些内容，笔者进行了必要的增、删、改。

本书承蒙中国工程院院士吴中如教授在百忙中审读并撰写序，对此表示衷心感谢！

由于大坝安全监控是一门综合性很强的学科，而且是一个正在迅速发展的研究方向，在理论和实践上都有很大的拓展和完善空间，每年有大量的文献发表，笔者无意将本书写成一本教科书类的专著，而是试图以自身研究及应用成果为主干进行写作。

本书写作目的主要是与同行交流心得体会，限于水平，书中难免存在不妥之处，期待同行们的批评指正。

作者

2016年3月

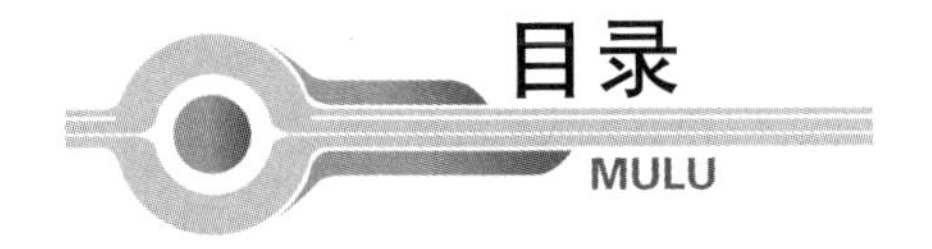
目录
MULU

第1章 绪 论

1.1 大坝安全监控的意义及其定义

当前我国已建大坝9.8万余座，其中，高度15m以上的大坝约1.9万余座，但这些工程大多建于20世纪50—70年代，普遍存在防洪标准低、工程质量差等安全隐患，加上管理维护不善、工程老化等不利因素的影响，造成大量病险工程。与此同时，随着西部大开发和“西电东送”工程的大力开展，突破现行规范适用范围的高坝大库越来越多。这些大坝一旦发生破坏，后果难以估计。因此，对大坝及坝基进行安全监控具有重大的意义。

大坝需要安全，大坝需要监控。法国的马尔帕赛（Malpasset）拱坝由于不重视大坝安全监测，从而导致大坝失事。该坝最大坝高66.5m，没有埋设任何内部观测仪器。1959年12月2日9时，管理人员进行了外观检查认为大坝一切正常，但是就在管理人员离开半小时后突然垮坝，死伤400多人，损失6800万美元。事后调查分析认为，事故的酝酿和发展已有相当长时间，因为没有监测仪器，以致未能察觉。这一事件给人们非常深刻的教训。安徽省淮河流域佛子岭连拱坝，最大坝高75.9m，河海大学（吴中如等，2000）利用1984年以前的变形监测资料，反演了坝体和坝基的实际物理力学参数，进而进行结构计算和数学模型分析，拟定了关键坝垛13号垛的坝顶水平位移的位移监控指标为5.29mm，并提出低温高水位控制运行水位为122.00m。1993年11月下旬，佛子岭水库水位上升至125.60m，又遇强寒流影响，13号坝垛坝顶水平位移达到5.81mm，超过监控指标5.29mm，其他坝垛坝顶水平位移也超过历史最大值20%～54%；坝基沉陷也超过历史最大值；运行单位及时上报原电力工业部，立即降低库水位至122.00m运行，避免了不利运行工况对坝体结构的危害和可能导致的运行事故。

大坝安全监控系指通过仪器观测和巡视检查对大坝坝体、坝基、坝肩、近坝区库坡及坝周围环境所做的测量和观察。然后基于观测资料正分析、反演分析和反馈分析，对大坝的安全状态进行评判和控制。大坝安全监控（吴中如，2003）是一门综合性很强的学科，其包含正分析、反演分析和反馈分析等重要组成部分。其中，正分析的主要任务是由实测资料建立数学监控模型（如统计模型、确定性模型、混合模型等）；应用这些模型监控大坝将来的运行状态，同时对模型中的各个分量（特别是时效分量）进行物理解释，借以分析大坝的工作性态。仿效系统辨识理论，将正分析的成果作为依据，通过相应的理论分析，借以反求大坝和地基的材料参数、本构模型、计算荷载、几何尺寸、边界初始条件等，则称之为反演分析。反馈分析是综合应用正分析与反演分析的成果，并通过相应的理论分析，从中寻找某些规律和信息，及时反馈到设计、施工和运行中去，达到优化设计、施工和运行的目的，并补充和完善现行水工设计和施工规范。

随着计算技术的快速发展，大坝安全监控信息化、数值化、智能化逐渐得到重视。信息管理系统、信息分析系统、辅助决策支持系统甚至综合评价专家系统逐渐在实际大坝工程中得到推广应用。

1.2 本书内容概述

本书内容主要分为两部分，第1部分为已建大坝中水荷载问题，包括第2～4章内容；第2部分为在建大坝中的温度控制问题，包括第5～8章内容。前者包括大坝变形分析中的水荷载、大坝稳定分析中的水荷载、运行期混凝土坝分析中的不确定性反馈方法；后者包括施工期混凝土坝不确定性的反馈方法、施工期混凝土坝特殊监控指标拟定、施工期通水冷却的控制论法、施工期混凝土坝测温辅助决策支持系统。

（1）第1章为绪论。

（2）第2章介绍大坝变形分析中的水荷载。

1）水荷载作为体荷载和面荷载之间的定量关系仍感到迷惑，为此从数值计算角度对上游库水荷载作为体荷载或面荷载之间的关系进行研究。

2）渗流体荷载作用下的地基位移理论解答是一个重要的工程科技问题，基于多孔连续介质模型，从理论上探讨作用在地基上的水荷载作为渗流体荷载时引起混凝土重力坝的应力解答和位移解答。

3）《混凝土坝安全监测技术规范》（DL/T 5178—2003）规定“倒垂线钻孔深入基岩深度应参照坝工设计计算结果，达到变形可忽略处。缺少该项计算结果时，可取坝高的1/4～1/2”。倒垂线在基岩深处的锚固点是否固定不动？为此，对地基变形模量随深度逐渐增加、渗透系数随深度逐渐减小、坝基渗透系数各向异性、坝踵设置帷幕和排水以及考虑渗流场和应力场耦合等对混凝土坝位移分量的影响进行分析评价。

4）目前，大部分的拱坝三维有限元模型向上游截取1倍或2倍坝高，如此建立的拱坝三维有限元模型，在施加相应的水荷载进行大坝变形分析时，是否能合理反映地基水荷载作用使地基面转动所引起的位移？为此，结合典型高拱坝进行对比分析。

5）现有混凝土拱坝设计规范中温度荷载是假定上游库水位固定为正常蓄水位来计算温度荷载，水库实际运行时上游水位不断变化，导致固定水位与变化水位条件下的温度荷载存在较大的差异性。在朱伯芳研究的基础上，分别计算固定水位下和水位变化条件下的温度荷载，讨论两种温度荷载的差异及对拱坝应力变形的影响。

（3）第 3 章介绍大坝稳定分析中的水荷载。

1）现有规范上的材料力学法和传统材料力学方法不完全一致，采用传统材料力学方法进行了重力坝应力分析及改进，然后对分析中涉及的应力正负号、剪应力积分和剪力合力之间的关系以及如何考虑扬压力等几个容易混淆的问题进行讨论。

2）针对采用有限单元法对扬压力进行计算时，常容易发生疑惑而导致错误的问题，首先对比分析双斜面深层抗滑稳定分析时两种不同扬压力的作用方式，然后研究采用有限元法分析重力坝沿坝基面或深层双斜面抗滑稳定时扬压力的施加方式。

3）研究作用在水平拱圈坝肩滑面上的扬压力和作用在滑块上的渗流体积力之间的关系。同时，对比分析扬压力作为面力作用在坝肩滑面上，以及作为渗流体积力作用在坝肩滑块上对坝肩应力的影响。

4）研究作用在圆弧滑动土坡上的水载荷作为孔隙水压力和作为渗流体载荷之间的关系，然后基于作用在滑块上的水载荷分别作为面载荷和作为体载荷的等效关系，给出一种较简洁的基于代替法的稳定渗流对圆弧滑动土坡稳定影响的改进分析方法。

5）由于实际工程问题的复杂性，水库蓄水后的地下水位具有不确定性，水库蓄水后，基于不同假设获得的地下水位对边坡的安全影响很大。基于极限平衡理论，对线性插值地下水位和水平延伸地下水位对边坡稳定影响进行对比分析。

（4）第 4 章介绍运行期混凝土坝分析中的不确定性反馈方法。

1）实际地基水荷载存在不确定性，地基水荷载作用方式不同，引起的效应量差异较大，如果人为地将地基水荷载作为面荷载或作为稳定渗流体荷载进行数值计算，参与优化反分析，反演获得的参数值得商榷。为此，基于实测位移对地基水荷载进行智能识别。

2）用有限元方法作渗流和应力分析时，计算域应取多大，边界条件如何确定，这些看似简单的问题，却是常被忽略的重要问题。针对大坝地基几何尺寸的截取范围本质上是一个不确定的问题，结合实测位移反馈大坝地基几何尺寸。

3）现有报道文献主要利用大坝变形监测资料反演大坝和坝基的弹性模量，为此，基于变形监测资料提出了混凝土坝与基岩时变参数反演三步法，利用变形观测值分离出的时效分量反演大坝黏弹性参数。

4）目前工程上采用的反分析法一般都是确定性反分析方法。不确定性反分析可采用区间分析方法，由于它只需要较少的数据信息（上下界）就可以描述参数或量测信息的不确定性，比较符合客观实际，可以为实际工程提供合理可行的区间反演分析模型。据此，研究区间参数摄动法和区间参数优化反分析法，并将区间参数优化反分析法应用于水利工程。

（5）第 5 章介绍施工期混凝土坝不确定性的反馈方法。

1）现有热扩散率的反演公式是基于准稳定温度场的假设，而施工期的大坝混凝土除受环境气温影响外，还存在水泥水化热温升和冷却水管通水降温等影响，为此研究基于施工期实测温度的热扩散率反演。

2）混凝土建筑物的温度场受太阳辐射热的影响很大，尤其是高温季节，为此基于混凝土建筑物现场实测温度进行太阳辐射热反馈。

3）针对施工期高拱坝已灌区温度回升的现象，结合建设中的溪洛渡特高拱坝已灌区温度回升值进行统计分析，从理论上对已灌区温度回升的现象进行解析。

4）针对目前拱坝规范中温度荷载不能较好地考虑坝体内部温度的非线性变化，对年变化温度荷载的计算进行改进，以考虑坝体内部温度的非线性变化。

5）由于矩法采用多项式拟合表示等效温度，根据等效温度的各阶矩与实测温度相应的矩相等，确定多项式系数，进而得到等效温度分布。在矩等效的框架下，当前拱坝设计温度荷载的线性化等效温度法仅是一次矩等效的特例。为此，采用矩法探讨高拱坝实际温度荷载的反馈。

（6）第 6 章介绍施工期混凝土坝特殊监控指标拟定。

1）对大坝混凝土的施工过程进行实时跟踪反馈无疑是控制混凝土浇筑仓最高温度的一条途径。由于该温控途径的实施存在计算工作量大、计算边界条件理想化等缺点，这导致工程单位在具体实施温控措施时，仍然存在一定的盲目性。为了控制混凝土浇筑仓最高温度，以及使工程单位对最高温度的控制具有针对性和可操作性，建议拟定温度双控指标来进行温度预警。

2）采用小概率法拟定监控指标时，一般需要假设温度监测效应量的概率分布函数，这一定程度影响其计算精度。而最大熵法不需要事先假设样本分布类型，直接根据各基本随机变量的数字特征值进行计算，就可以得到精度较高的概率分布密度函数，为此，采用最大熵法拟定温度双控指标。

3）依据应变计组和无应力计的实测值真实反映了大坝混凝土实际性态，根据混凝土坝体已经抵御经历过拉应力的能力，来评估和预测抵御可能发生抗拉强度的能力，提出利用小概率事件法和最大熵法估计大坝混凝土实际抗拉强度的方法。

（7）第 7 章介绍施工期通水冷却的控制论法。

1）水管冷却等效热传导法中混凝土初温是采用该混凝土浇筑仓通水时刻的浇筑仓平均温度，还是采用通水冷却期间的浇筑仓单元高斯点温度，或是采用每个时间步都变化的浇筑仓平均温度等，看法不一。另外，基于水管冷却有限元法和水管冷却等效热传导法计算的温度场和徐变应力场的关系如何，也存在一些疑惑，为此，对这些问题进行甄别。

2）针对准大体积混凝土温控防裂是一个与温控措施和材料参数相关的复杂多因素系统优选问题，由于因素过多，进行联合优选难度很大，尝试已知混凝土热力学材料参数情况下的温控措施优选。

3）介绍施工期混凝土坝通水冷却控制论法的研究总体思路，并分别介绍受控对象数学状态模型、受控对象能观性研究及观测器的优化布置、通水措施最优调控模型建立、通水措施最优调控模型求解及能控性研究、通水措施最优调控系统及控制器的研究思路。

4）具体介绍受控对象通水冷却数学状态模型（初期通水冷却和中后期通水冷却）的建立、受控对象观测器的优化布置方法、受控对象通水措施最优调控模型建立的方法、受控对象最优调控系统等，并结合实际工程展示这些方法的应用。

（8）第8章介绍施工期混凝土坝测温辅助决策支持系统。

对施工期混凝土坝测温辅助决策支持系统框架进行总体设计，重点对知识工程中的温度异常值识别准则进行设计，与此同时，初步探讨温度异常值推理类知识和决策建议。

本书内容框图见图1.2.1。

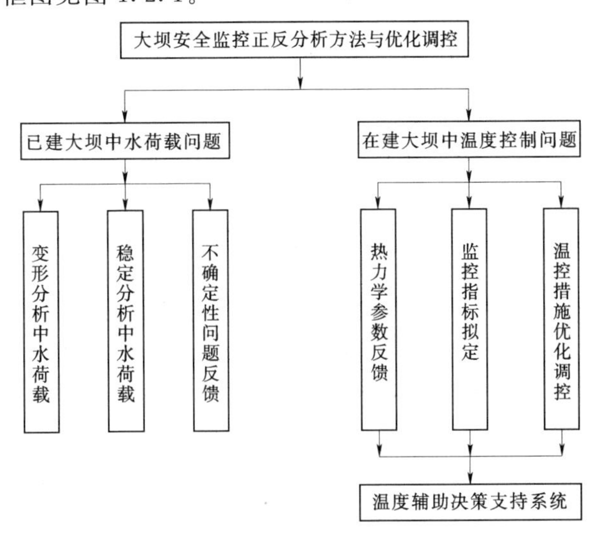

图1.2.1　本书内容框图

第2章　大坝变形分析中的水荷载

2.1　概　　述

大坝变形（位移）监测反映了大坝整体变形和受力性态，且变形监测直观可靠，国内外普遍将其作为最主要的监测量。采用有限元数值计算和原型监测资料相结合进行正反分析，建立大坝安全监控模型，对大坝将来的健康状态进行预测和评价是一种得到工程界认可的大坝健康诊断手段。因此，通过正反分析及反馈分析，正确掌握大坝、库区及近坝下游河岸在水库蓄水后产生的位移，将其与实测值对比，是工程健康诊断的重要判据。对大坝进行正反分析时，水荷载对大坝位移的影响，尤其是库水荷载作用使库盘变形所引起大坝位移的影响，这一看似简单的问题，至今并没有明确的答案。为此，本章首先从数值计算角度探讨水荷载作为体荷载或面荷载之间的定量关系；接着从理论上研究作用在地基上的水荷载作为渗流体荷载时引起混凝土重力坝的位移；然后从数值计算角度研究倒垂线在基岩深处的锚固点是否可能发生位移，与此同时，研究地基水荷载对拱坝变形影响；最后，探讨固定水位和水位变化条件下的温度荷载的差异，以及对拱坝应力变形的影响。

2.2　水荷载对均质地基上重力坝位移数值分析

上游库水荷载对地基变形的影响以及由此引起的坝体位移是混凝土坝工程上一个重要的问题。当假设地基不透水时，上游库水荷载作为面荷载作用在地基表面。吴中如（2003）采用龙羊峡重力拱坝的大范围有限元模型研究了大坝在典型日（1990年1月5日，相对应上游库水位2573.52m，下游水位2453.35m，气温－6.5℃）下的水压位移分量，计算结果表明，库水重力作用使库盘变形引起坝体向上游的位移达到9.95mm。笔者等（2007）通过理论分析和数值计算对上游库水荷载作为面荷载进行了研究，得到结论为：考虑上游库水荷载时，由弹性理论半无限大地基模型分析可知，大坝变位随上游库水均布荷载长度的增大而增大，直至奇异；由弹性理论底部完全位移约束有限深地基模型分析可知，大坝变位随上游库水均布荷载的增大而渐趋稳定。由于实际地基是透水性材料，大坝建成蓄水一段时间，在地基内将形成渗流场，上游库

水对地基变形的影响应按渗流体积力进行分析。林继镛（2009）对比研究了上游库水荷载作为面荷载和渗流体荷载时对坝体应力的影响，认为只有当水库骤然蓄水至设计水位或地基为不透水岩体时，才可以按面荷载计算，在一般情况下应按渗流体积力计算。笔者等（2006）以一个可透水矩形坝为例，对比分析了水荷载分别作为面荷载和渗流体荷载，认为水荷载作为面荷载时，其在水平方向上的合力与水荷载作为体荷载时的水平向渗流力近似相等，但由于结构是变形体，合力大小相等的作用力如果分布形式不同，其最后的结果仍然有较大的差异。其实，水荷载是作为体荷载考虑还是作为面荷载考虑，与边坡稳定分析中，是把土和水的混合体当作研究对象还是把土骨架作为分析对象本质上类似。早在1948年Taylor就讨论了这个问题，并指出在边坡稳定分析时，可以把土骨架作为分析对象，也可以将包括水在内的浸水土体作为研究对象，两种方法本质上一样。陈祖煜（1983）曾采用格林定理对该结论进行了理论证明，但至今工程技术人员在处理类似工程问题时仍感到迷惑。据此，本章从数值计算角度对上游库水荷载作为体荷载或面荷载对混凝土坝位移影响进行研究。

2.2.1 上游库水荷载对混凝土坝位移影响

设均质地基上一刚性不透水挡板，上游水深100m，下游无水，地基沿 y 向厚度取10m，见图2.2.1。地基变形模量为20GPa，泊松比为0.2。先计算地基的稳定渗流场，然后计算库水荷载作用下地基的变形。计算地基稳定渗流场时，上下游侧面和底部为不透水边界；计算地基变形时，底部为完全位移约束，上下游施加 x 向连杆约束，左右侧面施加 y 向连杆约束。

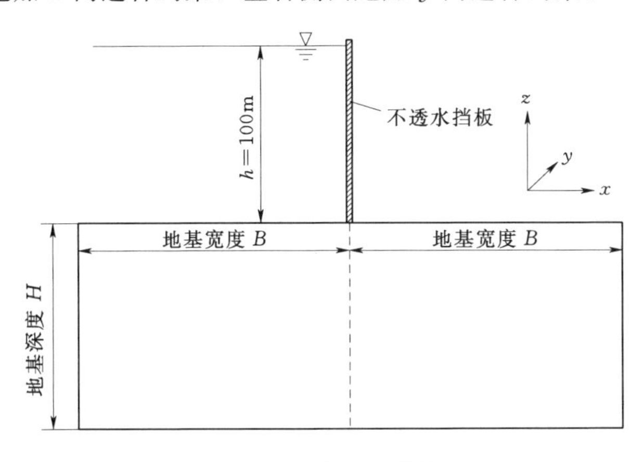

图2.2.1 模型示意图

2.2.1.1　上游库水荷载作为体荷载对混凝土坝位移影响

对不同地基深度和不同地基宽度计算了14组工况，有限元网格剖分尺寸为20m×10m×20m，地基内部最大位移见表2.2.1。地基表面位移见图2.2.2～图2.2.4。表中水平位移以向下游为正，向上游为负；垂直位移以上抬为正，下沉为负。

表2.2.1　不同模型的地基内部最大位移

H/m	最大位移/mm \ B/m	200	400	800	1600
200	顺河向	2.221	3.624	3.913	3.918
	垂直向	1.795	1.403	1.390	1.390
400	顺河向	1.962	4.497	7.294	7.886
	垂直向	3.965	3.596	2.840	2.811
800	顺河向	1.838	3.949	9.014	14.620
	垂直向	4.347	7.949	7.195	5.695
1600	顺河向	—	—	7.888	18.020
	垂直向	—	—	15.890	14.390

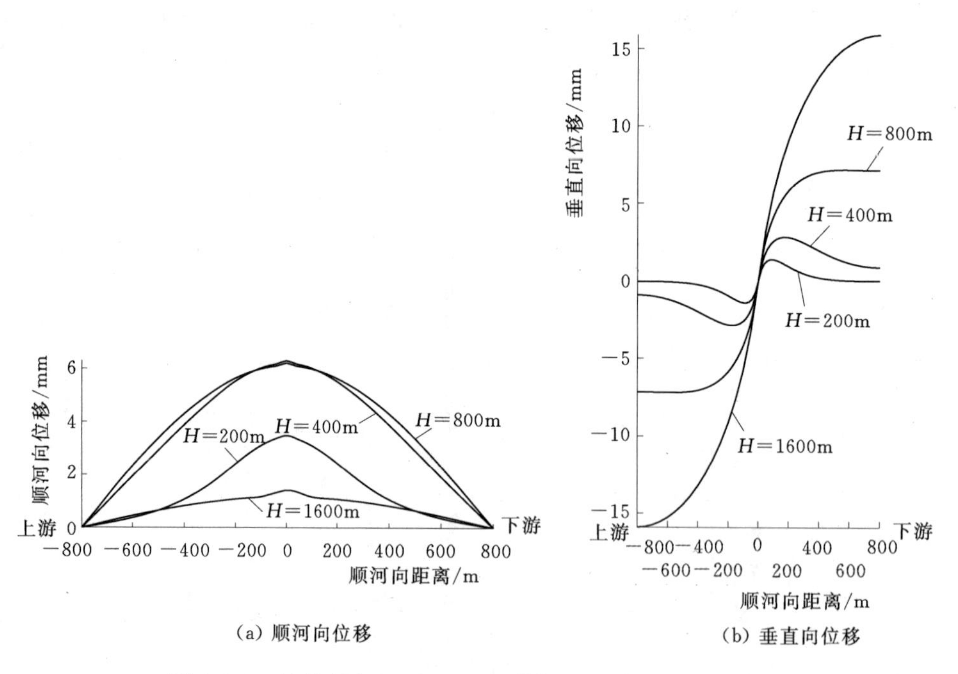

(a) 顺河向位移　　(b) 垂直向位移

图2.2.2　地基宽度 $B=800$m 时不同地基深度水平表面位移

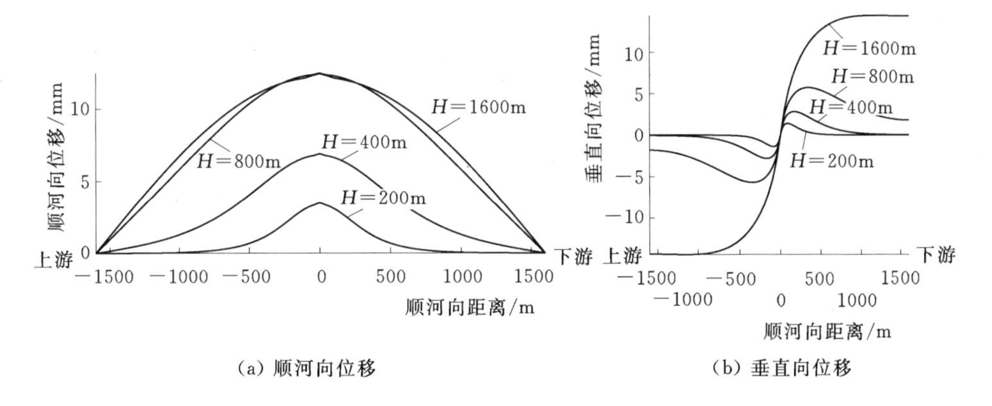

(a) 顺河向位移　　(b) 垂直向位移

图 2.2.3　地基宽度 $B=1600\mathrm{m}$ 时不同地基深度水平表面位移

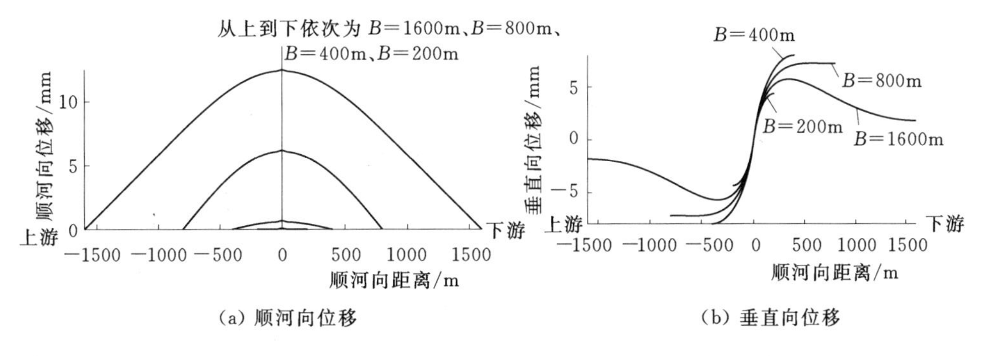

(a) 顺河向位移　　(b) 垂直向位移

图 2.2.4　地基深度 $H=800\mathrm{m}$ 时不同地基宽度水平表面位移

(1) 当地基深度一定时，顺河向位移随水平截取范围的增加而增加。垂直向位移随水平截取范围的增加先增加，当水平截取范围超过地基深度时，开始减小。

(2) 当水平截取范围一定时，顺河向位移随地基深度的增加先增加，当地基深度超过水平截取范围时，开始减小。垂直向位移随地基深度的增加而增加。

(3) 由表 2.2.1 及图 2.2.2 和图 2.2.3 可见，最大顺河向位移一般不在水平表面；而最大垂直位移一般在水平表面。

2.2.1.2　不同路径渗流体积力

沿不同路径总的渗流体积力见表 2.2.2，选取的路径示意图见图 2.2.5，其对应的地基模型为 $H=800\mathrm{m}$，$B=1600\mathrm{m}$。

表 2.2.2　　不同路径下总的渗流体积力

路径	*abcd*	*efgh*	*aijd*	*eklh*
总的渗流体积力/N	1.099×10^{8}	1.101×10^{8}	1.231×10^{8}	1.173×10^{8}

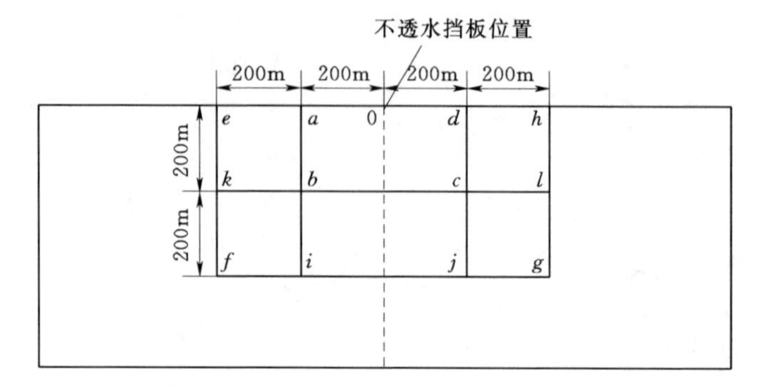

图 2.2.5　不同路径示意图

(1) 当库水荷载作为面荷载考虑时，对于 20m×10m×20m 的单元水平表面，每个结点的等效面荷载为 9.8×10^7N。该值与路径 *abcd* 和路径 *efgh* 的总的渗流体积力接近相等，由渗流场的分析可知，路径 *abcd* 和 *efgh* 与渗流场的流线比较接近。

(2) 通过对比测压管水头可以知道，库水荷载分别作为面荷载 p 和作为渗流体积力 f_i 时存在等效关系：$|p|=\int_L \sqrt{f_x^2+f_y^2+f_z^2}\mathrm{d}s$，其中 L 为流线路径。

2.2.1.3　不同库水荷载作用方式对混凝土坝位移影响

上游库水荷载分别作为面荷载和渗流体积力考虑时的地基表面位移见图 2.2.6。

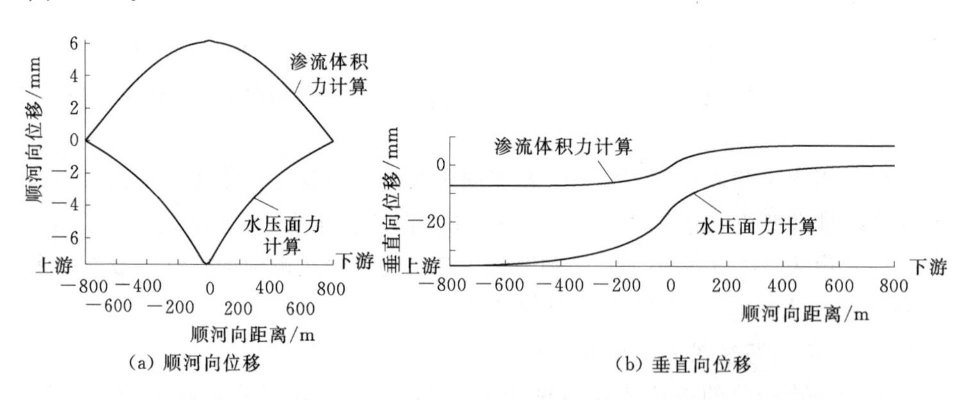

图 2.2.6　库水荷载作为面荷载和渗流体荷载时水平表面位移比较（H=800m，B=800m）

(1) 库水荷载作为面荷载考虑时，其引起的顺河向位移向上游变形，最大位移为−7.618mm；而库水荷载作为渗流体积力考虑时，其引起的顺河向位移向下游变形，最大位移为 6.203mm。

（2）库水荷载作为面荷载考虑时，其在上游引起最大的垂直向位移为－35.394mm（下沉），在下游引起的最大垂直向位移为0.223mm（上抬）；而库水荷载作为渗流体积力考虑时，其在上游引起地基下沉，最大下沉量为7.195mm，在下游引起地基上抬，最大上抬量为7.195mm，上下游地基变形基本呈反对称。

（3）综上可见，库水荷载作为面荷载考虑时，其夸大了地基的变形，由此夸大了的地基变形引起的坝体向上游位移。但从上述分析也可见，库水荷载作为渗流体积力考虑时，同样会使坝体向上游变位，例如，渗流体积力引起上游地基下沉7.195mm、下游地基上抬7.195mm，其引起地基的转角为$7.195\times 2/D_B$（D_B为坝底宽），该转角引起的坝体向上游位移为$-(7.195\times 2/D_B)H_B$（H_B为坝高），叠加渗流体积力引起地基的向下游水平位移6.203mm，此时，库水荷载引起坝顶的顺河向位移为$-(7.195\times 2/D_B)H_B+6.203$。该位移向上游变位。由上述分析（表2.2.1）还可知，渗流体积力引起坝体向上游的变位随地基截取范围的增大而增大。

2.2.2　小结

研究了上游库水荷载对地基截取范围的影响，对比分析了上游库水荷载作为面荷载和作为渗流体积力引起的地基变形，得到结论如下：

（1）库水荷载分别作为面荷载p和作为渗流体积力f_i时存在如下的等效关系：$|p|=\int_L \sqrt{f_x^2+f_y^2+f_z^2}\mathrm{d}s$，其中$L$为流线路径，该等效关系也可采用格林定理获得。

（2）库水荷载作为面荷载和作为渗流体积力引起的地基变形差异很大，但两种不同的库水荷载分析方式都引起坝体向上游变位，且这个向上游的变位随地基截取范围的增大而增大。

（3）库水荷载作为面荷载考虑时，夸大了地基的变形，由此计算的坝体向上游位移偏大。对于运行期的混凝土坝，地基水荷载应按渗流体积力分析大坝的变形。

2.3　水荷载对均质地基上重力坝位移理论分析

在水荷载作用下，大坝任一监测点产生的水平位移由3部分组成（吴中如，2003）：①水压力作用在坝体上产生的内力使坝体变形而引起的位移；②在建基面上产生的内力使地基变形而引起的位移；③库水荷载作用使库盘变形所引起的位移。如前所述，当假设地基不透水时，上游库水荷载作为面荷载作用在地

基表面，这种水荷载施加方式目前工程上仍在采用。由于实际地基是透水性材料，大坝建成蓄水一段时间，在地基内将形成渗流场，上游库水对地基变形的影响应按渗流体积力（渗流体荷载）进行分析。张有天（2005）、王媛等（1995）认为混凝土坝虽然透水，但因其渗透系数很小，水力梯度非常大，通常近似按不透水介质处理，此时坝体上游面作用水压力（面荷载），坝基面作用扬压力（面荷载），而作用在地基上的水荷载一般按渗流体荷载考虑。在2.2节中，笔者等基于多孔连续介质模型，采用有限元法对比分析了作用在地基上的水荷载作为面荷载和作为渗流体荷载的关系，发现作用在地基上的水荷载作为面荷载 p 和作为渗流体荷载 f_i 存在等效关系 $|p|=\int_L \sqrt{f_x^2+f_y^2+f_z^2}\mathrm{d}s$，其中 L 为流线路径，但水荷载分别作为面荷载和渗流体荷载引起的地基变形差异很大。吴中如（2003）、笔者等（2007）对水荷载作为面荷载引起混凝土坝的位移进行了一些理论研究，由于从理论上分析作用在地基上的水荷载作为渗流体荷载时引起混凝土坝的位移是一个重要的工程科技问题，据此，笔者基于多孔连续介质模型，从理论上探讨作用在地基上的水荷载作为渗流体荷载时引起混凝土重力坝的位移。

2.3.1　水压力作用下坝体的位移理论分析

在水荷载作用下，大坝任一监测点产生水平位移（δ_H），它由3部分组成：水压力作用在坝体上产生的内力使坝体变形而引起的位移 δ_{1H}，在建基面上产生的内力使地基变形而引起的位移 δ_{2H}，作用在地基上的水荷载使地基转动所引起的位移 δ_{3H}。即

$$\delta_H=\delta_{1H}+\delta_{2H}+\delta_{3H} \tag{2.3.1}$$

对于重力坝来说，一般沿坝轴线切取单宽的坝体作为固接于地基上的变截面悬臂梁。为简化计算，将坝剖面简化为上游铅直的三角形楔形体。在上游坝面水压力作用下，坝体和地基面上分别产生内力（M，F_s），从而使大坝和地基引起变形，因而使观测点 A 产生位移，见图2.3.1。

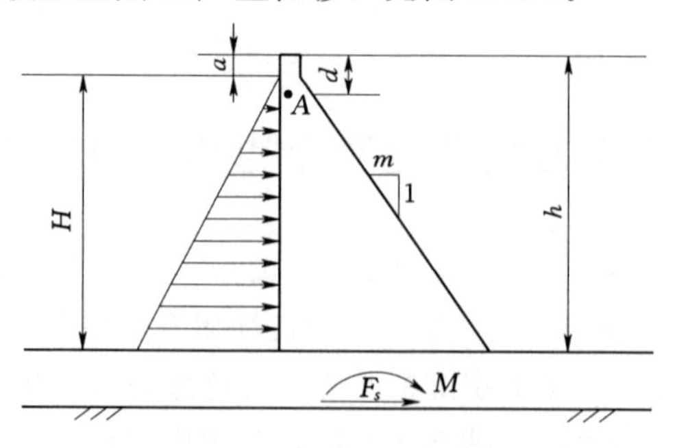

图2.3.1　位移计算简图

由工程力学推得

$$\delta_{1H}=(\delta_{1H})_M+(\delta_{1H})_Q=\frac{\gamma_0}{E_c m^3}\left[(h-d)^2+6(h-H)\left(d\ln\frac{h}{d}+d-h\right)\right.$$
$$\left.+6(h-H)^2\left(\frac{d}{h}-1+\ln\frac{h}{d}\right)-\frac{(h-H)^3}{h^2 d}(h-d)^2\right]$$
$$+\frac{\gamma_0}{mG_c}\left[\frac{h^2-d^2}{4}-(h-H)(h-d)+\frac{(h-H)^2}{2}\ln\frac{h}{d}\right] \tag{2.3.2}$$

$$\delta_{2H}=(\delta_{2H})_M+(\delta_{2H})_{F_s}=\frac{4(1-\mu_r^2)\gamma_0 H^3}{3E_r\pi m^2 h^2}(h-d)+\frac{(1-2\mu_r)(1+\mu_r)\gamma_0 H^2}{2E_r mh}(h-d) \tag{2.3.3}$$

式中：E_c、G_c 分别为坝体混凝土的弹性模量和剪切模量；E_r、μ_r 分别为地基变形模量和泊松比；γ_0 为水的容重。

2.3.1.1 上游库水重荷载引起半无限大地基位移

假设地基不透水，作用在地基上的水荷载按面荷载分析，此时，作用在地基上的水荷载称为上游库水重荷载。若上游库水重荷载为半无限长均布荷载时，见图 2.3.2，半无限大地基的位移和转角为

$$u=\lim_{a\to\infty}\int_0^a\left[-\frac{(1-2\mu_r)(1+\mu_r)p_0}{\pi E_r}\arctan\frac{x-\xi}{z}+\frac{(1+\mu_r)p_0}{\pi E_r}\frac{z(x-\xi)}{z^2+(x-\xi)^2}\right]d\xi$$
$$=-\frac{(1-2\mu_r)(1+\mu_r)p_0}{\pi E_r}\left[x\arctan\frac{x}{z}-\frac{z}{2}\ln(z^2+x^2)\right]+\frac{(1+\mu_r)p_0 z}{2\pi E_r}\ln(z^2$$
$$+x^2)-\frac{(1-2\mu_r)(1+\mu_r)p_0}{2E_r}x+A(\infty)z+\infty$$

$$v=\lim_{a\to\infty}\int_0^a\left[-\frac{2p_0(1-\mu_r{}^2)}{\pi E_r}\ln\sqrt{z^2+(x-\xi)^2}-\frac{(1+\mu_r)p_0}{\pi E_r}\frac{(x-\xi)^2}{z^2+(x-\xi)^2}+I\right]d\xi$$
$$=-\frac{2p_0(1-\mu_r{}^2)}{\pi E_r}\left[x\ln\sqrt{z^2+x^2}+z\cdot\arctan\left(\frac{x}{z}\right)\right]+\frac{(1+\mu_r)p_0}{\pi E_r}z\cdot\arctan\left(\frac{x}{z}\right)$$
$$-\frac{(1-2\mu_r)(1+\mu_r)p_0}{2E_r}z-B(\infty)x+\infty$$

其中 $$A(\infty)=B(\infty)=-\frac{(1-\mu_r{}^2)p_0}{\pi E_r}\ln[z^2+(x-a)^2]=-\infty$$

$$\tan\alpha'=\frac{v(z=0,x=0)-v(z=0,x=-x_0)}{x_0}=-\frac{2p_0(1-\mu_r{}^2)}{\pi E_r}\ln x_0+\infty \tag{2.3.4}$$

$$\delta_{3H}\approx\alpha' h$$

式中：x_0 为大坝形心到上游坝面的距离；α' 为地基转角。

由式（2.3.4）可见，上游库水重荷载引起地基的位移和转角随上游库水均布荷载长度的增大而增大，当假设上游库水重荷载为半无限长均布荷载时，

位移和转角的正切奇异（或称转角趋近于90°）。

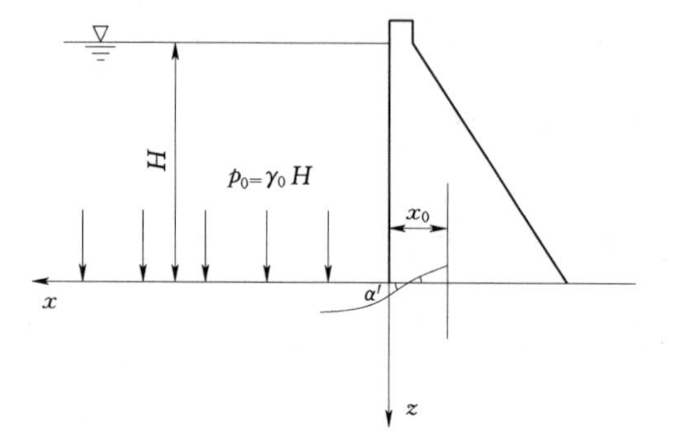

图2.3.2　半无限长均布荷载作用下半平面体

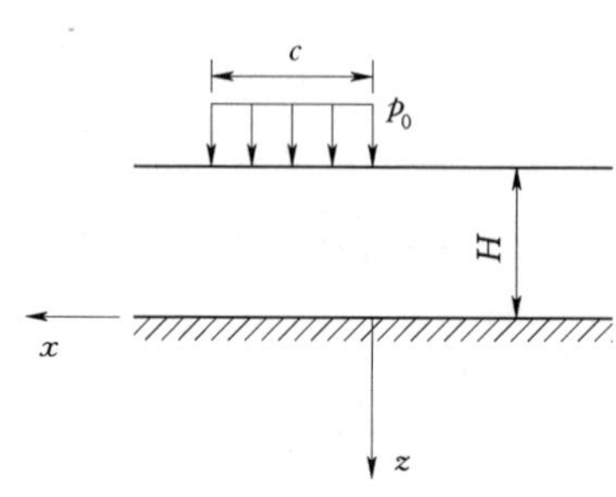

图2.3.3　底部完全位移约束有限深地基

2.3.1.2　上游库水重荷载引起底部完全位移约束有限深地基位移

实际地基深度为有限深地基。设有限深地基深度为 H，在地基表面作用宽度为 c 和均布荷载 p_0，见图2.3.3。以下采用弹性理论中的底部完全位移约束有限深地基模型对上游库水均布荷载进行分析。

地基水平表面的位移解答（赵光恒等，1984）为

$$u\big|_{z=-H}=\frac{(1+\mu_r)p_0}{E_r\pi}\int_0^{+\infty}\frac{-(3-4\mu_r)(1-2\mu_r)(e^{\xi H}-e^{-\xi H})^2+4(\xi H)^2}{(3-4\mu_r)(e^{\xi H}+e^{-\xi H})^2+4(1-2\mu_r)^2+4(\xi H)^2}\times\frac{\cos(\xi x)[\cos(c\xi)-1]+\sin(\xi x)\sin(c\xi)}{\xi^2}d\xi \tag{2.3.5a}$$

$$v\big|_{z=-H}=\frac{2(1-\mu_r^2)p_0}{E_r\pi}\int_0^{+\infty}\frac{(3-4\mu_r)(e^{2\xi H}-e^{-2\xi H})-4\xi H}{(3-4\mu_r)(e^{\xi H}+e^{-\xi H})^2+4(1-2\mu_r)^2+4(\xi H)^2}\times\frac{\sin(c\xi)\cos(\xi x)-\sin(\xi x)[\cos(c\xi)-1]}{\xi^2}d\xi \tag{2.3.5b}$$

假设 p_0 为90m水头压力，c 取一个很大的值以考察上游作用半无限长库水均布荷载（这里取 $c=10000$m），地基深度 H 变化，地基变模为18GPa，泊松比0.25。采用变步长辛普生积分公式对式（2.3.5）进行计算，结果见图2.3.4。

（1）垂直位移随地基深度的增大而增大；当地基深度一定时，垂直位移随水平向距离的增大而渐趋稳定，该稳定的水平向距离随地基深度的增大而增大。

（2）在坝踵处的水平位移随地基深度的增大而逐渐增大；当地基深度一定时，水平位移随水平向距离的增大而渐趋于零；该趋于零的水平距离随地基深度的增大而增大。

综上可见，当地基深度一定时，库水均布荷载引起地基的变位随距坝踵的

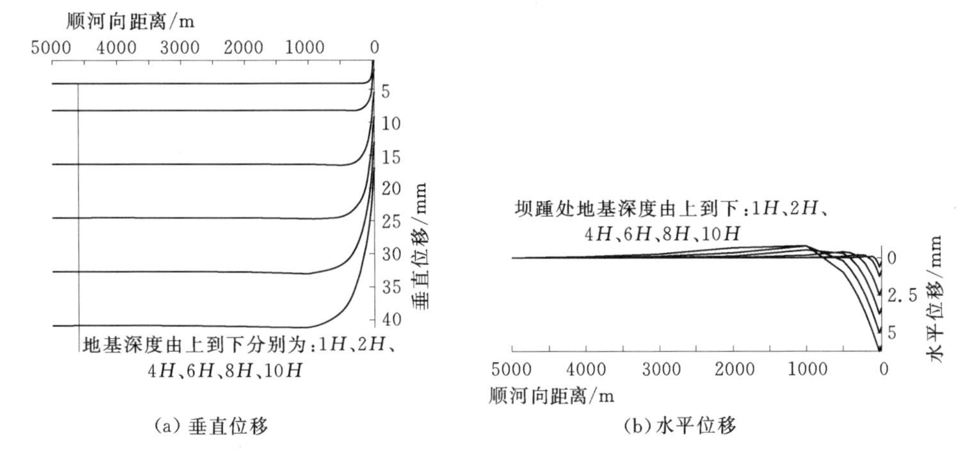

(a) 垂直位移　　　　(b) 水平位移

图 2.3.4　水平表面位移理论计算值

距离增大而渐趋稳定：垂直位移趋于一定值、水平位移趋于零。

2.3.2　渗流体荷载作用下均质地基的位移理论分析

假定地基为均质各向同性的多孔介质材料，在地基上有一刚性不透水挡水板，见图 2.3.5。

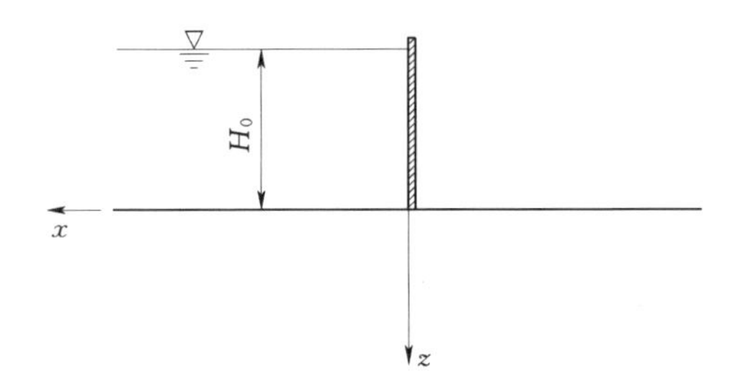

图 2.3.5　地基示意图

在 $z=0$，$x>0$ 边界的水头为 H_0；在 $z=0$，$x<0$ 的边界水头为 0。对于稳定渗流场，在 $z>0$ 的任何区域满足拉普拉斯方程为

$$\begin{cases}\dfrac{\partial^2 H}{\partial x^2}+\dfrac{\partial^2 H}{\partial z^2}=0\\ H|_{x>0,z=0}=H_0, H|_{x<0,z=0}=0\end{cases}\tag{2.3.6}$$

式（2.3.6）的理论解答为（潘家铮，1984）

$$H=\frac{H_0}{2}+\frac{H_0}{\pi}\arctan\frac{x}{z}\tag{2.3.7}$$

由已知结点水头，可以求得作用在每一点上的渗流体积力（不计浮力）为

$$\begin{cases} q_x = -\gamma_0 \partial H/\partial x = -\gamma_0 \dfrac{H_0}{\pi} \dfrac{z}{x^2+z^2} = -\dfrac{p_0}{\pi} \dfrac{z}{x^2+z^2} \\ q_z = -\gamma_0 \partial H/\partial z = \gamma_0 \dfrac{H_0}{\pi} \dfrac{x}{x^2+z^2} = \dfrac{p_0}{\pi} \dfrac{x}{x^2+z^2} \end{cases} \tag{2.3.8}$$

其中
$$p_0 = \gamma_0 H_0$$

式中：q_x、q_z 分别为 x、z 向渗流体积力。

对图 2.3.5 地基内任一微元列出平衡微分方程有

$$\begin{cases} \dfrac{\partial \sigma_x}{\partial x} + \dfrac{\partial \tau_{zx}}{\partial z} + X = 0 \\ \dfrac{\partial \sigma_z}{\partial z} + \dfrac{\partial \tau_{xz}}{\partial x} + Z = 0 \end{cases} \tag{2.3.9}$$

其中
$$X = -\frac{p_0}{\pi} \frac{z}{x^2+z^2}, \quad Z = \frac{p_0}{\pi} \frac{x}{x^2+z^2}$$

式（2.3.9）的理论解答为

$$\begin{cases} \sigma_x = \dfrac{p_0}{\pi} \dfrac{xz}{x^2+z^2} \\ \sigma_z = -\dfrac{p_0}{\pi} \dfrac{xz}{x^2+z^2} \\ \tau_{xz} = \dfrac{p_0}{\pi} \dfrac{z^2}{x^2+z^2} \end{cases} \tag{2.3.10}$$

对于平面应变问题，物理方程为

$$\begin{cases} \varepsilon_x = \dfrac{1-\mu^2}{E} \left(\sigma_x - \dfrac{\mu}{1-\mu} \sigma_z \right) \\ \varepsilon_z = \dfrac{1-\mu^2}{E} \left(\sigma_z - \dfrac{\mu}{1-\mu} \sigma_x \right) \\ \gamma_{xz} = \dfrac{2(1+\mu)}{E} \tau_{xz} \end{cases} \tag{2.3.11}$$

几何方程为

$$\begin{cases} \varepsilon_x = \dfrac{\partial u}{\partial x} \\ \varepsilon_z = \dfrac{\partial v}{\partial z} \\ \gamma_{xz} = \dfrac{\partial v}{\partial x} + \dfrac{\partial u}{\partial z} \end{cases} \tag{2.3.12}$$

将应力解答式（2.3.10）代入式（2.3.11）～式（2.3.12），可以得到

$$\begin{cases} u=\dfrac{p_0(1+\mu_r)z}{2E_r\pi}\ln(x^2+z^2)+f(z) \\ v=-\dfrac{p_0(1+\mu_r)x}{2E_r\pi}\ln(x^2+z^2)+g(x) \end{cases}$$

或

$$\begin{cases} u=\dfrac{p_0(1+\mu_r)z}{2E_r\pi}\ln(x^2+z^2)+a_1z+c_1 \\ v=-\dfrac{p_0(1+\mu_r)x}{2E_r\pi}\ln(x^2+z^2)+a_2x \end{cases} \tag{2.3.13}$$

其中 $\dfrac{\mathrm{d}f(z)}{\mathrm{d}z}+\dfrac{\mathrm{d}g(x)}{\mathrm{d}x}=\dfrac{p_0(1+\mu_r)}{E_r\pi}, a_1+a_2=\dfrac{p_0(1+\mu_r)}{E_r\pi}, c_1=\mathrm{const}$

由式（2.3.13）利用洛必达法则易得

$$\tan\alpha'=\frac{v(z=0,x=0)-v(z=0,x=-x_0)}{x_0}=-\frac{p_0(1+\mu_r)}{E_r\pi}\ln x_0+\alpha_2 \tag{2.3.14}$$

式中：E_r、μ_r、α'和 x_0 意义同前。

由式（2.3.13）～式（2.3.14）可见：

（1）由于渗流体荷载引起上游地基下沉、下游地基上抬，从而使地基转动，导致重力坝坝体向上游位移。

（2）由式（2.3.4）和式（2.3.14）比较可知，作用在地基上的水荷载按面荷载分析的位移大于水荷载按渗流体荷载分析的位移，但它们都引起坝体向上游位移。

2.3.3 小结

基于多孔连续介质模型，从理论上探讨了作用在地基上的水荷载作为渗流体荷载时引起混凝土重力坝的位移，导出了均质各向同性地基在渗流体荷载作用下的应力解答和位移解答。通过理论分析得到如下结论：

（1）由于渗流体荷载引起上游地基下沉，下游地基上抬，从而使地基转动，导致坝体向上游位移。

（2）作用在地基上的水荷载按面荷载分析的位移大于按渗流体荷载分析引起的位移，但它们都引起坝体向上游位移。

2.4 水荷载对非均质地基上重力坝位移数值分析

由于大坝和岩基工作条件复杂，荷载、计算参数等难以准确给定。目前，实际大坝工程上常采用原型监测资料反分析大坝和岩基的实际运行状态。当采用大坝安全监控中的混合模型的调整系数反演坝体混凝土弹性模量及岩基变形模量时，反演的精度与水荷载施加的合理与否有较大的关系。另外，基于实测位移分离出的水压分量，联合大坝有限元正分析，采用优化反分析方法进行参数反演时，同样存在水荷载施加的合理与否的问题。

如前所述，作用在地基上的水荷载作为面荷载 p 和作为渗流体荷载 f_i 虽然存在等效关系 $|p|=\int_L \sqrt{f_x^2+f_y^2+f_z^2}\mathrm{d}s$，其中 L 为流线路径，但该水荷载分别作为面荷载和渗流体荷载引起的地基变形差异很大。换句话说，作用在地基上的水荷载总的作用力等效，但并不一定引起相近的效应量（位移、应力等）。笔者分析还表明，作用在地基上的水荷载引起坝体的水平位移随着地基截取范围的增大而增大，而且参考基点（例如倒垂在岩基内的锚固点或坝踵正下方 1 倍坝高处）的位移也随地基截取范围的增大而增大。

由于实际地基的岩石风化层从上到下一般为全风化层、强风化层、弱风化层、微风化层、新鲜基岩。地基变形模量一般随着深度逐渐增加渗透系数逐渐减小。另外，地基渗透系数存在各向异性特性且坝踵区域一般设置帷幕和排水等。考虑这些因素后，作用在地基上的水荷载引起混凝土坝位移的特性是否仍然与均质各向同性地基上的混凝土坝的位移特性相同，这个问题为工程界所关注。据此，逐一研究这些因素对混凝土坝位移分量的影响。

2.4.1　不同影响因素对混凝土坝位移影响

2.4.1.1　分层地基上混凝土坝位移分析

设地基上坝高 100m 的混凝土重力坝，上游水深 90m，下游无水，不考虑防渗帷幕和排水。混凝土弹性模量为 20GPa，泊松比为 0.2，地基变形模量随深度增加，泊松比为 0.25，渗透系数随深度减小，见图 2.4.1。首先基于等效连续介质模型计算地基的稳定渗流场，然后计算水荷载作用下大坝和地基的变形。计算地基稳定渗流场时，上下游侧面、地基底部和坝基面为不透水边界；计算大坝变形时，上下游施加 x 向连杆约束，左右侧面施加 y 向连杆约束，地基底部为完全位移约束。

（1）工况设计。为便于对比分析，进行了以下方案的计算。

1）地基截取范围分别为 $1h/1h/2h$（即向上游取 1 倍坝高、向下游取 1 倍坝高、向地基深度取 2 倍坝高）、$1h/1h/4h$、$2h/2h/2h$、$2h/2h/4h$、$5h/5h/2h$、$5h/5h/4h$、$5h/5h/6h$、$10h/10h/2h$、$10h/10h/6h$、$10h/10h/8h$、$40h/40h/20h$、$40h/40h/40h$。

2）渗流场计算时，对比分析渗透系数全区域均质各向同性和渗透系数随深度按图 2.4.1 逐层减小；应力场计算时，岩基变形模量按图 2.4.1 逐层增加。

（2）计算结果及分析。分别计算了以下内容：

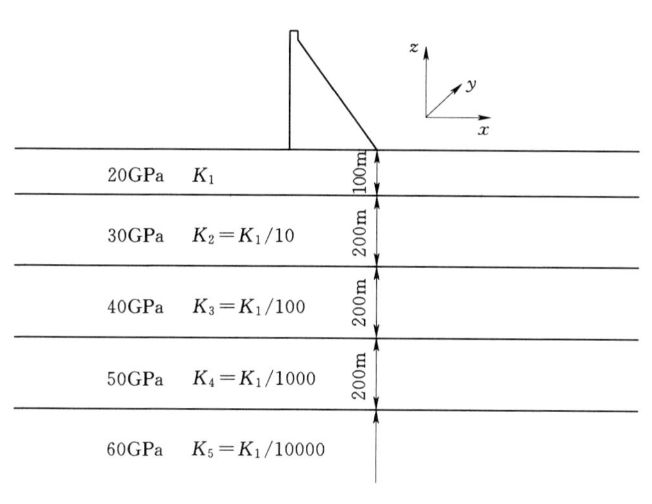

图 2.4.1 地基材料分区图

1）水压力作用在坝体上产生的内力使坝体变形而引起的位移，记为 u_1，该位移不随地基截取范围、边界条件、地基变形模量等变化，计算的水平位移 $u_1=12.38$mm。

2）在建基面上产生的内力（即剪力和弯矩，其与作用在坝体表面的水压力平衡）使地基变形而引起的位移，记为 u_2。

3）库水荷载作用使库盘变形所引起的位移，记为 u_3。

不同工况下大坝坝顶及基点（坝踵正下方 1 倍坝高处的岩基内）的水平位移见表 2.4.1 和表 2.4.2。表中位移单位为 mm，位移以向下游为正，反之为负，以下同，不再赘述。

表 2.4.1 **不同工况下坝体水平位移** 单位：mm

地基范围	位移 u_2			作用在地基上水荷载按面荷载分析位移 u_3		
	坝顶	基点	相对位移	坝顶	基点	相对位移
1h/1h/2h	7.547	−0.020	7.567	−4.388	0.477	−4.864
1h/1h/4h	7.992	0.039	7.952	−5.139	0.392	−5.531
2h/2h/2h	7.746	0.251	7.495	−4.258	0.653	−4.910
2h/2h/4h	8.264	0.364	7.900	−6.188	0.536	−6.724
5h/5h/2h	8.010	0.415	7.595	−4.154	0.710	−4.865
5h/5h/4h	8.620	0.791	7.829	−6.003	0.824	−6.827
5h/5h/6h	8.790	0.884	7.905	−7.307	0.474	−7.782
10h/10h/2h	8.021	0.422	7.599	−4.150	0.713	−4.863
10h/10h/6h	9.021	1.107	7.914	−6.978	0.750	−7.729
10h/10h/8h	9.136	1.195	7.941	−7.847	0.434	−8.281
40h/40h/20h	9.697	1.700	7.996	−11.209	−1.333	−9.876
40h/40h/40h	9.894	1.882	8.013	−17.592	−6.461	−11.131

表 2.4.2　　不同工况下坝体水平位移 u_3　　单位：mm

地基范围	作用在地基上水荷载按渗流体荷载分析，渗透系数随深度减小			作用在地基上水荷载按渗流体荷载分析，渗透系数全区域各向一致		
	坝顶	基点	相对位移	坝顶	基点	相对位移
1*h*/1*h*/2*h*	0.259	0.951	−0.691	−0.231	0.824	−1.055
1*h*/1*h*/4*h*	−0.474	0.901	−1.375	−0.975	0.752	−1.727
2*h*/2*h*/2*h*	1.913	1.748	0.165	1.287	1.558	−0.271
2*h*/2*h*/4*h*	0.622	2.082	−1.460	−0.478	1.658	−2.136
5*h*/5*h*/2*h*	2.766	2.236	0.530	2.315	2.096	0.219
5*h*/5*h*/4*h*	3.795	4.501	−0.706	2.512	3.868	−1.356
5*h*/5*h*/6*h*	3.787	5.106	−1.318	1.619	3.905	−2.286
10*h*/10*h*/2*h*	2.873	2.279	0.594	2.359	2.123	0.237
10*h*/10*h*/6*h*	6.079	7.134	−1.056	4.261	6.099	−1.839
10*h*/10*h*/8*h*	6.928	8.262	−1.334	4.262	6.578	−2.316
40*h*/40*h*/20*h*	16.033	18.094	−2.060	11.458	14.710	−3.252
40*h*/40*h*/40*h*	18.166	21.087	−2.921	11.339	15.585	−4.246

由表 2.4.1 和表 2.4.2 中数据可见：①坝体水平位移 u_2 和 u_3 均随地基截取范围的增大而增大。由于在建基面上的内力为有限宽荷载，其引起的位移 u_2 随地基截取范围的增大而渐趋稳定。而作用在地基上的水荷载引起的坝体位移需要地基截取更大的范围才会逐渐稳定。②作用在地基上的水荷载按面荷载分析与按渗流体荷载分析，前者引起的相对位移大于后者引起的相对位移，但后者引起的基点位移较前者大。③地基渗透系数随深度减小与地基渗透系数全区域均质各向同性，后者引起的相对位移大于前者引起的相对位移，但前者引起的基点位移较后者大。④由表中数据还可见，当考虑地基变形模量随深度逐渐增大，以及地基渗透系数随深度逐渐减小，作用在地基上的水荷载按渗流体荷载分析时，位移 u_3 将小于位移 u_1 和 u_2。

2.4.1.2　岩基渗透系数各向异性对坝体位移影响

假设岩基渗透系数全区域一致，但水平向和垂直向渗透系数不相等；地基变形模量全区域为 20GPa，泊松比 0.25。计算结果见表 2.4.3，表中 K_x 为水平向渗透系数，K_z 为垂直向渗透系数。

表 2.4.3 不同渗透系数下坝体水平位移 u_3 单位：mm

渗透系数	$K_x=K_z$		$K_x=10K_z$		$K_z=10K_x$	
地基范围	$5h/5h/6h$	$10h/10h/8h$	$5h/5h/6h$	$10h/10h/8h$	$5h/5h/6h$	$10h/10h/8h$
坝顶	0.730	5.527	−4.665	−3.216	6.103	11.887
基点	5.509	10.632	2.696	4.983	8.279	14.480
相对位移	−4.779	−5.106	−7.360	−8.199	−2.176	−2.593

由表 2.4.3 中数据可见：①仅在地基水荷载作用下，坝顶相对于基点向上游位移这个规律不随地基水平向渗透系数和垂直向渗透系数的大小关系而改变。②当水平向渗透系数较垂直向渗透系数大（如 $K_x=10K_z$）时，坝顶相对于基点的位移大，且由于地基受到的水平向渗流体荷载小，所以基点向下游的位移小。③当垂直向渗透系数较水平向渗透系数大（如 $K_z=10K_x$）时，坝顶相对于基点的位移小，由于地基受到的水平向渗流体荷载大，所以基点向下游的位移大。

2.4.1.3 5 倍坝高以下岩基不透水时坝体位移

对比分析了岩基渗透系数全区域一致与岩基深度 5 倍坝高以下岩基不透水对坝体位移的影响，分析时，假设 5 倍坝高区域的岩基为各向同性均质透水岩基。岩基变形模量全区域为 20GPa，泊松比 0.25。计算结果见表 2.4.4。

表 2.4.4 5 倍坝高以下岩基不透水时坝体水平位移 u_3 单位：mm

项目	地基范围	基点	坝顶	相对位移
$5h$ 以下岩基不透水	$5h/5h/6h$	5.630	0.903	−4.727
	$10h/10h/8h$	9.875	4.318	−5.556
	$40h/40h/40h$	4.662	−8.758	−13.420
全区域各向均质透水岩基	$5h/5h/6h$	5.509	0.730	−4.779
	$10h/10h/8h$	10.632	5.527	−5.106
	$40h/40h/40h$	33.868	22.983	−10.886

由表 2.4.4 中数据可见，假设 5 倍坝高以下岩基不透水时计算的大坝位移，与全区域均质各向同性透水岩基计算的大坝位移比较，前者引起的基点位移较后者小，但前者引起坝顶相对基点的位移较后者大。可以想见，假设 5 倍坝高以下岩基不透水时计算的大坝位移值介于全区域各向均质透水岩基与全区域岩基不透水（即水荷载作为面荷载作用于岩基表面）的计算值之间。

2.4.1.4 3 倍坝高以下存在 200m 强透水岩基时坝体位移

岩基渗透系数全区域一致与岩基深度 3 倍坝高以下存在 200m 强透水岩基比较，此时，假设 200m 强透水岩基的渗透系数为其余区域岩基的渗透系数的

10 倍。岩基变形模量全区域为 20GPa，泊松比 0.25。计算结果见表 2.4.5。

表 2.4.5　3 倍坝高以下存在 200m 强透水岩基下坝体水平位移 u_3　　单位：mm

项目	地基范围	基点	坝顶	相对位移
3h 以下 200m 岩基强透水	5h/5h/6h	4.157	−1.641	−5.798
	10h/10h/8h	7.880	1.636	−6.244
	40h/40h/40h	31.259	19.651	−11.608

由表 2.4.5 中数据可见，假设 3 倍坝高以下存在 200m 的强透水岩基计算的大坝位移，与全区域各向均质透水岩基计算的大坝位移（表 2.4.4）比较，前者引起的基点位移较后者小，但前者引起坝顶相对基点的位移较后者大。究其原因为 3 倍坝高以下存在 200m 的强透水岩基，导致水平向渗流体荷载减小。

2.4.1.5　考虑帷幕和排水对混凝土坝位移的影响

设均质各向同性地基全区域变形模量为 20GPa，泊松比为 0.25，在坝踵处设有帷幕，幕深 30m，幕厚 6m，在帷幕后设有排水幕，孔深为 12m，孔距为 6m。假设防渗帷幕的渗透系数为岩基渗透系数的 1/10，排水孔采用杆单元模拟，排水孔中水位为 2m。对比分析了考虑与不考虑帷幕和排水对坝体位移的影响，同时对比分析了坝踵处帷幕深度增加为 50m，排水孔深度增加为 30m 时对坝体位移的影响。计算荷载为基于等效连续介质模型计算的结点水头转化的渗流体荷载，计算的边界条件同 2.4.1.1 小节。

坝踵不考虑防渗帷幕和排水以及考虑防渗帷幕（幕深 30m）和排水孔（孔深 12m）等水头线分布见图 2.4.2；图 2.4.3 为地基截取范围为 5h/5h/6h 时坝基扬压力分布图；表 2.4.6 中给出了不同计算方案下基点（坝踵正下方 1 倍

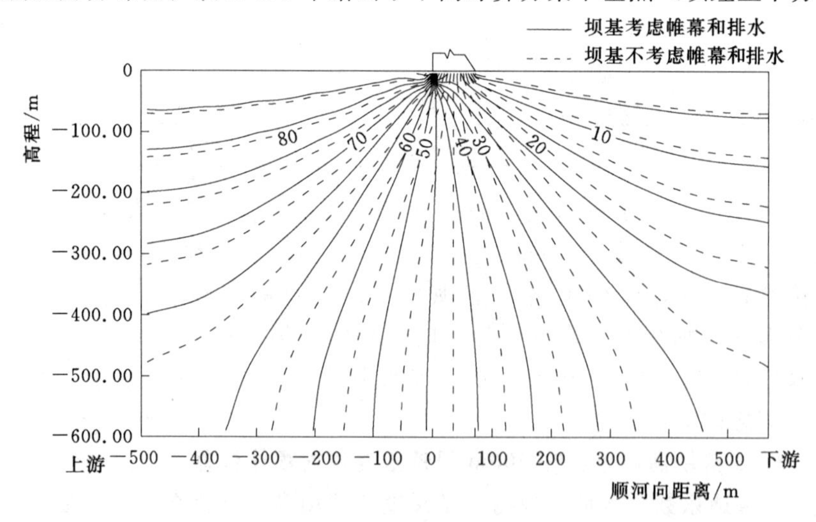

图 2.4.2　岩基等水头线

坝高处的岩基内）和坝顶的水平位移 u_3。

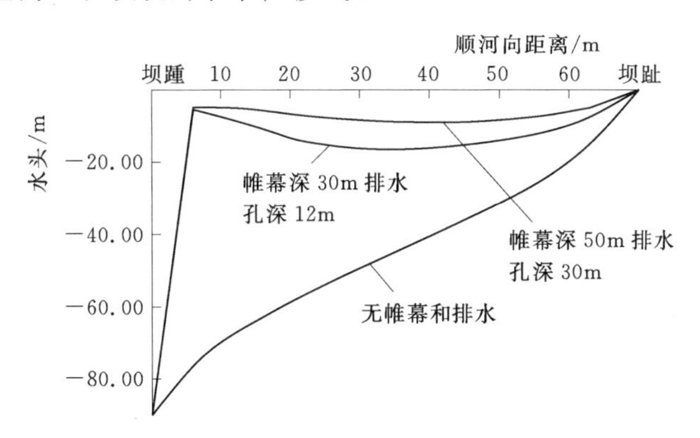

图 2.4.3 坝基扬压力图

表 2.4.6 **不同工况下坝体水平位移 u_3** 单位：mm

地基范围	计 算 方 案	基点	坝顶	相对位移
1*h*/1*h*/2*h*	无帷幕和排水	1.108	-0.945	-2.053
	帷幕深 30m，排水孔深 12m	1.115	-1.577	-2.693
	帷幕深 50m，排水孔深 30m	1.129	-1.597	-2.726
2*h*/2*h*/2*h*	无帷幕和排水	2.086	0.935	-1.150
	帷幕深 30m，排水孔深 12m	2.111	0.291	-1.820
	帷幕深 50m，排水孔深 30m	2.133	0.260	-1.873
5*h*/5*h*/6*h*	无帷幕和排水	5.503	0.535	-4.968
	帷幕深 30m，排水孔深 12m	5.546	-0.121	-5.667
	帷幕深 50m，排水孔深 30m	5.577	-0.159	-5.736
10*h*/10*h*/8*h*	无帷幕和排水	10.625	5.330	-5.296
	帷幕深 30m，排水孔深 12m	10.679	4.670	-6.009
	帷幕深 50m，排水孔深 30m	10.715	4.630	-6.086
40*h*/40*h*/40*h*	无帷幕和排水	33.860	22.784	-11.076
	帷幕深 30m，排水孔深 12m	33.922	22.121	-11.801
	帷幕深 50m，排水孔深 30m	33.962	22.079	-11.883

注 表中位移以向下游为正，向上游为负。

由图 2.4.2、图 2.4.3 和表 2.4.6 可见：①在坝踵附近设置帷幕和排水孔，将改变该区域附近的渗流场。由于防渗帷幕的渗透性小，导致该区域渗透坡降大，水平向渗流体积力大，从而使基点的水平向位移增大，而且坝顶相对基点的相对位移也增大，但总体增大幅度不大。②从表 2.4.6 中数据还可见，防渗帷幕和排水孔深度加深，将增大基点的位移和坝顶相对基点的相对位移，但增大幅度不明显。③虽然在坝踵附近考虑了防渗帷幕和排水，但随着地基截取范围的增大，基点的位移以及坝顶相对基点的位移逐渐增大。④仅在坝基施加图 2.4.3 所示的扬压力时，当地基截取范围为 $5h/5h/6h$ 时，无帷幕排水计算得到的坝顶相对基点的位移为 1.067mm，帷幕深 30m 排水孔深 12m 时计算的坝顶相对基点的位移减小为 0.217mm。由此可见，扬压力引起的坝体位移很小。

2.4.1.6　考虑渗流场与应力场耦合对混凝土坝位移的影响

设均质地基全区域变形模量为 20GPa，泊松比为 0.25。地基截取范围 $5h/5h/6h$。计算边界条件与 2.4.1.1 同。先基于等效连续介质模型计算岩基渗流场，然后计算应力场，同时考虑渗流场与应力场的耦合效应，计算时需要迭代。假设 3 个渗透主轴方向的正应力为 $\sigma_{x'}^{s}$、$\sigma_{y'}^{s}$、$\sigma_{z'}^{s}$，则等效连续介质受荷载作用下的渗透系数为

$$\boldsymbol{k}'=\begin{bmatrix} k_{x'0}\exp(\lambda\sigma_{x'}^{s}) & & \\ & k_{y'0}\exp(\lambda\sigma_{y'}^{s}) & \\ & & k_{z'0}\exp(\lambda\sigma_{z'}^{s}) \end{bmatrix} \tag{2.4.1}$$

式中：$k_{x'0}$、$k_{y'0}$、$k_{z'0}$ 为零应力状态下 3 个渗透主轴方向的初始渗透系数；λ 为影响系数，一般由试验确定；应力以拉为正。由于无试验资料，这里取 $\lambda=1\text{MPa}^{-1}$。

迭代终止条件为前后两次计算的结点水头的差值小于后一次结点水头的 5%。考虑耦合分析和不考虑耦合分析时渗流场和位移比较见图 2.4.4～图 2.4.7。其中，图 2.4.4 为岩基渗流场等水头线，图中水头单位为 m；图 2.4.5 为扬压力水头分布；图 2.4.6 和图 2.4.7 为位移对比。位移以向下游为正、上抬为正，反之为负。

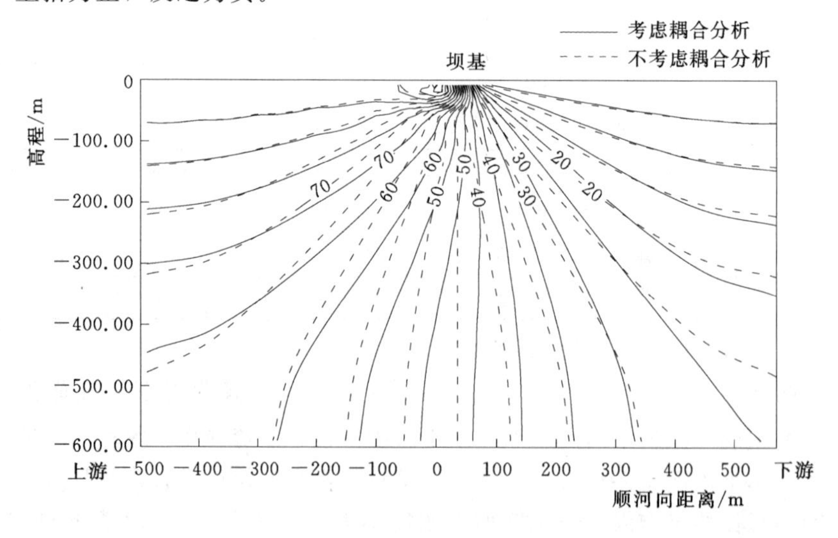

图 2.4.4　岩基渗流场等水头线

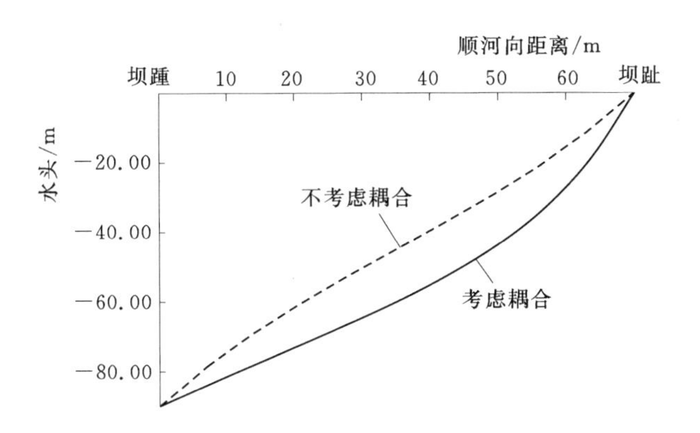

图 2.4.5 坝基扬压力水头分布

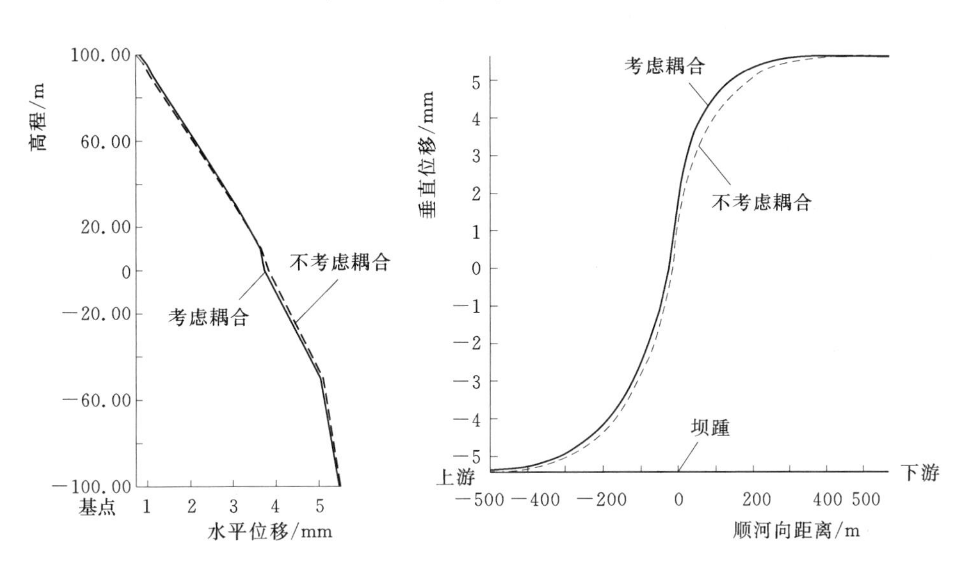

图 2.4.6 仅地基渗流体积力引起的坝体水平位移

图 2.4.7 仅地基渗流体积力引起的地基表面垂直位移

由图 2.4.4～图 2.4.7 可见：①考虑渗流场与应力场耦合对岩基渗流场及坝基扬压力有较大的影响。由于在上游岩基内存在拉应力区，该区域的渗透系数增大，导致岩基内的等水头线较不考虑渗流场和应力场耦合分析时的等水头线偏向下游。而且，考虑渗流场与应力场耦合分析的坝基扬压力比不考虑耦合分析时的大。例如考虑耦合分析时，坝基扬压力较不考虑耦合分析时的坝基扬压力最大增大 15.592m 的水头。②考虑渗流场与应力场耦合分析与不考虑渗流场与应力场耦合分析，对大坝的垂直位移影响略大于对大坝的水平位移影响，但对大坝位移的总体影响较小。考虑耦合分析时，上游岩基渗透系数增大，下游岩基渗透系数减小，从而使上游垂直向渗流体积力减小，导致上游岩基下沉的垂直位移略小于不考虑耦合分析时的垂直位移，而下游上抬的垂直位移略大于不考虑耦合分析时的垂直位移。但无论考虑耦合分析还是不考虑耦合分析，在岩基上作用渗流体荷载引起坝顶水平位移相对基点的水平位移都向上游位移。

2.4.2　小结

对地基变形模量随深度逐渐增加、渗透系数随深度逐渐减小、坝基渗透系数各向异性、坝踵设置帷幕和排水以及考虑渗流场和应力场耦合等对混凝土坝位移分量的影响进行了研究，得到如下结论：

(1) 考虑地基变形模量随深度逐渐增加、渗透系数随深度逐渐减小、坝基渗透系数各向异性、坝踵设置帷幕和排水以及考虑渗流场和应力场耦合等因素时，混凝土坝位移的特性仍然与均质各向同性地基上的混凝土坝的位移特性相同：即作用在地基上的水荷载引起混凝土坝坝顶水平位移相对基点水平位移向上游位移，而且参考基点的水平位移随地基截取范围的增大而增大。

(2) 为了获得大坝的绝对位移，《混凝土坝安全监测技术规范》(DL/T 5178—2003、SL 601—2013) 规定"倒垂线钻孔深入基岩深度应参照坝工设计计算结果，达到变形可忽略处。缺少该项计算结果时，可取坝高的 1/4～1/2"。当考虑作用在地基上的水荷载时，由上述分析可见，倒垂线测值作为绝对位移的认识是有局限性的。为了获得精度良好的参数反演值，必须考虑到基点的位移，应采用大坝有限元数值计算的坝顶位移和基点位移的相对值，联合实测位移分离出的水压分量进行参数反分析。

(3) 实际地基是透水性材料，当采用运行期的原型位移监测值联合大坝有限元数值计算进行反分析时，作用在地基上的水荷载一般应按渗流体荷载分析。由于水在裂隙或孔隙中渗流存在时间效应，这导致水荷载作为面荷载还是作为渗流体荷载分析属于计算荷载不确定问题，该问题应基于原型监测值反分析确定。另外，实际地基为有限深地基，该有限压缩层厚度可由外荷载（例如渗流体荷载等）作用下的地基附加应力与自重应力的比值为 0.1 来确定［对于三维问题，左右岸宽度可由地基附加水平向应力与 $\mu/(1-\mu)$ 倍地基自重应力的比值为 0.1 来确定（μ 为岩基泊松比）］，或由实测值反分析确定，然后向上下游截取与地基深度相同的范围，以建立相应的大坝有限元模型。

2.5　水荷载对均质地基上拱坝位移数值分析

目前，拱坝三维有限元模型向上游截取范围较小，大部分的拱坝三维有限元模型向上游截取 1 倍或 2 倍坝高，如此建立的拱坝三维有限元模型，在施加

相应的计算荷载进行分析时，难以合理反映地基水荷载作用使地基面转动所引起的位移。另外，作用在地基上的水荷载十分复杂，一般认为只有当水库骤然蓄水至某一高度时，此时引起的增量水荷载可作为地基水压力（面荷载）施加在地基表面。为此，以下结合溪洛渡特高拱坝，分析水荷载作用下大坝的变形。

2.5.1 有限元模型

分别建立以下两种模型，见图 2.5.1 和图 2.5.2。模型一（或称小模型），向上下游、左右岸及地基深部各截取 2 倍坝高，共剖分 19096 个单元，其中坝体剖分 6890 个单元，地基剖分 12206 个单元；模型二（或称大模型），向上下游、左右岸及地基深部各截取 5 倍坝高，共剖分 26830 个单元，其中坝体剖分 6890 个单元，地基剖分 19940 个单元。

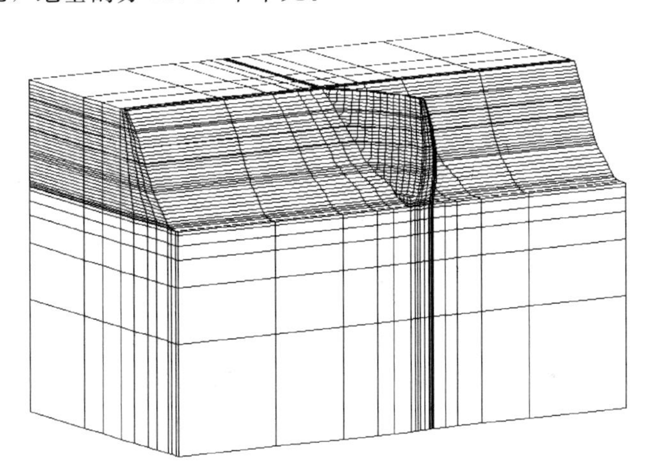

图 2.5.1 小模型

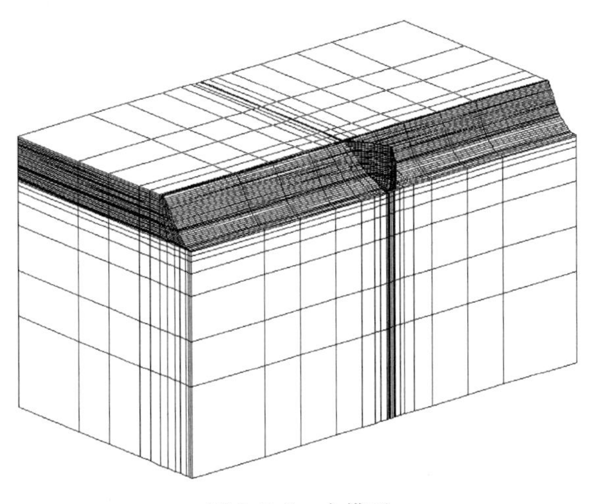

图 2.5.2 大模型

2.5.2　计算参数及边界条件

2.5.2.1　渗流计算参数及边界条件

假设坝体不透水，防渗帷幕渗透系数为岩基渗透系数的0.1倍。由于没有获得详细的地基排水孔信息，此次分析没有考虑排水孔效应。

上游给定水头600m，下游给定水头378m，上下游边界、左右岸山体边界及地基底部边界均取不透水边界。

2.5.2.2　变形应力计算参数及边界条件

假设混凝土坝体和基岩均为各向同性体材料。坝体混凝土弹性模量为24GPa，泊松比为0.17；地基变形模量为14GPa，泊松比为0.22。

计算域上下游施加顺河向连杆约束，左右岸施加横河向连杆约束，底部施加完全位移约束。

2.5.3　计算工况

本次分析，共计算了以下4组工况。

工况1：小模型，坝面作用水压力，地基表面作用水压力（面荷载）。

工况2：小模型，坝面作用水压力，地基作用渗流体荷载。

工况3：大模型，坝面作用水压力，地基表面作用水压力（面荷载）。

工况4：大模型，坝面作用水压力，地基作用渗流体荷载。

由于在下闸蓄水时，坝体和两岸山体的自重引起的变形基本已经完成，因此，上述4组工况均不考虑坝体和岩基自重荷载。

其中，当地基作用渗流体荷载时，需要事先计算稳定渗流场。对于两岸山体浸润面，本次分析采用死活单元技术，比较单元高斯点的水头 H 与高斯点的位置坐标 z，如果单元所有的水头 H 均小于相应的位置坐标 z，那么将该单元“杀死”（设置为虚区），对于部分高斯点在虚区、部分高斯点在实区的过渡单元，则通过折减在虚区高斯点的渗透系数来获得较精确的计算值，即对于过渡单元，采用Bathe提出的单元传导矩阵修正法：当高斯点水头 $H \geqslant z$ 时，$K'=K$；当高斯点水头 $H<z$ 时，$K'=K/1000$。

由于没有获得溪洛渡坝址的初始渗流场，无法获得增量浮力项，因此，在由节点水头计算地基渗流体荷载时，在垂直向没有考虑浮力项。

分析时，在拱坝坝基设置了0.1m厚的夹层单元，而分析时假设坝体不透水，因此，在施加地基渗流体荷载时，一并在坝基面施加了相应的扬压力。

2.5.4　计算结果及分析

大模型在坝体水压力+地基水压力作用下变形计算结果见图2.5.3；大模型在坝体水压力+地基渗流体荷载作用下变形计算结果见图2.5.4；不同工况

下拱冠梁变形对比见图 2.5.5。横河向位移以向左岸为正，顺河向位移以向上游为正，垂直向位移以上抬为正，反之为负。位移场单位为 m。

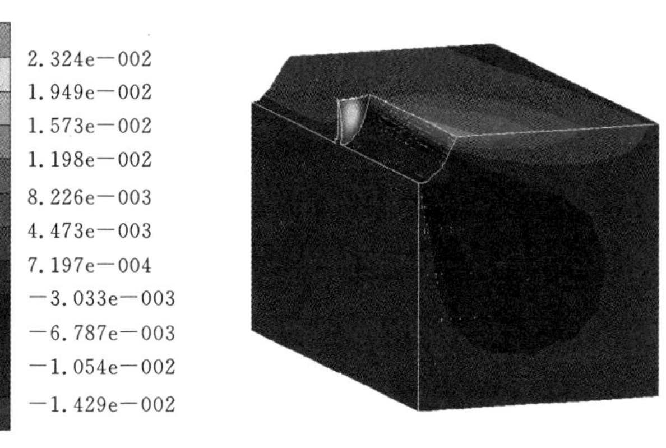

(a) 大模型横河向位移(坝体水压力＋地基水压力)

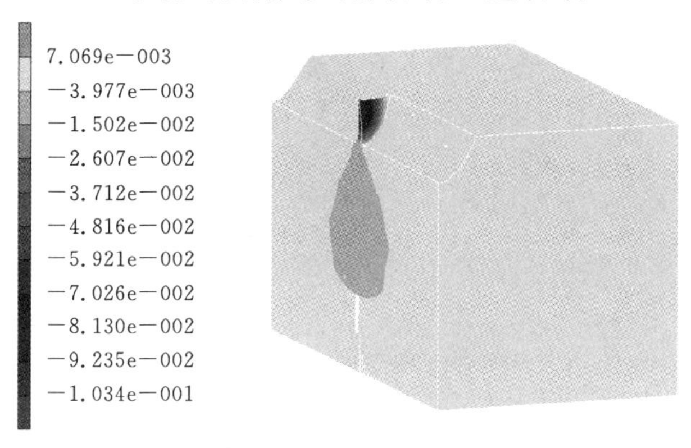

(b) 大模型顺河向位移(坝体水压力＋地基水压力)

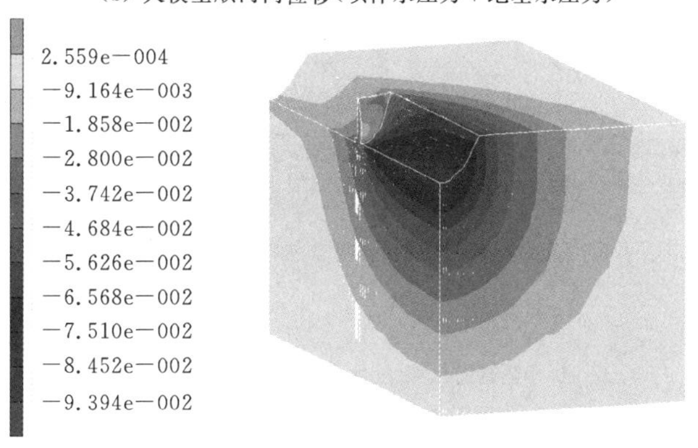

(c) 大模型垂直向位移(坝体水压力＋地基水压力)

图 2.5.3 坝体水压力＋地基水压力作用下拱坝位移

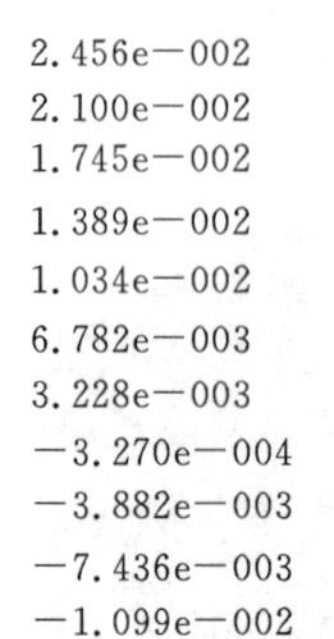

(a) 大模型横河向位移(坝体水压力＋地基渗流体荷载)

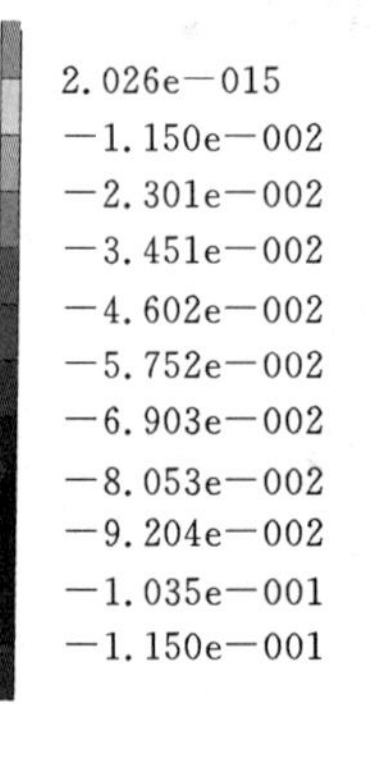

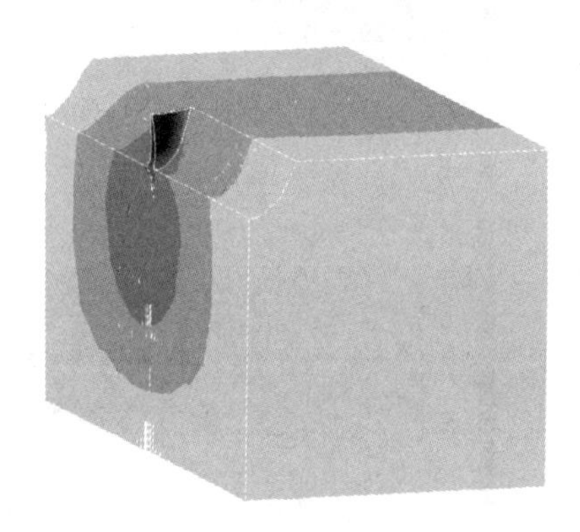

(b) 大模型顺河向位移(坝体水压力＋地基渗流体荷载)

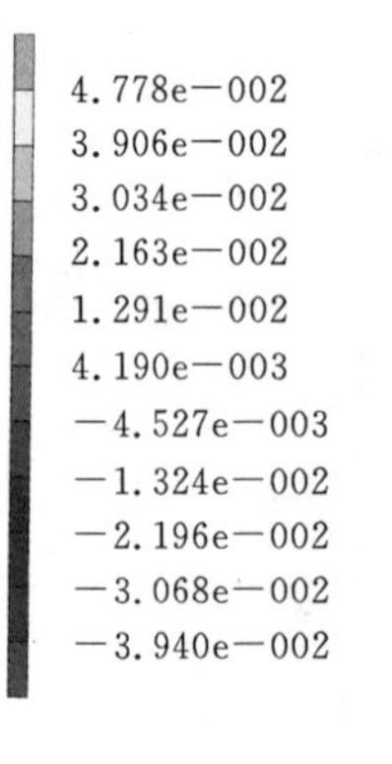

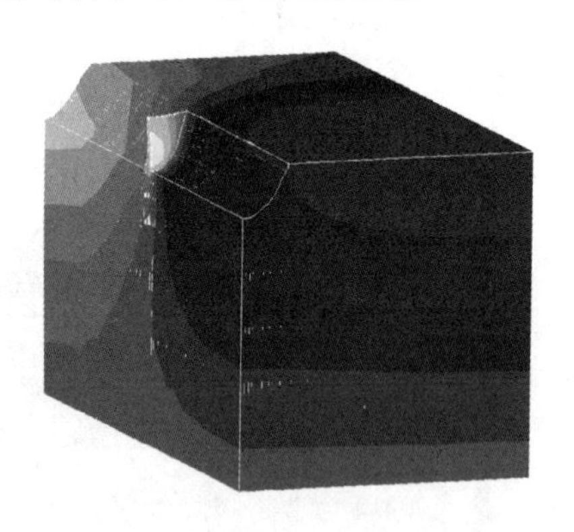

(c) 大模型垂直向位移(坝体水压力＋地基渗流体荷载)

图 2.5.4　坝体水压力＋地基渗流体荷载作用下拱坝位移

(1) 作用在地基上水荷载作为面荷载施加在地基表面或作为渗流体荷载施加在地基内部，两者计算变形差异较大。

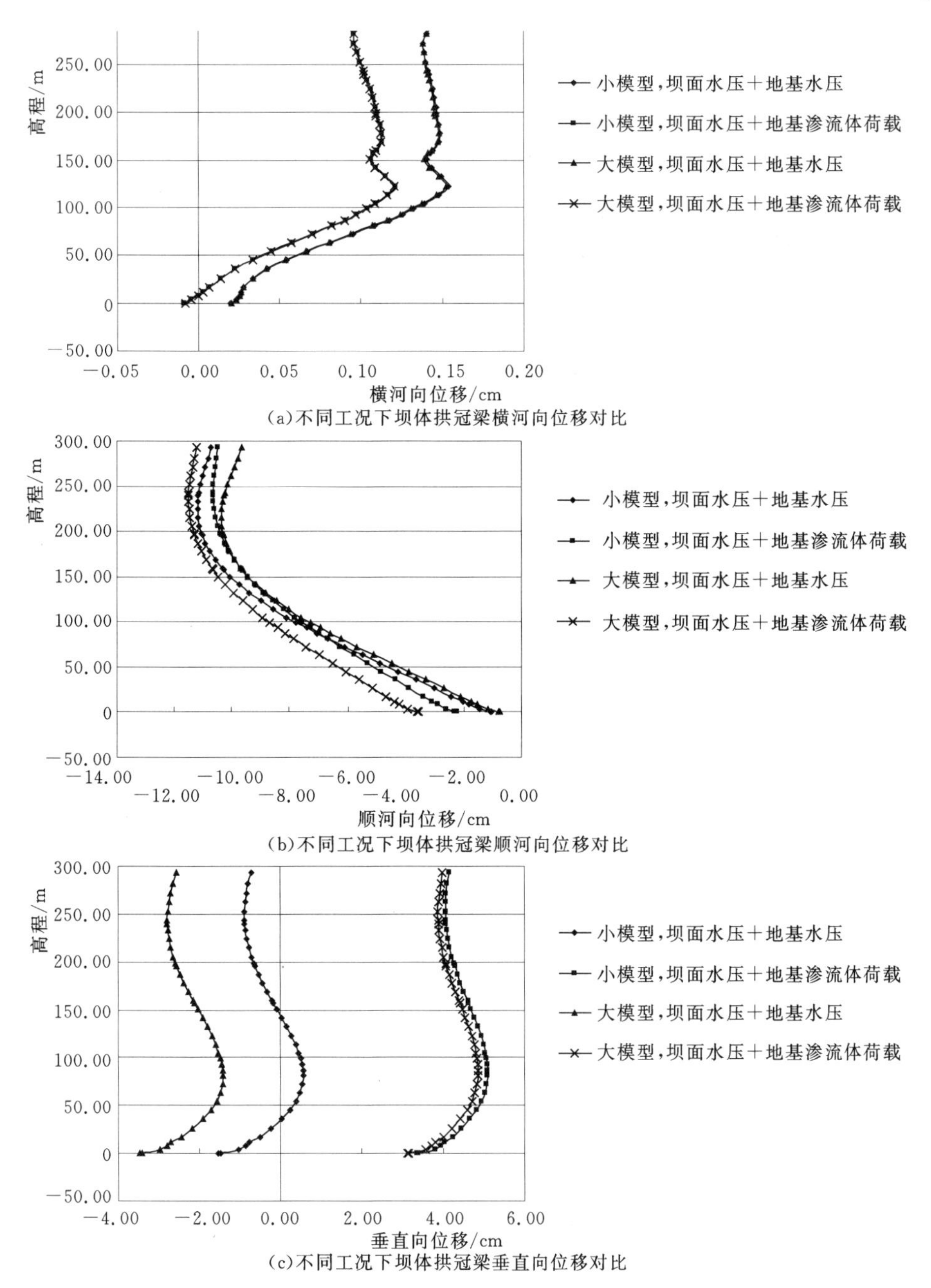

(a)不同工况下坝体拱冠梁横河向位移对比

(b)不同工况下坝体拱冠梁顺河向位移对比

(c)不同工况下坝体拱冠梁垂直向位移对比

图 2.5.5 不同工况下坝体拱冠梁位移对比

(2) 拱坝三维有限元模型向上游截取 1 倍或 2 倍坝高，如此建立的拱坝三维有限元模型，在施加相应的计算荷载进行分析时，难以合理反映地基水荷载作用使地基面转动所引起的位移。

(3) 当在地基内部施加渗流体荷载时，从坝体垂直向位移来看，由于坝基扬压力较大，坝体有向上抬动的趋势，建议密切关注坝基防渗帷幕和排水孔的工作性态监测。

(4) 进一步分析还可见，随着地基截取范围增大，坝体的变形仍将存在一定的差异，由此建议，当采用有限元模型计算值与实测变形进行对比时，对于水平向位移，宜将坝体位移监测点位移扣除倒垂线在岩基深处的锚固点位移，对于垂直向位移，宜将坝体监测点位移扣除水准基点或起测基点处的位移。

2.5.5 小结

(1) 拱坝三维有限元模型向上游截取 1 倍或 2 倍坝高，如此建立的拱坝三维有限元模型，在施加相应的计算荷载进行分析时，难以合理反映地基水荷载作用使地基面转动所引起的位移。

(2) 当采用有限元模型计算值与实测变形进行对比时，对于水平向位移，宜将坝体位移监测点位移扣除倒垂线在岩基深处的锚固点位移，对于垂直向位移，宜将坝体监测点位移扣除水准基点或起测基点处的位移。

2.6 变化水位下的温度荷载对拱坝工作性态数值分析

温度荷载是作用在拱坝的主要荷载之一。现有《混凝土拱坝设计规范》(SL 282—2003、DL/T 5346—2006) 中温度荷载的计算是假定上游库水位固定在正常蓄水位，且多年平均气温和同一高程的库水温随时间变化规律为单一正（余）弦函数变化。然而水库实际运行时上游水位不断变化，导致固定水位与变化水位条件下的温度荷载存在较大的差异性，主要表现在：①由于水温与气温的巨大差别，使得拱坝在上游面与下游面之间存在着温差；②温度荷载与水深有关，且库水温度会随水深而变化。因此水位的变化会对温度荷载产生较大的影响，大多数情况下多年平均气温和同一高程库水温随时间变化规律并不能简单的采用单一正（余）弦函数表示。近年来，朱伯芳 (2006) 提出了考虑水位变动后温度荷载的改进算法。本章结合西南某高拱坝，分别计算固定水位下和水位变化条件下的温度荷载，讨论两种温度荷载的差异，进而建立三维有限元模型，采用有限元法方法分析不同温度荷载对拱坝应力和变形的影响。

2.6.1 考虑库水位变化的拱坝温度荷载计算方法

在变化水位的情况下，某一高程处的坝面温度，在水位以上时采用气温，在水位以下时则采用水温。某一高程处的坝面温度随时间的变化规律可以采用

傅立叶级数表示，将水位变化对温度的影响计入到温度荷载的计算中。假定上游坝面温度以一年为周期做周期性变化，则可将上游坝面温度值随时间的变化规律采用傅立叶级数表示为

$$T_u(\tau) = T_{um} + \sum_{n=1}^{\infty}\left\{B_{un}\cos\left[\frac{2n\pi}{p}(\tau-\tau_0)\right]+C_{un}\sin\left[\frac{2n\pi}{p}(\tau-\tau_0)\right]\right\} \tag{2.6.1}$$

由于正弦和余弦函数的正交性，系数 B_u 和 C_n 可按下式计算

$$\left.\begin{aligned} B_{un} &= \frac{2}{p}\int_0^p T_u(\tau)\cos\left[\frac{2n\pi}{p}(\tau-\tau_0)\right]d\tau \\ C_{un} &= \frac{2}{p}\int_0^p T_u(\tau)\sin\left[\frac{2n\pi}{p}(\tau-\tau_0)\right]d\tau \end{aligned}\right\} \tag{2.6.2}$$

取 $\Delta\tau$ 为 1 个月，则 $p=12\Delta\tau$，可得

$$\left.\begin{aligned} B_{un} &= \frac{1}{6}\sum_{i=1}^{12} T_i\cos\left[\frac{n\pi}{6}(\tau_i-\tau_0)\right] \\ C_{un} &= \frac{1}{6}\sum_{i=1}^{12} T_i\sin\left[\frac{n\pi}{6}(\tau_i-\tau_0)\right] \end{aligned}\right\} \tag{2.6.3}$$

进行三角变换，式（2.6.1）可简化为

$$\left.\begin{aligned} T_u &= T_{um} + \sum_{n=1}^{\infty} A_{un}\cos\left[\frac{2n\pi}{p}(\tau-\tau_0-\xi_{un})\right] \\ A_{un} &= \sqrt{B_{un}^2+C_{un}^2} \\ \xi_{un} &= \frac{p}{2n\pi}\arctan(C_{un}/B_{un}) \end{aligned}\right\} \tag{2.6.4}$$

式中：$T_u(\tau)$ 为上游坝面温度；T_{um} 为上游坝面年平均温度；T_i 为上游坝面第 i 月月平均温度；τ 为时间，月；τ_0 为上游坝面温度的初始相位，一般取 $\tau_0=6.5$；A_{un} 为上游坝面温度按傅立叶级数展开的系数。

固定水位下的温度荷载是上述变化水位下温度荷载的一种特例，即将以上计算中的上游水位取固定值，且水温和气温年变化规律直接采用单一正（余）弦函数进行表示，由此计算得到的温度荷载便为固定水位下的温度荷载。本章拱坝温度荷载的计算参考文献（朱伯芳等，2010）中所述方法，并考虑上述水位变化引起的坝面温度变化。

2.6.2　实例分析

以西南某高拱坝为例，该拱坝坝顶高程 610.00m，建基面最低高程为 324.50m，最大坝高 285.50m，水库正常蓄水位 600.00m，死水位 540.00m。坝区无大的断层分布，层间、层内错动带和节理裂隙是坝区的主要结构面。

2.6.2.1　三维有限元模型

(1) 有限元模型。依据坝体体型及坝基地质资料，建立三维有限元模型，有限元模型的地基截取范围沿上下游、左右岸以及基岩深度方向各截取2倍坝高的范围，采用六面体八节点等参单元进行网格剖分，坝体单元数为3940，节点数为5210，有限元整体模型单元数为10170，节点数为20278，坐标系为：x向为横河向，y向为顺河向，z向为垂直向，见图2.6.1。

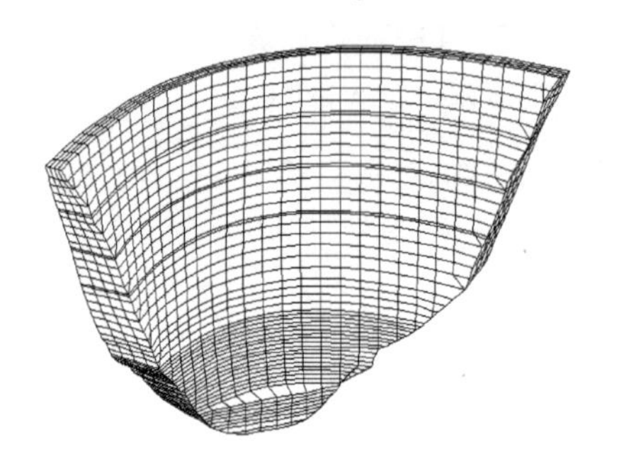
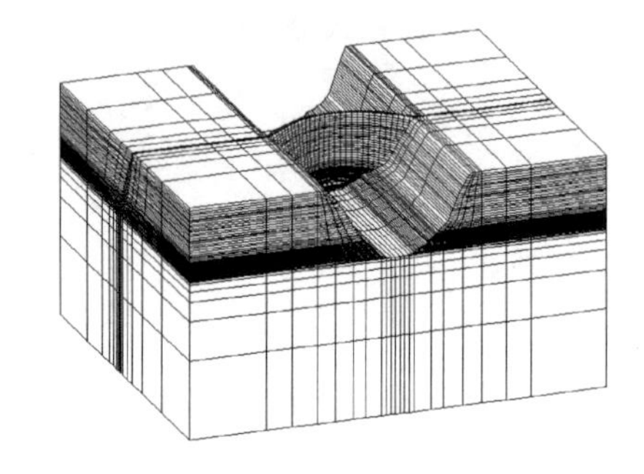

图2.6.1　坝体有限元模型

(2) 材料参数。假设混凝土坝体和基岩均为各向同性体材料，其中坝体混凝土的弹性模量和基岩的变形模量采用相关文献（程中凯，2014）反演计算得到的参数值，其余值均采取设计值。坝体及基岩的物理力学参数见表2.6.1。

表2.6.1　有限元模型中材料参数

材料	弹性模量 E/GPa	泊松比 μ	容重 γ/(kg/m³)	线膨胀系数 α/(10⁻⁶/℃)	比热 /[J/(kg·℃)]	导热系数 /[kJ/(m·h·℃)]
坝体混凝土	45.40	0.18	2700	6.5	970	5.80
基岩	33.64	0.20	2750	0	998.9	1.81

(3) 边界条件。计算域上下游施加顺河向连杆约束，左右岸施加横河向连杆约束，底部施加完全位移约束。

2.6.2.2　温度荷载分析

参考张国新等（2011）的一维数值解法和工程类比法，计算得出3种水库水温分布方案：方案一，以多年平均气温和水温资料为依据的水温分布；方案二，增加考虑融雪补给的低温入库水体的水温分布；方案三，考虑异重流的类比二滩水电站库水温度分布的水温分布。

选取西南某拱坝15号典型坝段（拱冠梁坝段），对比分析固定水位和变化水位下的温度荷载间的差异性（程中凯，2014），见图2.6.2和图2.6.3。

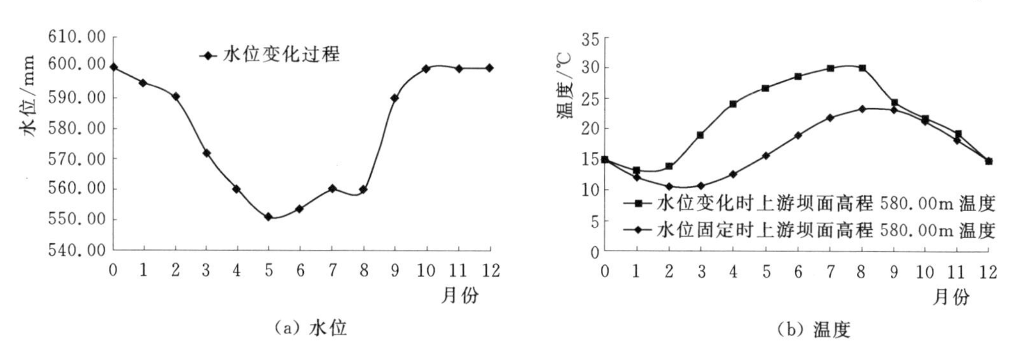

(a) 水位　　(b) 温度

图 2.6.2 上游水位过程线及上游坝面典型高程 580.00m 处温度年变化过程线

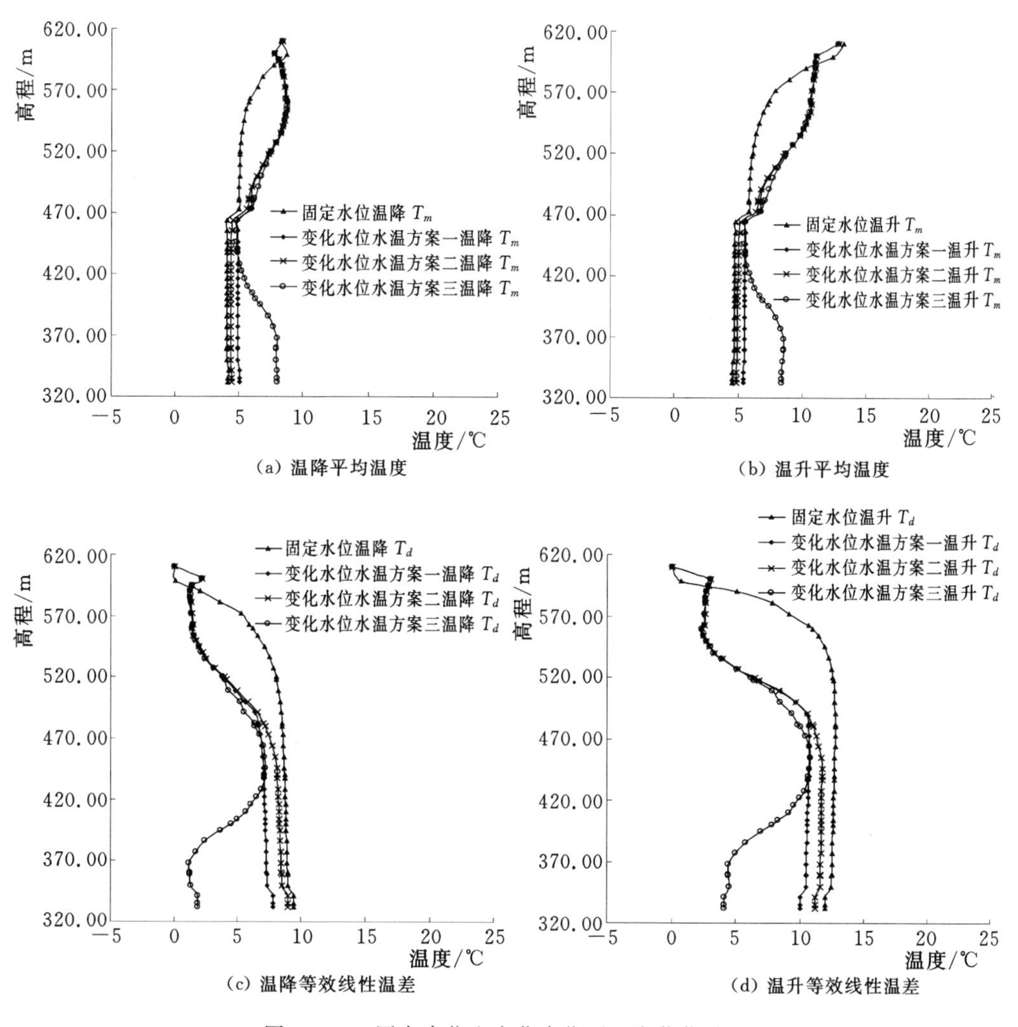

(a) 温降平均温度　　(b) 温升平均温度

(c) 温降等效线性温差　　(d) 温升等效线性温差

图 2.6.3 固定水位和变化水位下温度荷载对比

（1）在上游水位变动区域（高程 540.00～600.00m）及其附近（高程 518.00～540.00m）范围内：

1）水位变动区，变化水位时上游坝面温度同固定水位时温度差比较大，如在本次计算中上游面高程 580.00m 处两者温度最大差值可达 11.5℃。

2）变化水位下温度荷载同固定水位下温度荷载的差值随深度的增加基本呈现先增后减趋势。变化水位温度荷载中的平均温度 T_m 大于固定水位下温度荷载；等效线性温差小于固定水位下温度荷载。温度荷载最大差值在高程 518.00～536.00m 范围附近，温升荷载时，平均温度 T_m 最大差值为 3.48℃，等效线性温差 T_d 最大差距为 8.36℃；温降荷载时，平均温度 T_m 最大差值为 2.91℃，等效线性温差 T_d 最大差距为 4.74℃。

3）在水位变动区附近的某一高程按照实际水位变化的情况计算得到的温度荷载同采用固定水位条件计算的温度荷载差异有时会很大，平均温度 T_m 最大差异处差异值约为固定水位下的 1.5 倍关系，等效线性温差 T_d 最大差异处差异值约为变化水位下的 4.5 倍关系，该差异规律和朱伯芳对此问题的分析的结果基本相同（朱伯芳，2006）。

（2）在高程 518.00m 以下：

1）变化水位下 3 种水温分布方案的温度荷载，平均温度 T_m 由大到小依次对应：方案三＞方案一＞方案二；等效线性温差大小关系与之相反。平均温度 T_m 最大差值为 3.05℃，等效线性温差 T_d 最大差距为 6.06℃。

2）由于没有考虑下游水垫塘充水的影响，且变化水位下水温分布方案一和方案二以及固定水位下，上游水温在高程 518.00m 以下库水温基本恒定，三者温度荷载基本保持稳定，且平均温度 T_m 由大到小依次对应：方案一＞方案二＞固定水位；等效线性温差大小关系与之相反。而固定水位下温度荷载同变化水位水温方案二对应温度荷载接近，这是由于固定水位温度荷载计算时，选取库底水温 12℃，与变化水位下水温分布方案二较接近，由此可见，固定水位下温度荷载的合理性与库底水温的合理选取关系很大。

2.6.2.3　应力变形分析

基于以上温度荷载的分析，变化水位下的温度荷载在水位变动区附近与固定水位下温度荷载差异很大，以下探讨固定水位温度荷载和变化水位温度荷载对拱坝应力变形的影响。假设坝体及基岩均不透水，计算时也不计入库盘岩体所受水压力，即荷载只考虑坝体自重、作用在坝体的水压力和相应温度荷载，将这些荷载进行组合，得到以下 8 种工况。

工况 11：正常蓄水位（高程 600.00m）＋坝体自重＋固定水位温升荷载。

工况 12：正常蓄水位（高程 600.00m）＋坝体自重＋固定水位温降荷载。

工况 21：正常蓄水位（高程 600.00m）＋坝体自重＋水温方案一温升荷载。

工况 22：正常蓄水位（高程 600.00m）＋坝体自重＋水温方案一温降荷载。

工况 31：正常蓄水位（高程 600.00m）＋坝体自重＋水温方案二温升荷载。

工况 32：正常蓄水位（高程 600.00m）＋坝体自重＋水温方案二温降荷载。

工况 41：正常蓄水位（高程 600.00m）＋坝体自重＋水温方案三温升荷载。

工况 42：正常蓄水位（高程 600.00m）＋坝体自重＋水温方案三温降荷载。

（1）变形分析。通过有限元计算可以获得该拱坝在不同工况下的位移场，位移的方向规定为：顺河向（Y 轴方向）位移指向上游为正；横河向（X 轴方向）位移指向左岸为正，垂直向（Z 轴方向）位移竖直向上为正，反之为负。图 2.6.4 为西南某拱坝在典型工况下坝体下游面总位移。

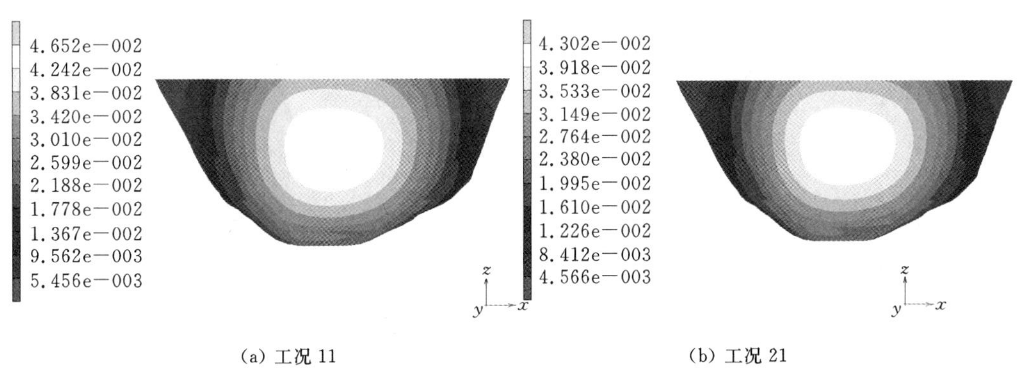

(a) 工况 11　　(b) 工况 21

图 2.6.4　坝体下游面总位移分布云图（单位：m）

由图 2.6.4 可知：①以拱冠梁 15 号坝段为界，顺河向位移与总位移云图分布非常相似，基本呈对称分布，且数值较接近，可以初步推断，坝体总的位移主要是向下游的顺河向位移。②通过计算可知，当其他荷载一定时，固定水位温度荷载作用下的拱坝变形稍大于变化水位温度荷载作用下的拱坝变形，最大变形差值为 3.2mm，约为相应变形的 7%。③3 种变化水位温度荷载引起拱坝变形大小顺序依次为：方案二＞方案三＞方案一。

（2）应力分析。取典型工况 11 和工况 41 下拱坝拱冠梁剖面主应力分布云图（图 2.6.5），不同温度荷载作用下拱坝的应力特征值见表 2.6.2。

表 2.6.2　　不同温度荷载作用下的应力特征值　　单位：Pa

荷载工况		上游坝面最大主拉应力	下游坝面最大主压应力	坝踵处		坝趾处	
				第一主应力	第三主应力	第一主应力	第三主应力
温升	工况 11	2.50×10^{6}	-1.87×10^{7}	2.00×10^{6}	-1.73×10^{6}	-5.11×10^{5}	-1.08×10^{7}
	工况 21	2.15×10^{6}	-1.81×10^{7}	1.62×10^{6}	-1.88×10^{6}	-4.79×10^{5}	-1.04×10^{7}
	工况 31	2.40×10^{6}	-1.83×10^{7}	1.90×10^{6}	-1.76×10^{6}	-4.86×10^{5}	-1.05×10^{7}
	工况 41	2.00×10^{6}	-1.78×10^{7}	5.84×10^{5}	-2.25×10^{6}	-4.66×10^{5}	-1.02×10^{7}

续表

荷载工况		上游坝面最大主拉应力	下游坝面最大主压应力	坝踵处		坝趾处	
				第一主应力	第三主应力	第一主应力	第三主应力
温降	工况 12	2.47×10^{6}	-1.78×10^{7}	2.06×10^{6}	-1.73×10^{6}	-5.44×10^{5}	-1.02×10^{7}
	工况 22	2.16×10^{6}	-1.76×10^{7}	1.62×10^{6}	-1.94×10^{6}	-5.28×10^{5}	-1.01×10^{7}
	工况 32	2.30×10^{6}	-1.77×10^{7}	1.91×10^{6}	-1.82×10^{6}	-5.36×10^{5}	-1.02×10^{7}
	工况 42	2.00×10^{6}	-1.72×10^{7}	5.60×10^{5}	-2.34×10^{6}	-5.13×10^{5}	-9.90×10^{6}

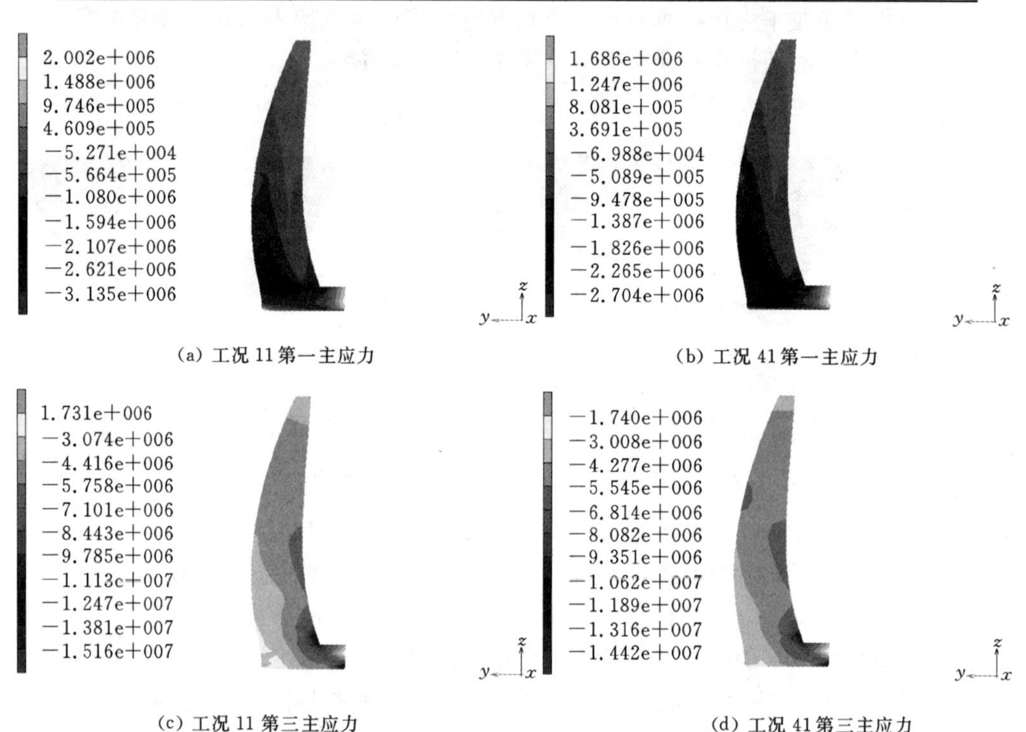

(a) 工况 11 第一主应力

(b) 工况 41 第一主应力

(c) 工况 11 第三主应力

(d) 工况 41 第三主应力

图 2.6.5　拱冠梁剖面第一主应力和第三主应力分布云图（单位：Pa）

由图 2.6.5 及表 2.6.2 可知：①各工况下应力分布及应力最大值发生部位基本相同，上游坝面拱端拉应力较大的区域主要集中在高程 341.00～368.00m 处，最大值为 2.50MPa；由两岸向拱冠变为压应力，压应力较小，各工况下压应力最大值发生在拱冠高程 350.00m 附近，为 2.55MPa。下游面压应力较大区域集中在左右岸拱端附近高程 327.50～395.00m 处，最大值达 18.7MPa；下游面基本不产生拉应力。②水压荷载和自重一定时，固定水位下温度荷载作用下的最大应力均大于变化水位温度荷载作用下的最大应力。③变化水位下温度荷载中，方案三对应的温度荷载作用下该拱坝的应力最小，主要是因为方案

三考虑了异重流的存在，库底水温较高，温度荷载的等效线性温差小于其他工况下温度荷载。

2.6.3 小结

（1）变化水位下温度荷载与固定水位下温度荷载的差值随深度的增加基本呈现先增后减趋势。

（2）当其他荷载一定时，基于规范计算得到的固定水位温度荷载作用下的变形值稍大于变化水位温度荷载作用下的变形，各方向位移的最大差值为3.2mm，约为相应变形的7％。

（3）当其他荷载一定时，固定水位下温度荷载作用下的最大应力均大于变化水位温度荷载作用下的最大应力，其中拉应力最大差值约为0.5MPa，约为相应应力值的20％。压应力最大差值为0.9MPa，约为相应应力值的5％。即采用规范法计算得到的固定水位下的温度荷载进行拱坝计算稍偏于保守。

第3章 大坝稳定分析中的水荷载

3.1 概 述

扬压力是大坝稳定分析中一项重要荷载，然而扬压力又是一项特殊的荷载。一般认为，扬压力是面力。对于土体（或土基），试验研究表明（张有天，2005），粒间接触面积甚微，一般假设孔隙水压力百分之百作用于土体。对于岩体（或岩基），若大坝地基不透水，则扬压力等于零，亦即扬压力作用面积系数等于零。若坝基为砂基，扬压力将百分之百作用于坝基，此时扬压力作用面积系数等于1。对于岩石地基，扬压力作用面积系数小于1。一些文献曾对扬压力作用面积系数进行过讨论，而我国有关规范都规定扬压力作用面积系数等于1。暂且不论扬压力的作用面积系数到底如何取值，即使假设扬压力作用面积系数为1，当采用有限单元法对扬压力进行计算时，也常容易发生疑惑而导致错误；而对于土坡（或土石坝）稳定分析时，孔隙水压力的问题亦常容易发生疑惑。为此，本章首先基于规范法对重力坝应力分析进行改进及讨论如何考虑扬压力等几个容易混淆的问题，接着研究重力坝深层抗滑稳定分析中扬压力施加方法，与此同时，研究水平拱圈坝肩扬压力施加方法，然后研究土坡（或土石坝）中孔隙水压力和渗流体荷载的关系，最后基于极限平衡理论，对线性插值地下水位和水平延伸地下水位对边坡稳定影响进行对比分析。

3.2 重力坝应力分析的规范法改进

《混凝土重力坝设计规范》（SL 319—2005、DL 5108—1999）规定混凝土重力坝以材料力学法计算成果作为确定坝体断面的依据，有限元法作为辅助方法。在进行重力坝应力分析时，一般假定坝体混凝土为均质、连续、各向同性的弹性材料；视坝段为固接于地基上的悬臂梁，不考虑地基变形对坝体应力的影响；以及假定坝体水平截面上的正应力按直线分布。然后依据上述3条基本假设，采用材料力学法计算重力坝各水平截面的边缘应力和内部应力。在规范使用过程中发现：

（1）基于材料力学法进行变截面悬臂梁应力分析时，一般要计算分析截面上的内力，但现有混凝土重力坝设计规范采用材料力学法进行重力坝应力分析时，并未计算分析截面上的内力，而是将外荷载等效移置到分析截面的形心点，见图 3.2.1。然后采用偏心受压公式计算边缘正应力，这导致现有规范上的材料力学法和传统的材料力学方法不一致。

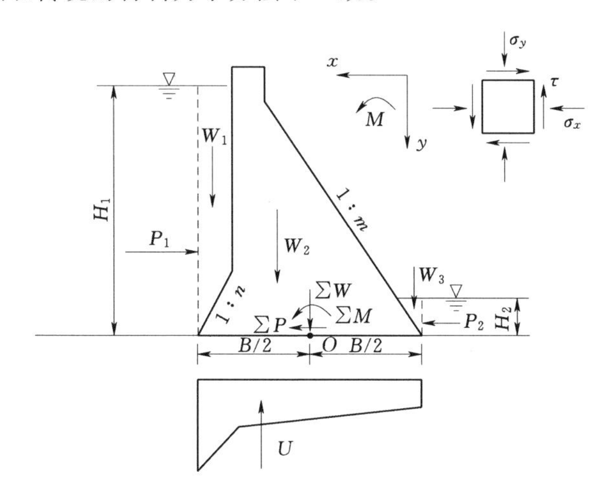

图 3.2.1 现有规范坝体应力计算图

(2) 作用在重力坝上的外荷载较多，在进行重力坝受力分析时，内外力以及应力的正负号有时不清。

(3) 在计算水平截面上的剪应力分布时，需要利用坝内水平截面上的剪应力积分 $\int_0^B \tau \mathrm{d}x$ 与该截面上的剪力合力 $\sum P$ 关系，见图 3.2.1，该关系是 $\int_0^B \tau \mathrm{d}x = \sum P$，还是 $\int_0^B \tau \mathrm{d}x = -\sum P$，有时感到迷惑。

(4) 扬压力是一种作用在重力坝上重要而特殊的荷载。如何叠加扬压力引起重力坝的应力，以及如何考虑扬压力，有时也感到迷惑。

3.2.1 改进的应力推导

为保证现有规范上的材料力学法和传统材料力学方法一致，为此，以下采用传统材料力学方法先计算分析截面上的内力，然后进行重力坝的应力分析，并对分析步骤进行了改进（黄耀英等，2015）。改进分析步骤如下。

(1) 步骤 1：建立坐标系，规定内外力正负号，同时规定应力的正负号。如图 3.2.2 所示，建立 xy 坐标系，内外力以沿坐标轴正向为正，弯矩以逆时针转为正，反之为负；正应力以拉为正、压为负，微元体截面上的外法线沿着坐标轴的正方向，该截面的剪应力以沿坐标轴正方向为正，反之为负。

在图 3.2.2 中，H_1、H_2 分别为上、下游水深；W_1、W_2、W_3 分别为上游面水重、坝体自重、下游面水重；P_1、P_2 分别为上、下游面水平向水压力；

m、n 分别为下游坡率和上游坡率；$\sum P$ 为作用于计算截面以上全部水平向分力引起计算截面上剪力（内力）之和；$\sum W$ 为作用于计算截面以上全部垂直向分力引起计算截面上轴力（内力）之和；$\sum M$ 为作用于计算截面以上全部荷载引起计算截面形心处弯矩（内力）之和；B 为计算截面宽度；O 为形心点；σ_x、σ_y、τ 分别为水平向正应力、垂直向正应力和剪切应力。

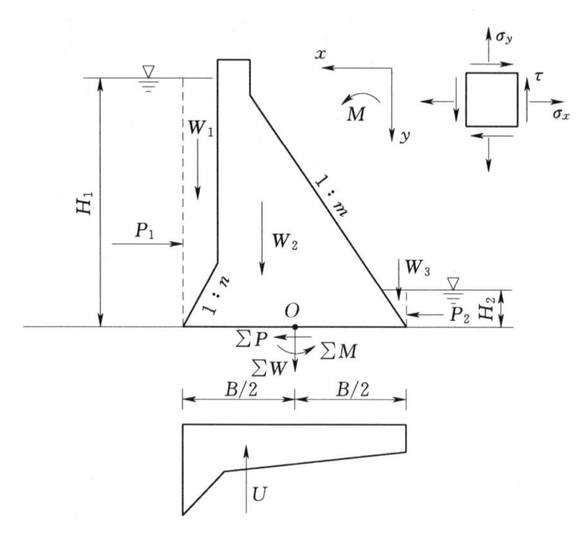

图 3.2.2　改进坝体应力计算图

（2）步骤 2：选取分析截面，取出脱离体。为直接获得 xy 坐标系下的应力分量，选取水平分析截面为宜。

（3）步骤 3：根据重力坝上受到的荷载，进行基本荷载组合或特殊荷载组合（计扬压力），然后计算获得水平分析截面形心点上的内力（轴力 $\sum W$、弯矩 $\sum M$ 和剪力 $\sum P$）。如图 3.2.2 所示，图 3.2.2 中的内力均为正向，由内外力的水平向合力、垂直向合力以及弯矩的平衡方程，获得水平分析截面形心点上的内力。

（4）步骤 4：边缘应力计算。

1）采用偏心受拉公式计算上下游边缘垂直向正应力 σ_{yu} 和 σ_{yd}：

$$\sigma_{yu}=\frac{\sum W}{B}+\frac{6\sum M}{B^2} \tag{3.2.1}$$

$$\sigma_{yd}=\frac{\sum W}{B}-\frac{6\sum M}{B^2} \tag{3.2.2}$$

2）在上游边缘取出微元体，见图 3.2.3，p_{uu} 为微元体上游边缘的扬压力强度，设上游坡率为 n，$n=\tan\phi_u$，列出微元体水平向和垂直向的力平衡方程，获得 τ_u、σ_{xu}。

$$\tau_u=(p_u-p_{uu}+\sigma_{yu})n \tag{3.2.3}$$

$$\sigma_{xu}=-(p_u-p_{uu})+(p_u-p_{uu}+\sigma_{yu})n^2 \tag{3.2.4}$$

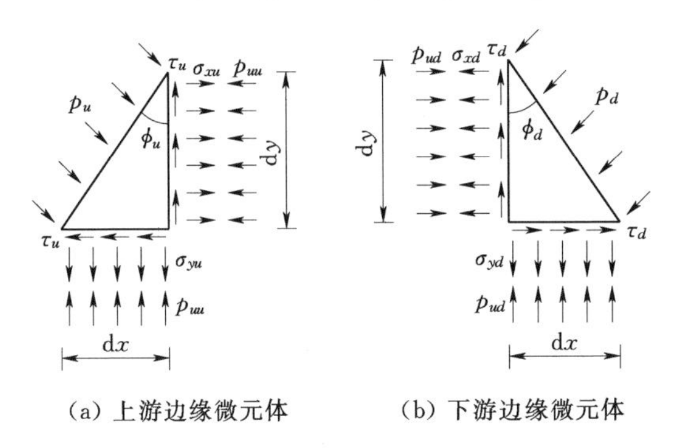

图 3.2.3　上下游边缘微元体

3）在下游边缘取出微元体，见图 3.2.3，p_{ud} 为微元体下游边缘的扬压力强度，设上游坡率为 m，$m=\tan\phi_d$，列出微元体水平向和垂直向的力平衡方程，获得 τ_d、σ_{xd}。

$$\tau_d=(-\sigma_{yd}+p_{ud}-p_d)m \tag{3.2.5}$$

$$\sigma_{xd}=-(p_d-p_{ud})-(-\sigma_{yd}+p_{ud}-p_d)m^2 \tag{3.2.6}$$

在图 3.2.3 中，dx、dy 分别为微元体水平向和垂直向长度；p_u、p_d 分别为上、下游边缘静水压强；p_{uu}、p_{ud} 分别为上、下游边缘扬压力强度；ϕ_u、ϕ_d 分别为上、下游坡角；σ_{xu}、σ_{yu}、τ_u 分别为上游边缘水平向正应力、垂直向正应力和剪切应力；σ_{xd}、σ_{yd}、τ_d 分别为下游边缘水平向正应力、垂直向正应力和剪切应力。

（5）步骤 5：计算边缘主应力。直接采用材料力学教材上主应力公式计算上、下游边缘第一和第二主应力 σ_{1u}、σ_{2u} 和 σ_{1d}、σ_{2d}。

$$\sigma_{1u}=-(p_u-p_{uu}) \tag{3.2.7}$$

$$\sigma_{2u}=(1+n^2)\sigma_{yu}+(p_u-p_{uu})n^2 \tag{3.2.8}$$

$$\sigma_{1d}=-(p_d-p_{ud}) \tag{3.2.9}$$

$$\sigma_{2d}=(1+m^2)\sigma_{yd}+(p_d-p_{ud})m^2 \tag{3.2.10}$$

（6）步骤 6：内部应力计算。

1）由于现有规范在进行重力坝应力分析时假定垂直向正应力 σ_y 为直线分布，采用 σ_{yu} 和 σ_{yd} 直接内插获得水平截面任意点的垂直向正应力。

2）水平截面上水平向正应力 σ_x 一般呈三次曲线分布，对于中小型工程，σ_x 接近直线分布，为此，采用 σ_{xu} 和 σ_{xd} 直接内插获得水平截面任意点的水平向正应力。

3）水平截面上的剪应力为二次曲线分布 $\tau=a_1+b_1x+c_1x^2$，需要联立 τ_u、

τ_d 以及坝内水平截面上的剪应力积分 $\int_0^B \tau \mathrm{d}x$ 与该截面上的剪力合力 $\sum P$ 关系，获得二次曲线的系数。由于坝内水平截面上的剪应力积分 $\int_0^B \tau \mathrm{d}x$ 和该截面上的剪力合力 $\sum P$ 均为内力，且方向相同，有 $\int_0^B \tau \mathrm{d}x = \sum P$。假设 xy 坐标系的原点在水平截面的下游边缘，得到 $a_1 = \tau_d$、$b_1 = -\frac{1}{B}\left(\frac{-6\sum P}{B} + 2\tau_u + 4\tau_d\right)$、$c_1 = \frac{1}{B^2}\left(\frac{-6\sum P}{B} + 3\tau_u + 3\tau_d\right)$。

重复步骤 2～步骤 6，计算获得任意水平截面坝体边缘应力和内部应力。

3.2.2　讨论

（1）内外力以及应力的正负号问题。可以通过建立坐标系，然后以坐标轴的正向规定内外力的正向；以及以微元体规定应力的正负号，以有效避免内外力以及应力的正负号分不清的问题。

（2）分析截面上的内力的正向受坐标系的影响问题。图 3.2.2 建立的坐标系中，分析截面上的正向轴力使上下游边缘均受拉，而正向弯矩使上游边缘受拉，下游边缘受压，因此，采用式（3.2.1）和式（3.2.2）计算上下游边缘垂直向正应力。当采用图 3.2.4 的坐标系时（图 3.2.4 中各符号含义同图 3.2.2），分析截面上的正向轴力使上下游边缘均受压，而正向弯矩使上游边缘受拉，下游边缘受压，由于以拉应力为正，此时，式（3.2.1）和式（3.2.2）变换为

$$\sigma_{yu} = -\frac{\sum W}{B} + \frac{6\sum M}{B^2} \tag{3.2.11}$$

$$\sigma_{yd} = -\frac{\sum W}{B} - \frac{6\sum M}{B^2} \tag{3.2.12}$$

（3）对于坝内水平截面上的剪应力积分 $\int_0^B \tau \mathrm{d}x$ 与该截面上的剪力合力 $\sum P$ 关系问题。由于现有规范将外荷载等效移置到分析截面，见图 3.2.1，此时该截面上的剪力合力 $\sum P$ 为外力，方向沿 x 轴正向，而 $\int_0^B \tau \mathrm{d}x$ 为内力，方向也沿 x 轴正向，因此，$\int_0^B \tau \mathrm{d}x + \sum P = 0$。而采用传统材料力学方法计算时，见图 3.2.2，水平截面上的剪力合力 $\sum P$ 和 $\int_0^B \tau \mathrm{d}x$ 均为内力，且方向均沿 x 轴正向，因此 $\int_0^B \tau \mathrm{d}x = \sum P$。对于图 3.2.4 的坐标系，虽然坝内水平截面上的剪应力积

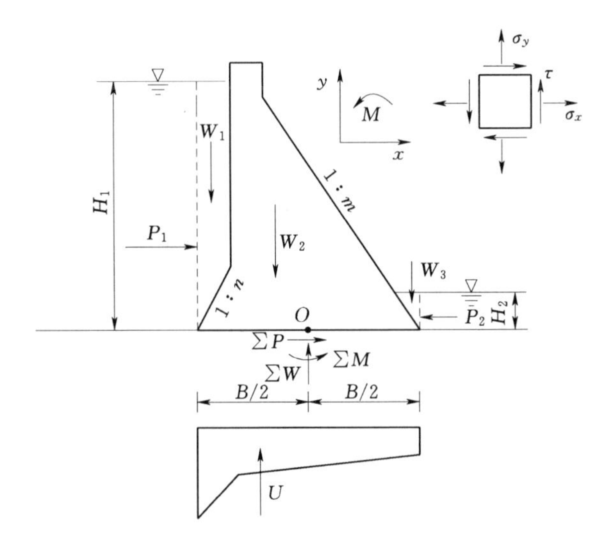

图 3.2.4 旋转坐标系后坝体应力计算图

分 $\int_0^B \tau \mathrm{d}x$ 和该截面上的剪力合力 $\sum P$ 均为内力，但方向相反，此时 $-\int_0^B \tau \mathrm{d}x = \sum P$。

(4) 扬压力问题。

1) 不考虑扬压力的应力计算问题。当不考虑扬压力进行重力坝应力分析时，即假设坝体不透水，此时，一方面在计算水平截面的内力（轴力 $\sum W$、弯矩 $\sum M$ 和剪力 $\sum P$）时，不考虑扬压力；另一方面，应将式（3.2.3）～式（3.2.10）中的 p_{uu} 和 p_{ud} 取为零。

2) 单独扬压力引起重力坝应力问题。以作用在重力坝上的水压力、自重和扬压力 3 项主要荷载为例，按 3.2.1 节中步骤 1～步骤 6 分别计算单独水压力、单独自重、单独扬压力作用下坝体水平截面的内力和应力，其上游边缘的微元体见图 3.2.5。

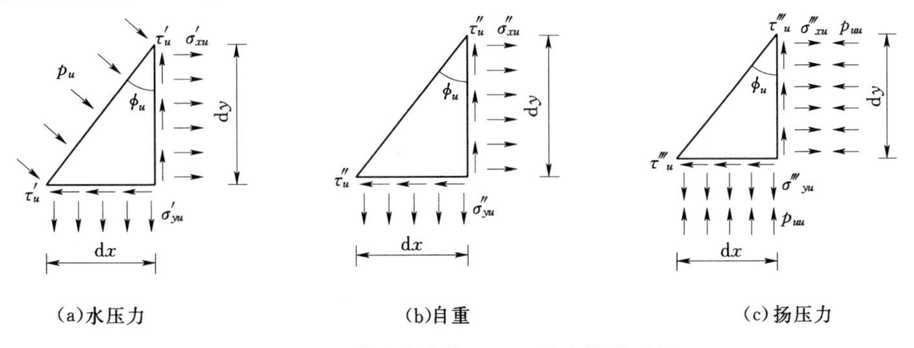

图 3.2.5 单独荷载作用下上游边缘微元体

将单独水压力、单独自重、单独扬压力作用下坝体的应力叠加，可以获得水压力、自重和扬压力进行荷载组合下坝体的应力。

在图 3.2.5 中，σ'_{xu}、σ'_{yu}、τ'_u分别为单独水压力作用下引起上游边缘水平向正应力、垂直向正应力和剪切应力；σ''_{xu}、σ''_{yu}、τ''_u分别为单独自重作用下引起上游边缘水平向正应力、垂直向正应力和剪切应力；σ'''_{xu}、σ'''_{yu}、τ'''_u分别为单独扬压力作用下引起上游边缘水平向正应力、垂直向正应力和剪切应力；其余符号含义同图 3.2.3。

3）如何考虑扬压力问题。考虑扬压力进行重力坝应力分析时，隐含采用了太沙基有效应力原理（左东启等，1995），此时，计算的应力是作用在骨架上的有效应力，而且由孔隙水压力的性质，当无泥沙压力和地震动水压力时，见图 3.2.3，有 $p_u=p_{uu}$，$p_d=p_{ud}$。显然，在饱和混凝土应力分析时，太沙基有效应力原理是否成立值得商榷。

3.2.3 小结

虽然基于材料力学法进行重力坝应力分析存在不考虑地基变形对坝体应力的影响、计算应力与实际应力存在差异等缺点，但由于通过工程实践，工程师们对采用材料力学法进行重力坝应力分析积累了大量工程经验，以及获得了采用材料力学法相“配套”的设计控制指标，因此现有规范仍规定以材料力学法进行重力坝应力分析作为主要依据。如果采用和传统材料力学一致的方法进行重力坝应力分析，以及把相关容易混淆的问题理清楚，可以避免一些不必要的麻烦。

3.3 重力坝深层抗滑稳定分析的扬压力施加方法

如前所述，在混凝土坝工程中，扬压力是一种重要而特殊的荷载。《混凝土重力坝设计规范》（SL 319—2005、DL 5108—1999）规定，坝体抗滑稳定分析采用刚体极限平衡法进行分析，有限元法作为辅助方法。当采用刚体极限平衡法进行沿坝基面抗滑稳定分析时，在坝基面施加扬压力（面力）；对于深层抗滑稳定分析时，在滑面上施加扬压力（面力）。当采用有限单元法对扬压力进行计算时，常容易发生疑惑而导致错误。虽然目前许多学者对重力坝坝基扬压力进行了研究（张光斗，1956；潘家铮，1958），但仍存在较大的分歧。赵代深（1984）指出采用有限元法分析混凝土坝时，在坝面、库底施加静水压力和沿坝底面施加扬压力（面荷载）的方法是不可取的，认为这种扬压力施加方法忽略了坝体内的扬压力。林绍忠（1993）提出在坝基面单元两侧同时作用一对大小相等、方向相反的渗透压力（面荷载），这种施加方式只是对坝基面

薄层单元的应力产生影响，忽略了渗透压力对坝体、基岩内部应力的影响。段亚辉等（1995）在分析重力坝碾压层面失稳时，按规范给定的图形在计算层面施加扬压力，计算出的坝体竖向位移和应力与所考虑的层面位置有关。王媛等（1995）对作用在坝基的水荷载组合方式进行了研究。柴军瑞（2000）对作用在混凝土坝水荷载进行了讨论。张有天（2005）认为混凝土坝虽然透水，但因坝体渗透系数很小，水力梯度很大，可近似按不透水介质处理，此时其上游面作用水压力（面荷载），建基面作用扬压力（面荷载）。范书立等（2007）对渗透压力对重力坝有限元分析的影响进行了研究，建议将规范规定的扬压力分布线沿坝基面向上对折，作为坝体简化的浸润线，浸润线以下坝体采用浮重度的方式考虑坝基扬压力，即该建议将扬压力作为体积力（浮力）考虑。金峰等（2009）认为"扬压力一般分为浮托力和渗透压力两部分，扬压力等于作用面上孔隙水压力之和"的观点是扬压力的裂缝理论，而按照孔隙理论，扬压力是一种体积力，实质上就是静水浮力，其大小与渗透压力无关。显然，扬压力如何考虑，对混凝土坝工程的应力和位移的合理计算存在较大影响。另外，进行重力坝深层抗滑稳定分析时，作用在滑面上的扬压力，不同的专家也存在一些分歧。针对这些问题，首先分析双斜面深层抗滑稳定分析时，滑面上扬压力的作用方式，接着探讨采用有限元法分析沿坝基面和深层抗滑稳定分析时扬压力的施加方式。

3.3.1 双斜面深层抗滑稳分析扬压力的施加方式

设某重力坝坝基和坝体都没有进行防渗排水措施，在坝基存在 AB 和 BC 两条软弱面，上游水深 H，下游无水，目前有如下两种滑面扬压力的施加方式，见图 3.3.1。

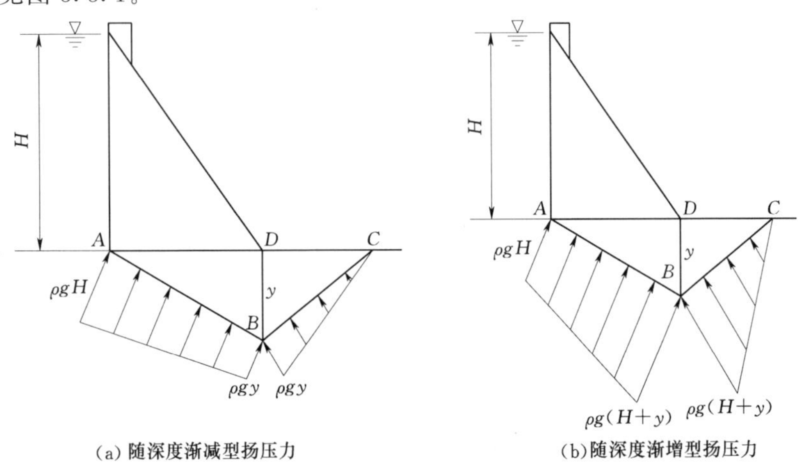

图 3.3.1 双斜面深层抗滑稳定分析时扬压力作用图

将图3.3.1（a）双斜面上的扬压力分解为垂直向合力和水平向合力，有：区域ABD垂直向合力$\frac{1}{2}\rho g y L_{AD}+\frac{1}{2}\rho g H L_{AD}$(↑)，区域$ABD$水平向合力$\frac{1}{2}\rho g y^2+\frac{1}{2}\rho g H y$(→)；区域$BCD$垂直向合力$\frac{1}{2}\rho g y L_{CD}$(↑)，区域$BCD$水平向合力$\frac{1}{2}\rho g y^2$(←)。

将图3.3.1（b）双斜面上的扬压力分解为垂直向合力和水平向合力，有：区域ABD垂直向合力$\frac{1}{2}\rho g y L_{AD}+\rho g H L_{AD}$(↑)，区域$ABD$水平向合力$\frac{1}{2}\rho g y^2+\rho g H y$(→)；区域$BCD$垂直向合力$\frac{1}{2}\rho g y L_{CD}+\frac{1}{2}\rho g H L_{CD}$(↑)，区域$BCD$水平向合力$\frac{1}{2}\rho g y^2+\frac{1}{2}\rho g H y$(←)。

（1）图3.3.1（a）区域ABD垂直向合力第一项为区域ABD受到浮力的合力，第二项为坝基面AD受到三角形分布的扬压力的合力；图3.3.1（a）区域BCD垂直向合力为区域BCD受到浮力的合力；图3.3.1（a）区域ABD和区域BCD总的水平向合力为$\frac{1}{2}\rho g H y$（→）。即图3.3.1（a）中斜面AB和BC上扬压力的合力，在垂直向等价于区域$ABCDA$受到浮力的合力$\left(\frac{1}{2}\rho g y L_{AD}+\frac{1}{2}\rho g y L_{CD}\right)$，以及坝基面$AD$受到三角形分布扬压力的合力$\left(\frac{1}{2}\rho g H L_{AD}\right)$；在水平向合力为$\frac{1}{2}\rho g H y$。

（2）图3.3.1（b）区域ABD垂直向合力第一项为区域ABD受到浮力的合力，图3.3.1（b）区域BCD垂直向合力第一项为区域BCD受到浮力的合力；除此之外，在区域ABD上还受到垂直向合力$\rho g H L_{AD}$，区域BCD上还受到垂直向合力$\frac{1}{2}\rho g H L_{CD}$；图3.3.1（b）区域$ABD$和区域$BCD$上受到水平向总的合力为$\frac{1}{2}\rho g H y$（→）。即图3.3.1（b）中斜面$AB$和$BC$上扬压力的合力，在垂直向等价于区域$ABCDA$受到浮力的合力$\left(\frac{1}{2}\rho g y L_{AD}+\frac{1}{2}\rho g y L_{CD}\right)$，以及$\rho g H L_{AD}+\frac{1}{2}\rho g H L_{CD}$；在水平向为$\frac{1}{2}\rho g H y$。

（3）图3.3.1（a）和图3.3.1（b）滑块上水平向总的合力相等，但图3.3.1（b）垂直向合力大于图3.3.1（a）。由于实际工程的岩基十分复杂，导致实际的裂隙渗流十分复杂，当且仅当软弱面AB完全贯通，不存在任何阻水

效应，以致和库水形成“连通器”，而软弱面 BC 没有贯通，此时，可采用图 3.3.1（b）的扬压力作用方式。一般情况下，软弱面 AB 和 BC 均没有完全贯通，存在阻水效应，此时，宜采用图 3.3.1（a）的扬压力作用方式。

3.3.2 重力坝抗滑稳定有限元分析时扬压力的施加方式

3.3.2.1 沿坝基面抗滑稳定分析时扬压力的施加方式

设某重力坝坝基和坝体都没有进行防渗排水措施，上游水深 90m，下游无水，底宽 70m，见图 3.3.2。采用有限元法进行该重力坝沿坝基面抗滑稳定分析，对比分析了 4 组不同扬压力施加方式。虽然刚体极限平衡法仅考虑滑裂面上的合力，而忽略力矩的作用效应，但采用刚体极限平衡法进行沿坝基面抗滑稳定分析得到工程界广泛认可，为此，将有限元法计算结果与刚体极限平衡法计算结果进行对比。为对比分析更加直观，以下着重分析采用不同扬压力施加方式进行有限元分析时，在坝基面上的垂直向合力，并与刚体极限平衡法分析时的坝基面合力进行对比。

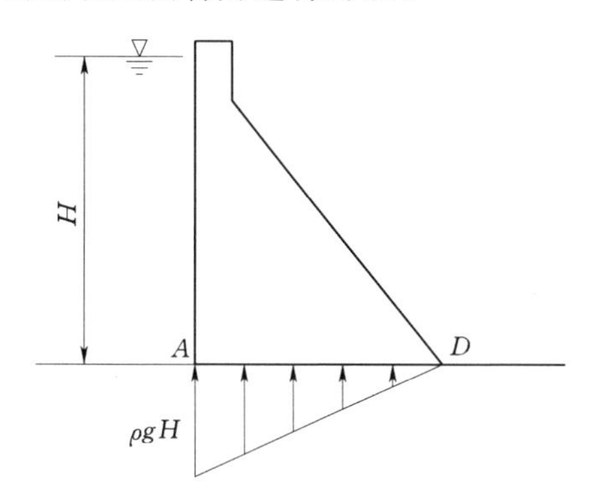

(a) 坝基扬压力

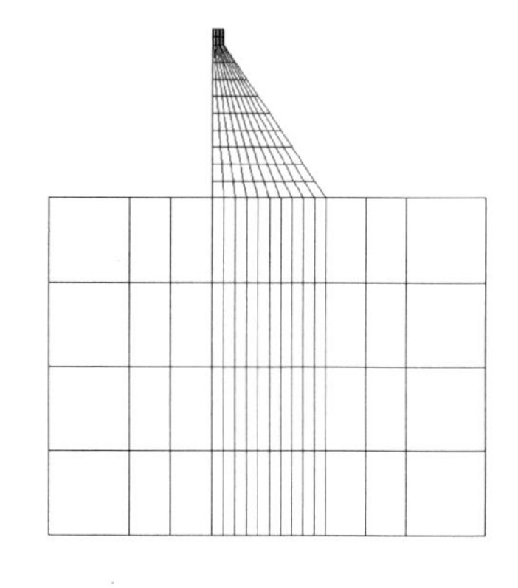

(b) 大坝有限元模型

图 3.3.2 坝基扬压力及大坝有限元模型

4 组不同扬压力施加方式工况如下：

工况 11：大坝有限元模型采用粗网格模型，混凝土弹性模量 20GPa，泊松比 0.2，岩基变形模量 18GPa，泊松比为 0.25，扬压力作为面荷载作用在坝基面。

工况 12：有限元模型同工况 11，参考范书立等（2007）研究，扬压力分布线沿建基面向上对折，作为坝体简化的浸润线，浸润线以下的坝体作用浮力（体积力）。

工况 21：在工况 11 的有限元模型基础上，在坝基面处增设一厚度 0.1m

的夹层单元，为保证夹层单元的计算精度，尽量使夹层单元的棱边夹角接近90°，以获得良好的夹层单元形态，夹层单元弹性模量和坝体混凝土相同，扬压力作为面荷载作用在夹层单元底面。

工况22：有限元模型同工况21，扬压力施加方式同工况12。

工况3：有限元模型同工况21，扬压力作为面荷载作用在夹层单元顶面。

工况4：在工况11的有限元模型基础上，在坝基面处增设厚度为0.05m的两层夹层单元，夹层单元尽量保证良好的单元形态，扬压力作为面荷载作用在两层夹层单元最顶面。

采用有限单元法对上述4组工况进行分析，取出坝基面附近的垂直向节点应力和高斯点应力，然后积分获得坝基面垂直向合力见表3.3.1。采用刚体极限平衡法直接计算时，坝基面扬压力合力为3.0870×10^7N（记为扬压力标准值）。

表3.3.1　扬压力不同施加方式下坝基面附近节点和高斯点垂直向合力

工况		节点垂直向合力/N	高斯点垂直向合力/N
工况1	工况11	1.0613×10^7	-5.3481×10^5
	工况12	2.5248×10^7	2.9521×10^7
工况2	工况21	-4.7465×10^5	3.5718×10^3
	工况22	3.0216×10^7	3.0883×10^7
工况3	顶面	1.4958×10^7	3.0899×10^7
	底面	2.5646×10^7	
工况4	顶面	1.4968×10^7	3.0885×10^7
	中面	3.0885×10^7	
	底面	2.5636×10^7	

（1）扬压力分布线沿建基面向上对折，作为坝体简化的浸润线，浸润线以下的坝体采用浮容重的扬压力考虑方式，即使大坝有限元模型的网格较粗，也可以获得精度良好的计算结果。但对于较粗的有限元网格，由于单元较大，应力存在一定的均化效应，对计算精度有一定的影响。而在坝基面处设置一夹层单元，可以克服应力均化效应，计算精度更高。如在坝基面处设置一夹层单元，工况22计算的节点垂直向合力和高斯点垂直向合力分别为3.0216×10^7N和3.0883×10^7N，与扬压力标准值3.0870×10^7N十分接近。

（2）扬压力作为面荷载作用在坝基面，如果大坝有限元网格较粗，此时计算的节点垂直向合力和高斯点垂直向合力，都与扬压力标准值相差很大。当在坝基面附近设置一层夹层单元时，而扬压力作为面荷载作用在夹层单元顶面

时，夹层底面节点垂直向合力和高斯点垂直向合力，与扬压力标准值较为接近，其中高斯点垂直向合力十分接近扬压力标准值。为了克服应力均化效应，在坝基面附近设置两层夹层单元，同时扬压力作为面荷载作用在两层夹层单元最顶面时，此时，夹层中面的节点垂直向合力也十分接近扬压力标准值。

（3）对比分析了夹层单元弹性模量取小值，其分析结果与夹层单元弹性模量取坝体混凝土弹性模量时的计算规律基本一致。

（4）由上述分析可见，采用有限元法进行沿坝基面抗滑稳定分析时，当在坝基面设置夹层单元，同时在坝基附近的混凝土和岩体均采用细网格时，此时，采用扬压力分布线沿建基面向上对折，作为坝体简化的浸润线，浸润线以下的坝体采用浮容重的方式考虑扬压力，以及扬压力作为面荷载作用在夹层单元顶面，两种不同的扬压力作用方式，引起的坝基面节点垂直向合力和高斯点垂直向合力，与扬压力标准值接近。但两种不同的扬压力作用方式并不一定引起大坝其余部位相近的位移和应力。

3.3.2.2　双斜面深层抗滑稳定分析时扬压力的施加方式

设某重力坝坝基和坝体都没有进行防渗排水措施，上游水深 90m，下游无水，底宽 70m，岩基内存在双斜面 AB 和 BC，BD 的深度为 20m，DC 的宽度为 50m，见图 3.3.3。采用有限元法进行该重力坝双斜面深层抗滑稳定分析，对比分析了 3 组不同扬压力施加方式。与 3.3.2.1 节类似，双斜面深层抗滑稳定分析时，将有限元计算结果与刚体极限平衡法计算结果进行对比。为对比分析更加直观，以下着重分析采用不同扬压力施加方式进行有限元分析时，在滑块上的法向合力和切向合力，并与刚体极限平衡法分析时双斜面上的合力对比。3 组不同扬压力施加方式工况如下：

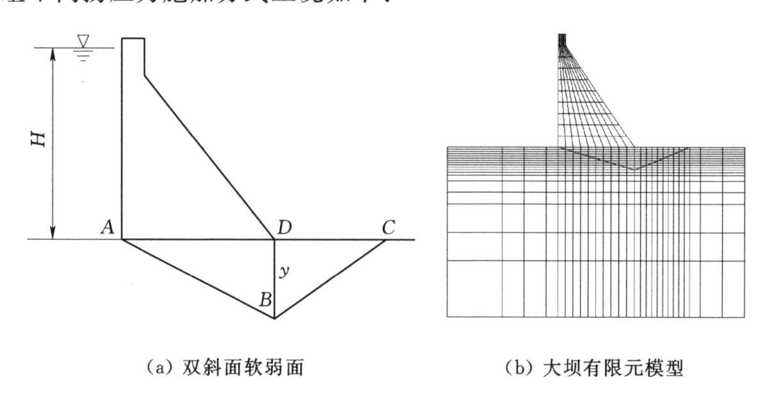

(a) 双斜面软弱面　　(b) 大坝有限元模型

图 3.3.3　双斜面抗滑稳定分析的大坝有限元模型

工况 1：大坝有限元网格见图 3.3.3（b），混凝土弹性模量 20GPa，泊松比 0.2，岩基变形模量 18GPa，泊松比为 0.25，双斜面采用厚度为 0.1m 的夹层单元，夹层单元尽量保证良好的单元形态，双斜面夹层变形模量 0.2GPa，泊松比 0.3，扬压力作为面荷载作用在双斜面的顶面（靠近滑块的面），作用方式见图 3.3.1（a）。

工况 2：大坝有限元网格见图 3.3.3（b），假设坝体不透水，双斜面采用厚度为 0.1m 的夹层单元，尽量保证良好的单元形态，夹层的渗透系数 k_j 为岩基渗透系数 k_R 的 100 倍，假设岩基为等效连续介质模型，先进行岩基稳定渗流场分析，获得岩基各节点水头 H 后，由节点水头计算获得渗流体积力，然后进行大坝和岩基的应力应变分析，此时，混凝土弹性模量 20GPa，泊松比 0.2，岩基变形模量 18GPa，泊松比为 0.25，双斜面夹层变形模量 0.2GPa，泊松比 0.3；参考 3.3.1 节“双斜面深层抗滑稳分析扬压力的施加方式”的垂直向和水平向受力特点，根据作用力施加方式的不同，又分为以下 3 种情况：

工况 21a：岩基全区域作用工况 2 计算的水平向渗流体积力，且岩基全区域作用浮力；而坝基扬压力分布线沿建基面向上对折，作为坝体简化的浸润线，浸润线以下的坝体作用浮力；

工况 21b：岩基全区域作用工况 2 计算的水平向渗流体积力，仅滑块 $ABCDA$ 区域作用浮力；坝基扬压力分布线沿建基面向上对折，作为坝体简化的浸润线，浸润线以下的坝体作用浮力；

工况 22：岩基区域仅滑块 $ABCDA$ 区域作用工况 2 计算的水平向渗流体积力，而且岩基区域仅滑块 $ABCDA$ 区域作用浮力；坝基扬压力分布线沿建基面向上对折，作为坝体简化的浸润线，浸润线以下的坝体作用浮力；

工况 23：岩基区域仅滑块 $ABCDA$ 区域作用浮力；参考图 3.3.1（a）中，滑块 $ABCDA$ 受到的水平向合力为 $\frac{1}{2}\rho g H y$，为此，假设在滑块 $ABCDA$ 中面 BD 作用三角形分布的水平向面荷载，其中在 D 点的应力集度为 $\rho g H$，在 B 点的应力集度为 0，水平向合力 $\frac{1}{2}\rho g H y$；坝基扬压力分布线沿建基面向上对折，作为坝体简化的浸润线，浸润线以下的坝体作用浮力。

工况 3：混凝土弹性模量 20GPa，泊松比 0.2，岩基变形模量 18GPa，泊松比为 0.25，双斜面采用厚度为 0.05m 的两层夹层单元，夹层单元尽量保证良好的单元形态，双斜面夹层变形模量 0.2GPa，泊松比 0.3，扬压力作为面荷载作用在双斜面顶面（靠近滑块的面），作用方式见图 3.3.1（a）。

当采用刚体极限平衡法对该重力坝双斜面进行抗滑稳定分析时，采用图 3.3.1（a）计算的 AB 滑面的法向合力为 3.9240×10^{7}N，BC 滑面法向合力为 5.2775×10^{6}N，记为扬压力标准值；当采用有限元法对上述 3 组工况进行分析，取出双斜面上的应力分量，转化获得双斜面法向和切向应力，然后积分获

得双斜面法向和切向合力见表 3.3.2，不同工况引起大坝典型部位位移见表 3.3.3。表中，水平位移以向下游为正，垂直位移以上抬为正，反之为负；夹层顶面是指夹层靠滑块的面，夹层底面是指夹层远离滑块的面。其中，法向合力误差＝｜有限元计算法向合力－刚体极限平衡法计算法向合力｜/刚体极限平衡法计算法向合力。

表 3.3.2　　不同工况下双斜面法向和切向合力

工况		有限元计算合力/N				法向合力误差	
		AB 滑面法向合力	*BC* 滑面法向合力	*AB* 滑面切向合力	*BC* 滑面切向合力	*AB* 滑面误差	*BC* 滑面误差
工况 1	夹层顶面	1.1924×10^{7}	2.2131×10^{6}	6.4120×10^{5}	-1.2979×10^{6}	0.6961	0.5806
	夹层底面	3.6387×10^{7}	5.7050×10^{6}	1.3168×10^{6}	-1.3009×10^{6}	0.0727	0.0810
工况 21a	夹层顶面	3.6341×10^{7}	4.3261×10^{6}	4.4385×10^{6}	-4.9450×10^{6}	0.0739	0.1803
	夹层底面	3.5345×10^{7}	4.7249×10^{6}	4.7867×10^{6}	-5.1528×10^{6}	0.0993	0.1047
工况 21b	夹层顶面	3.6270×10^{7}	4.7692×10^{6}	3.6949×10^{6}	-4.3752×10^{6}	0.0757	0.0963
	夹层底面	3.4873×10^{7}	4.9186×10^{6}	3.9442×10^{6}	-4.4699×10^{6}	0.1113	0.0680
工况 22	夹层顶面	3.6997×10^{7}	5.4055×10^{6}	1.7215×10^{6}	-2.2978×10^{6}	0.0572	0.0243
	夹层底面	3.5655×10^{7}	5.5863×10^{6}	2.1220×10^{6}	-2.2584×10^{6}	0.0914	0.0585
工况 23	夹层顶面	3.7015×10^{7}	4.8725×10^{6}	2.2570×10^{6}	-2.9970×10^{6}	0.0567	0.0767
	夹层底面	3.5647×10^{7}	5.0631×10^{6}	2.9878×10^{6}	-2.8439×10^{6}	0.0916	0.0406

表 3.3.3　　不同工况下大坝典型部位位移

工况	水平位移/mm			垂直位移/mm		
	坝顶	坝踵	坝趾	坝顶	坝踵	坝趾
工况 1	2.147	0.533	0.663	2.785	2.621	1.537
工况 21a	6.202	1.603	1.709	9.453	7.472	6.189
工况 21b	5.433	1.505	1.680	4.593	2.605	1.774
工况 22	4.824	0.459	0.708	4.75	2.758	1.676
工况 23	4.847	0.3508	0.8485	4.784	2.78	1.716

（1）工况 2 计算的作用在滑块 *ABCDA* 区域水平向渗流体积力的合力为 8.8772×10^{6}N、垂直向渗流体积力合力为 4.097×10^{7}N；按图 3.3.1（a）计算的作用在滑块 *ABCDA* 区域水平向合力为 8.820×10^{6}N、垂直向合力为 4.263×10^{7}N，按图 3.3.1（b）计算的作用在滑块 *ABCDA* 区域水平向合力为 8.820×10^{6}N、垂直向合力为 8.379×10^{7}N，由此可见，进行岩基稳定渗流场分析，然后由节点水头计算获得渗流体积力，其计算的结果更接近于图 3.3.1

(a)的计算结果。

(2)扬压力作为面荷载作用在滑块夹层顶面(工况1)时，进行有限元分析获得的夹层底面的法向合力和扬压力标准值(AB滑面3.9240×10^7N，BC滑面5.2775×10^6N)比较接近；AB滑面有限元计算的夹层底面切向合力和BC滑面有限元计算的夹层底面切向合力不等于零，但两个切向合力基本处于自平衡状态，见表3.3.2中，AB滑面有限元计算夹层底面切向合力为1.3168×10^6N，BC滑面有限元计算夹层底面切向合力为-1.3009×10^6N。由分析还可见，如果将夹层进一步细分为两层夹层，在夹层中面的法向合力更接近于扬压力标准值，但夹层顶面(靠近滑块的面)的法向合力与扬压力标准值差异较大。

(3)由工况21a和工况21b对比可见，相对于采用刚体极限平衡法进行双斜面抗滑稳定分析时，作用在斜面上的扬压力标准值而言，岩基全区域作用浮力时计算的滑面法向合力，较仅滑块作用浮力时计算的滑面法向合力的精度差。由工况21和工况22对比可见，岩基全区域作用浮力和水平向渗流力时计算的滑面的法向合力，较仅滑块作用浮力和水平向渗流力时计算的滑面法向合力的精度差。由工况22和工况23对比可见，由于作用在滑块$ABCDA$上的水平向渗流体积力的合力为$\frac{1}{2}\rho gHy$，将这个合力直接按三角形分布作用在BD面上，其引起的滑面上的法向合力和扬压力法向标准值十分接近，而且夹层底面的切向合力基本处于自平衡状态。

(4)由表3.3.3可见，扬压力作为面荷载作用在滑块上引起的大坝位移，和扬压力作为体积力作用在滑块上引起的大坝位移不一样；但从工况22和工况23对比来看，作用在滑块上的水平向力，按面力作用和按体积力作用，引起大坝的位移相差较小。

(5)综上可见，采用有限元法进行重力坝双斜面深层抗滑稳定分析时，仅在滑块$ABCDA$上作用由岩基稳定渗流分析计算获得的渗流体积力，相对于在岩基全区域作用由岩基稳定渗流分析计算获得的渗流体积力，前者引起滑面AB和CD上的法向合力，较后者引起滑面AB和CD上的法向合力，更接近于刚体极限平衡法对该重力坝双斜面进行抗滑稳定分析时，在滑面上的扬压力标准值。由分析还可见，作用在滑块$ABCDA$上的水平向合力，无论是以水平向渗流体积力作用在滑块$ABCDA$上，还是三角形分布面力作用在滑块$ABCDA$中面BD上，两种不同作用方式，引起的滑面上的法向合力接近，而且引起的大坝位移相差也较小。

3.3.3　小结

(1)分析了作用在重力坝双斜面上扬压力的作用方式，认为由于双斜面没

有完全贯通，存在阻水效应，斜面上的扬压力是线性减小，而不是线性增大。

(2) 采用有限元法进行沿坝基面抗滑稳定分析时，当在坝基面设置夹层单元，同时在坝基附近的混凝土和岩体均采用细网格时，此时，采用扬压力分布线沿建基面向上对折，作为坝体简化的浸润线，浸润线以下的坝体采用浮容重的方式考虑扬压力，以及扬压力作为面荷载作用在夹层单元顶面，两种不同的扬压力作用方式，引起的坝基面节点垂直向合力和高斯点垂直向合力，与扬压力标准值接近。但两种不同的扬压力作用方式并不一定引起大坝其余部位相近的位移和应力等。

(3) 采用有限元法进行重力坝双斜面深层抗滑稳定分析时，仅在滑块上作用由岩基稳定渗流分析计算获得的渗流体积力，相对于在岩基全区域作用由岩基稳定渗流分析计算获得的渗流体积力，前者引起滑面上的法向合力，较后者引起滑面上的法向合力，更接近于刚体极限平衡法对该重力坝双斜面进行抗滑稳定分析时，在滑面上的扬压力标准值。由分析还可见，作用在滑块上的水平向合力，无论是以水平向渗流体积力作用在滑块上，还是三角形分布面力作用在滑块垂直面上，两种不同作用方式，引起的滑面上的法向合力接近，而且引起的大坝位移相差也较小。

(4) 扬压力作为面荷载作用在滑面上，或作为体荷载作用在滑块上，虽然总的作用力近似相等，但由于滑块为变形体，不一定引起相近的效应量（位移和应力等）。其中，在垂直方向分别按面荷载或体荷载作用引起的差异，相对于在水平方向分别按面荷载或按体荷载作用引起的差异来说，前者要大一些。

3.4 水平拱圈坝肩稳定分析的扬压力施加方法

由于扬压力对拱坝坝肩稳定性影响较大，而在进行拱坝坝肩稳定性分析时，扬压力的施加方式常容易感到迷惑。为此，以下研究扬压力对拱圈坝肩的影响。

3.4.1 渗流场和渗流体荷载分析理论

把裂隙的透水性按流量等效原则均化到岩石中，得到以渗透张量表示的渗流模型称为等效连续介质模型。该渗流模型应用方便，相当多的工程问题都可用这一模型进行等效近似研究。等效连续介质模型分析理论在朱伯芳（2000）和张有天（2005）专著中有详细的叙述。这里采用等效连续介质模型进行拱坝坝肩稳定渗流场分析。为此，笔者编制了等效连续介质模型渗流分析程序。

通过上述渗流分析可得到拱坝坝肩计算域各节点的水头值，然后可以计算获得拱坝坝肩计算域各时刻的渗流体荷载。以下在进行渗流体荷载分析时，不

计浮力项。

3.4.2 水平拱圈坝肩稳定有限元分析时扬压力施加方式

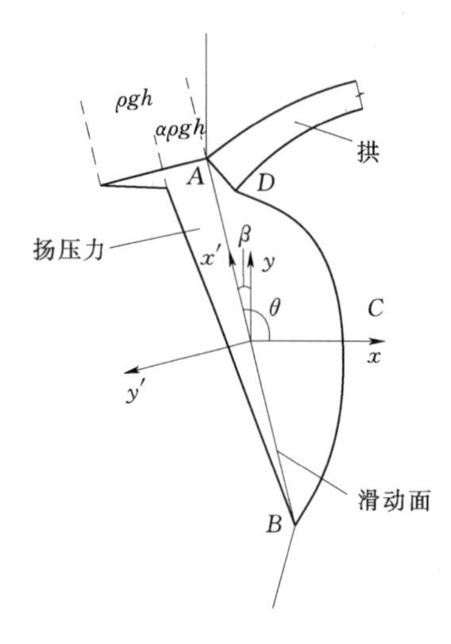

图 3.4.1 坝肩滑动面

设某拱坝单位高水平拱圈上游水头 80m，下游无水头，坝肩内存在滑动面 AB，长 136.372m，见图 3.4.1。图 3.4.1 中，$ABCD$ 为滑块，ρ 为水的密度，g 为重力加速度，h 为上游水头 α 为渗压系数。$\cos\theta=-0.235338$，$\cos\beta=0.971914$。为较精确地反映拱座扬压力，在拱座处增设一厚度 0.1m 的夹层单元。为保证夹层单元的计算精度，尽量使夹层单元的棱边夹角接近 90°，以获得良好的夹层单元形态，有限元模型见图 3.4.2。当采用刚体极限平衡法进行拱圈坝肩稳定性分析时，一般在滑动面 AB 上施加扬压力（面力），如果坝肩进行了防渗排水，张楚汉（2011）建议扬压力渗压系数 α 可取 0.2～0.4。以下对滑动面 AB 和滑块 $ABCD$ 的渗流水头和受力情况进行分析，为分析问题方便，假设坝肩和坝体没有进行防渗排水。

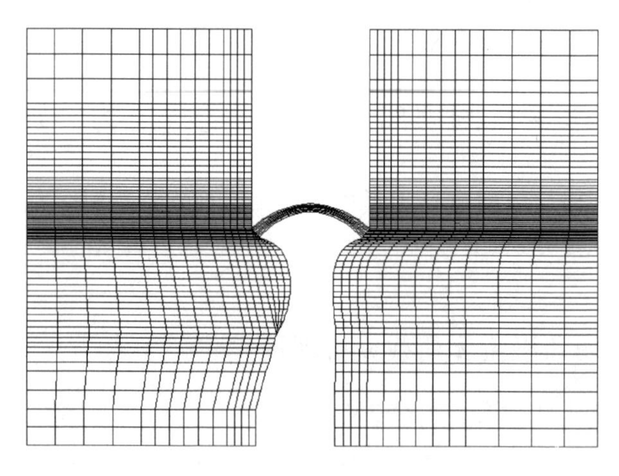

图 3.4.2 有限元模型

3.4.2.1 稳定渗流场分析

假设拱圈混凝土不透水，按等效连续介质模型进行岩基稳定渗流场分析，计算了如下 3 组工况：①工况 1：滑动面的渗透系数 k_j 为岩基渗透系数 k_R 的

10 倍。②工况 2：滑动面的渗透系数 k_j 为岩基渗透系数 k_R 的 100 倍。③工况 3：滑动面的渗透系数 k_j 为岩基渗透系数 k_R 的 1000 倍。不同工况滑动面上节点水头见图 3.4.3。工况 3 计算的稳定渗流场见图 3.4.4。

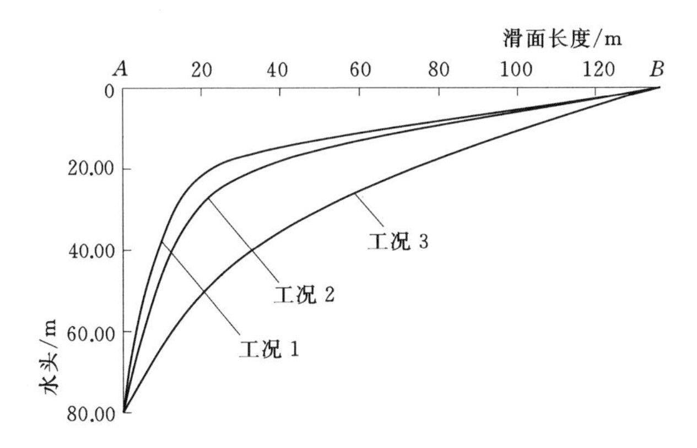

图 3.4.3　不同工况计算滑面节点水头

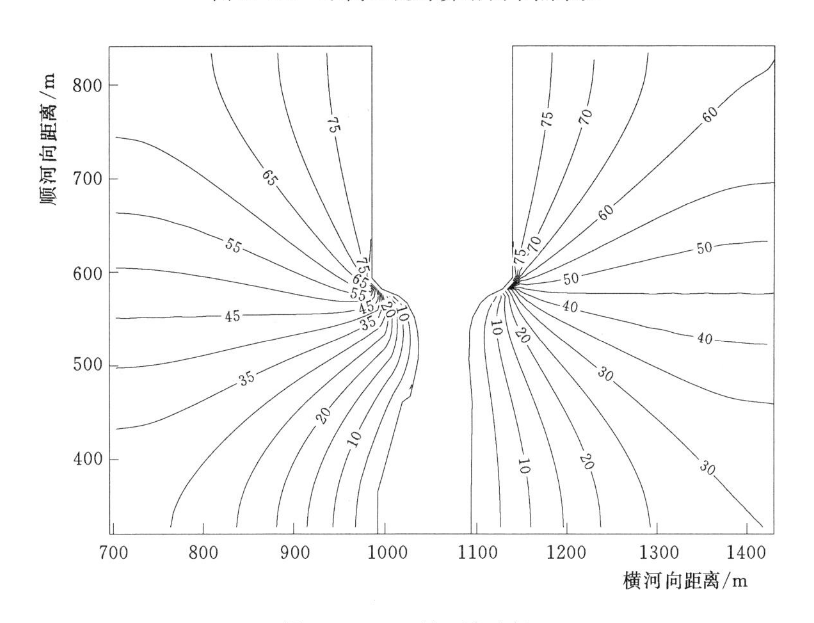

图 3.4.4　工况 3 渗流场

分析可见，即使拱圈坝肩和坝体不进行防渗排水，当滑动面的渗透系数较弱时，由于滑动面与拱座下游端的距离较小，导致滑动面上的水头衰减速度很快；当滑动面的渗透系数很强时，滑动面上的水头逐渐趋近于直线衰减。①工况 1：在滑面长度 20m 处，水头衰减为 21.69m，仅为最前端水头的 0.271 倍。②工况 2：在滑面长度 20m 处，水头衰减为 28.94m，为最前端水头的 0.362 倍。③工况 3：在滑面长度 20m 处，水头衰减为 51.04m，为最前端水头的

0.638 倍。由此可知，随着滑动面渗透系数的增大，滑面上水头趋近于直线减小。

3.4.2.2　滑动面扬压力与滑块渗流体积力

由 3.4.2.1 节稳定渗流场计算获得节点水头 H，将岩基节点水头转化为单元高斯点渗流体积力，并将高斯点渗流体积力等效到单元节点上。滑块 $ABCD$ 的 X 向渗流力合力和 Y 向渗流力合力见表 3.4.1。表中滑面 AB 面力是图 3.4.2 中不同工况计算的滑面上节点水头乘以水的容重，并沿 AB 积分获得，该面力即为滑面 AB 作用的扬压力。在计算表中滑块 $ABCD$ 渗流力合力时考虑了作用在拱圈拱座上的渗流力。

表 3.4.1　　**滑动面扬压力与滑块渗流体积力**　　单位：N

工况	滑面 AB 面力	滑块 $ABCD$ 渗流力		
		X 向渗流力	Y 向渗流力	合力
工况 1	1.83212×10^{7}	1.78097×10^{7}	4.37757×10^{6}	1.83398×10^{7}
工况 2	2.17657×10^{7}	2.11486×10^{7}	5.21252×10^{6}	2.17815×10^{7}
工况 3	3.56266×10^{7}	3.45955×10^{7}	8.57559×10^{6}	3.56425×10^{7}

由表 3.4.1 可见，作用在滑面 AB 的扬压力与滑块 $ABCD$ 的渗流力合力十分接近。3 组工况计算的滑面 AB 面力分别为 1.83212×10^{7}N、2.17657×10^{7}N 和 3.56266×10^{7}N；而 3 组工况 $ABCD$ 的渗流力合力分别为 1.83398×10^{7}N、2.17815×10^{7}N 和 3.56425×10^{7}N。即，作用在滑面 AB 的扬压力（面力）和作用在滑块 $ABCD$ 的渗流力（体积力）近似等效。

3.4.2.3　滑动面扬压力与滑块渗流体积力引起滑动面法向力和切向力

假设混凝土弹性模量为 20GPa，泊松比为 0.2；岩基变形模量为 18GPa，泊松比为 0.25；滑面采用厚度为 0.1m 的夹层单元，尽量保证良好的单元形态，滑面夹层变形模量为 0.2GPa，泊松比为 0.3，夹层单元示意见图 3.4.5。根据水荷载施加方式的不同，计算了以下两种情况：

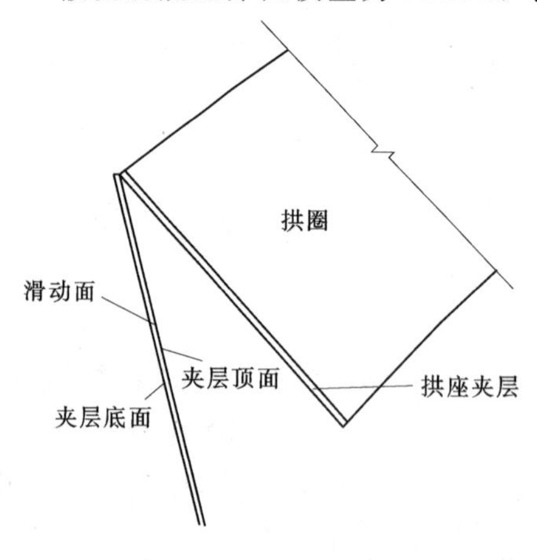

图 3.4.5　夹层单元示意图

（1）工况 a：假设滑动面的渗透系数 K_j 为岩基渗透系数 K_R 的 1000 倍，获得岩基各节点水头 H 后，由节点水头计算获得渗流体积力，然后进行大坝和岩基的应力应变分析。

（2）工况 b：假设滑动面的渗透系

数 K_j 为岩基渗透系数 K_R 的1000倍，获得滑面 AB 上的节点水头，将该节点水头乘以水的容重作为扬压力作用在滑面 AB 的夹层顶面（靠近河岸边）。

两组工况计算的 AB 滑面法向合力和切向合力见表3.4.2。采用有限元计算的应力来计算 AB 滑面法向、切向合力时，由整体坐标系下的滑面应力分量 $\boldsymbol{\sigma}$，通过转换得到滑面坐标系下的应力分量 $\boldsymbol{\sigma}'$，即 $\boldsymbol{\sigma}'=\boldsymbol{T}\boldsymbol{\sigma}$，$\boldsymbol{T}$ 为转换矩阵。对滑面坐标系下的 $\sigma_{y'}$ 和 $\tau_{x'y'}$ 积分获得滑面法向合力和切向合力。

表3.4.2　扬压力不同作用方式引起 *AB* 滑面合力　　单位：N

合力	工况 a		工况 b	
	夹层顶面	夹层底面	夹层顶面	夹层底面
法向合力	3.2209×10^{7}	3.5435×10^{7}	1.7039×10^{7}	3.5284×10^{7}
切向合力	-3.1453×10^{4}	-1.3443×10^{6}	8.0558×10^{2}	-1.4845×10^{6}

由表3.4.2可知，扬压力作为渗流体积力作用在滑块上时，引起滑面顶面和底面法向合力与作用在滑动面 AB 上的面力十分接近；而扬压力作为面力作用在滑面上时，滑面底面法向合力与作用在滑面 AB 上的面力十分接近，而滑面顶面法向合力与作用在滑面 AB 上的面力相差较大。因此，扬压力作为面荷载作用在滑面上，或作为体荷载作用在滑块上，虽然总的作用力近似相等，但由于滑块为变形体，不一定引起相近的效应量（位移和应力等）。

3.4.3　小结

（1）即使拱圈坝肩和坝体不进行防渗排水，当滑动面的渗透系数较弱时，由于滑动面与拱座下游端的距离较小，导致滑动面上的水头衰减速度很快；当滑动面的渗透系数极强时，滑动面上的水头逐渐趋近于直线衰减。

（2）在大坝运行多年，已形成稳定渗流场时，采用有限元法进行坝肩拱座抗滑动分析时，最好进行稳定渗流场分析，然后在滑块上作用相应的渗流体积力；当大坝尚未形成稳定渗流场时，扬压力可以作为面荷载作用在坝肩滑面上。

（3）扬压力作为面荷载作用在坝肩滑面上，或作为体荷载作用在坝肩滑块上，虽然总的作用力近似相等，但由于坝肩滑块为变形体，不一定引起相近的效应量（位移和应力等）。

3.5　圆弧滑动土坡稳定分析的水荷载施加方法

稳定渗流对土坡稳定的影响是一个重要的内容。由于在土坡稳定分析方法中，最常用和已积累丰富经验的是刚体极限平衡法，因此，采用“代替法”进行稳定渗流对土坡稳定分析仍被作为土力学教科书和水工建筑物教科书的重要介绍内容。但在介绍“代替法”时，少数土力学教科书上的叙述让老师和学生均感到不便于理解。其实，沈珠江（2003）、陈祖煜（2002）、李广信等（2002）和毛昶熙等（2001）早已对稳定渗流对土坡稳定的影响这类问题进行了讨论，并得到了一些有益的结论。另外，在2.3节中，笔者（2010）结合混凝土坝工程的水荷载问题进行了一些研究，认为作用在地基上的水荷载作为面荷载和作为渗流体荷载具有合力等效关系，但由于地基为变形体，因此水荷载分别作为面荷载和渗流体荷载引起的地基变形差异较大。进一步分析可知，混凝土坝工程的水荷载问题与稳定渗流对土坡稳定的影响问题具有一定的相似性，为此，笔者对稳定渗流对圆弧滑动土坡稳定影响问题进行了研究，给出了一种较简洁的基于代替法进行稳定渗流对土坡稳定影响的改进分析方法。

3.5.1　土坡稳定分析中面荷载与体荷载关系

3.5.1.1　作用在滑块上面荷载与体荷载等效关系的定性分析

进行稳定渗流对土坡稳定的影响，当以整个土体作为分析对象时，即假设滑块不透水，此时水荷载以面荷载的方式作用在滑块表面，涉及的面荷载为滑动面上的孔隙水压力、坡面上的水压力；以土骨架作为分析对象时，即假设滑块透水，此时水荷载以体荷载的方式作用在滑块内，涉及的体荷载为土坡内的渗流力、浮力，见图3.5.1。

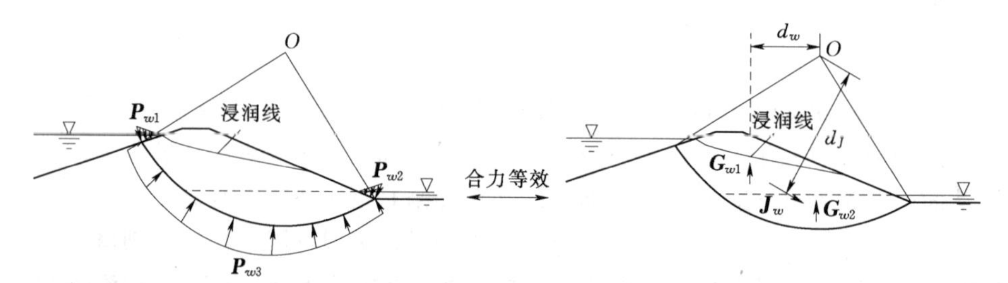

图3.5.1　不同假定条件下滑坡体上的水荷载简化图

沈珠江等分别对浸水土体和土骨架为分析对象的受力状态进行了讨论。当把浸水土体作为分析对象时，即假设滑块不透水，水荷载以面荷载的方式作用在滑块表面，滑动土体的静力平衡方程式为

$$\boldsymbol{W}_a+\boldsymbol{W}_b+\boldsymbol{G}'+\boldsymbol{U}=0 \tag{3.5.1}$$

式中：$\boldsymbol{W}_a$ 为土体水上部分自重；$\boldsymbol{W}_b$ 为土体水下部分的饱和重；$\boldsymbol{U}$ 为滑动土体边界上受到全部水压力的合力；$\boldsymbol{G}'$为滑动土体边界上受到的全部骨架间有效作用力的合力。

$$\boldsymbol{U}=\boldsymbol{P}_{w1}+\boldsymbol{P}_{w2}+\boldsymbol{P}_{w3} \tag{3.5.2}$$

当把土骨架作为分析对象时，即假设滑块透水，水荷载以体荷载的方式作用在滑块内，滑动土体静力平衡方程式为

$$\boldsymbol{W}_a+\boldsymbol{W}_b'+\boldsymbol{J}_w+\boldsymbol{G}'=0 \tag{3.5.3}$$

式中：$\boldsymbol{W}_b'$为水下部分浮重；$\boldsymbol{J}_w$ 为土体所受渗透力的合力。

由于

$$\boldsymbol{W}_b'=\boldsymbol{W}_b-\boldsymbol{W}_{w1}-\boldsymbol{W}_{w2} \tag{3.5.4}$$

式中：$\boldsymbol{W}_{w1}$、$\boldsymbol{W}_{w2}$分别为浸润线以下及下游水位以上同体积土体的水重、下游水位以下同体积土体的水重。

另外

$$\boldsymbol{G}_{w1}=-\boldsymbol{W}_{w1},\boldsymbol{G}_{w2}=-\boldsymbol{W}_{w2} \tag{3.5.5}$$

式中：$\boldsymbol{G}_{w1}$、$\boldsymbol{G}_{w2}$分别为浸润线以下及下游水位以上同体积土体受到的浮力、下游水位以下同体积土体受到的浮力。

因此

$$\boldsymbol{W}_b'=\boldsymbol{W}_b+\boldsymbol{G}_{w1}+\boldsymbol{G}_{w2} \tag{3.5.6}$$

对比式（3.5.1）和式（3.5.3），利用式（3.5.6），可得作用在土坡上的水荷载分别作为面荷载和作为体荷载存在合力等效关系

$$\boldsymbol{P}_{w1}+\boldsymbol{P}_{w2}+\boldsymbol{P}_{w3}=\boldsymbol{J}_w+\boldsymbol{G}_{w1}+\boldsymbol{G}_{w2} \tag{3.5.7}$$

由式（3.5.7）可知，作用在土坡上的水荷载可以作为面荷载考虑，也可以作为体荷载考虑，虽然水荷载的作用方式不一样，但不同的作用方式存在合力等效关系。

3.5.1.2 作用在滑块上的面荷载与体荷载等效关系定量分析

设一均质土坝，高 20m，上游坡比 1∶3，下游坡比 1∶2.5，坡顶宽 8m，上游水深 18m，下游水深 2m，现分析如下两个圆弧滑面上的面荷载与体荷载之间的定量关系：滑面 a 一端与上游坡面交于坡高 16m 处，一端穿过坡脚；滑面 b 一端与坡顶上游侧相交，一端穿过坡脚。剖分的有限元网格见图 3.5.2，在具体

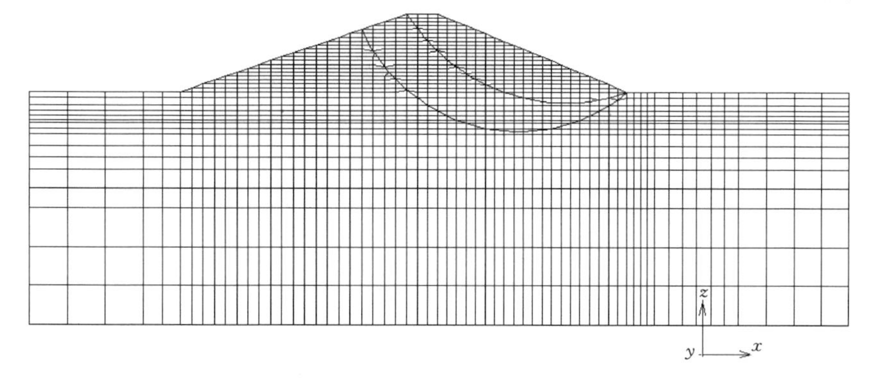

图 3.5.2 有限元网格

分析时，y 向取单元宽度 1m，共剖分 1540 个六面体 8 节点单元。首先采用生死单元技术和折减过渡单元的虚区高斯点渗透系数的方法进行有土坡稳定渗流场分析，土石坝稳定渗流等水头线见图 3.5.3，计算获得的滑面 a 和滑面 b 的压力水头（$p/\gamma=h-z$）分布见图 3.5.4。由各节点水头计算作用在土坡内的渗流力以及浮力，由滑面 a 构成的滑块上受到的渗流力和浮力（体荷载）以及由滑面 b 构成的滑块上受到的渗流力和浮力（体荷载）见表 3.5.1。表中，面荷载为 $\boldsymbol{P}_{w1}+\boldsymbol{P}_{w2}+\boldsymbol{P}_{w3}$，体荷载为 $\boldsymbol{J}_w+\boldsymbol{G}_{w1}+\boldsymbol{G}_{w2}$。

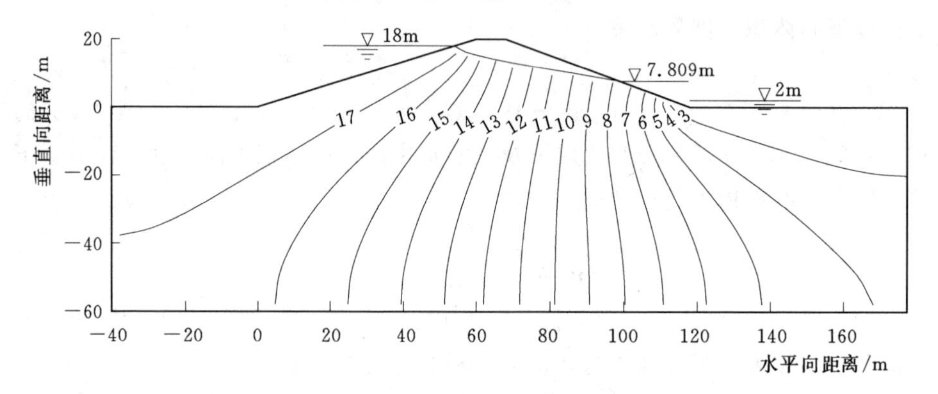

图 3.5.3　土石坝稳定渗流等水头线

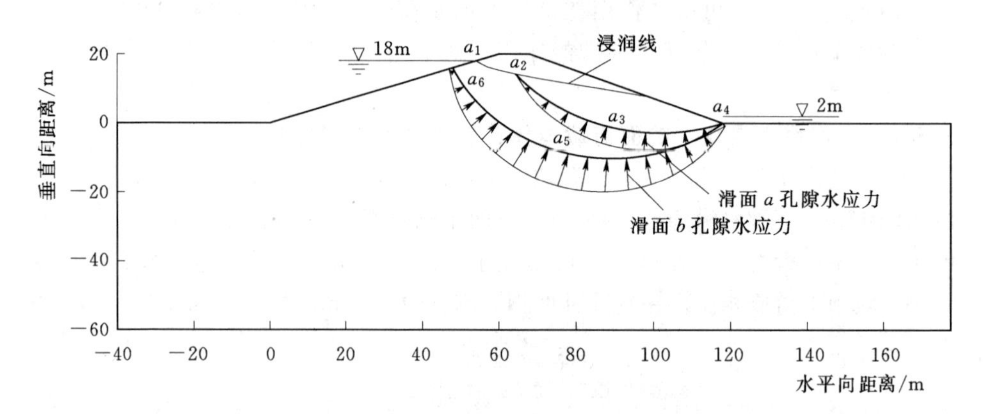

图 3.5.4　滑面上计算压力水头分布

表 3.5.1　　**面荷载与体荷载对比**　　单位：N

项　目	滑面 a		滑面 b	
	X 向合力	Z 向合力	X 向合力	Z 向合力
体荷载（$\boldsymbol{J}_w+\boldsymbol{G}_{w1}+\boldsymbol{G}_{w2}$）	1.9652×10^6	1.0041×10^7	8.4167×10^5	3.9625×10^6
面荷载（$\boldsymbol{P}_{w1}+\boldsymbol{P}_{w2}+\boldsymbol{P}_{w3}$）	1.9806×10^6	9.8385×10^6	8.5226×10^5	3.8796×10^6
（体荷载－面荷载）/面荷载	−0.778%	2.058%	−1.243%	2.137%

（1）由图 3.5.3 和图 3.5.4 可见，作用在滑面上的孔隙水压力在滑面的两端小，在中间区域大。例如滑面 a 在中间区域最大的压力水头为 10.540m，在坡脚 a_4 的压力水头为 2m（下游水深）；滑面 b 在中间区域最大的压力水头为 19.828m，在坡脚 a_4 的压力水头为 2m（下游水深）。少数土力学教科书给出土坡滑动面上的孔隙水压力分布示意图是在坡脚 a_4 处最大，这与稳定渗流场分析结果不相符合。由于滑面某点的孔隙水压力和该点至浸润线的垂直向距离近似成正比，因此，由图 3.5.4 可见，滑面在中间区域至浸润线的垂直向距离大于坡脚处的距离，即少数土力学教科书给出土坡滑动面上的孔隙水压力分布示意图在坡脚 a_4 处最大，与实际情况不相符合。

（2）由表 3.5.1 可见，作用在土坡上的面荷载（滑动面上的孔隙水压力、坡面上的水压力）和体荷载（土坡内的渗流力、浮力）的合力具有良好的等效性，体荷载和面荷载之间最大的误差为 2.137%。随着有限元网格的进一步细分，最大误差进一步减小。

（3）由于目前工程上常采用刚体极限平衡法进行土坡的稳定性分析，即由滑面构成的滑块为刚体，因此，将作用在滑块上的水荷载作为体荷载（土坡内的渗流力、浮力）和作为面荷载（滑动面上的孔隙水压力、坡面上的水压力）进行等效代替，对计算结果影响不大。

3.5.2　圆弧滑动土坡稳定分析改进

虽然沈珠江等对浸水土体和土骨架为分析对象的受力状态进行了讨论，但当前少数土力学教科书在介绍代替法时，仍然没有很好地利用作用在滑块上的水荷载分别作为面荷载和作为体荷载的等效关系，以致在少数土力学教科书上，基于代替法进行稳定渗流对土坡稳定影响的分析方法不够简洁。例如，少数土力学教科书上分析滑块上受到的荷载有孔隙水重与土粒浮力的反作用力、土粒对渗流的阻力等，不便于理解。由前述分析可知，作用在滑块上的水荷载分别作为面荷载和作为体荷载具有合力等效关系。以下基于水荷载分别作为面荷载和作为体荷载的等效关系进行稳定渗流对圆弧滑动土坡稳定影响的分析，分析步骤如下：

（1）步骤 1：首先采用水力学等方法确定土坡在稳定渗流下的浸润线位置。

（2）步骤 2：进行稳定渗流对土坡稳定影响的分析时，浸润线以上采用天然容重，以及浸润线以下采用饱和容重来考虑土坡的自重。

（3）步骤 3：以土骨架作为分析对象，即假设土坡透水，那么作用在土坡上的水荷载作为体荷载考虑，分别为渗流力 $\boldsymbol{J}_w$ 和浮力 $\boldsymbol{G}_{w1}$、$\boldsymbol{G}_{w2}$，见图 3.5.1。这样在计算阻滑力和滑动力时，浸润线以下区域需要扣除浮力 $\boldsymbol{G}_{w1}$、$\boldsymbol{G}_{w2}$，即浸润线以上采用天然容重，浸润线以下及下游水位以上采用浮容重，且下游水

位以下也采用浮容重。此时，渗流力 J_w 尚未考虑。

由于计算土坡内的渗流力 J_w（体荷载）不方便，在进行稳定渗流对土坡稳定的影响时，利用水荷载分别作为面荷载与作为体荷载的等效关系进行分析。如图 3.5.1 所示，作用在滑块上的水荷载分别作为面荷载与作为体荷载具有等效关系，即 $P_{w1}+P_{w2}+P_{w3}=J_w+G_{w1}+G_{w2}$，且面荷载 $P_{w1}+P_{w2}+P_{w3}$ 对圆心的力矩与体荷载 $J_w+G_{w1}+G_{w2}$ 对圆心的力矩相等。

值得说明的是，当土坡不存在渗流时，见图 3.5.5，水荷载分别作为面荷载与作为体荷载的等效关系仍然成立，即 $P_{w0}+P_{w2}=G_{w2}$，这与阿基米德浮力本质上一样，即一个不透水的块体浸没在水下，作用在块体上的静水压力的合力即为该块体受到的浮力。

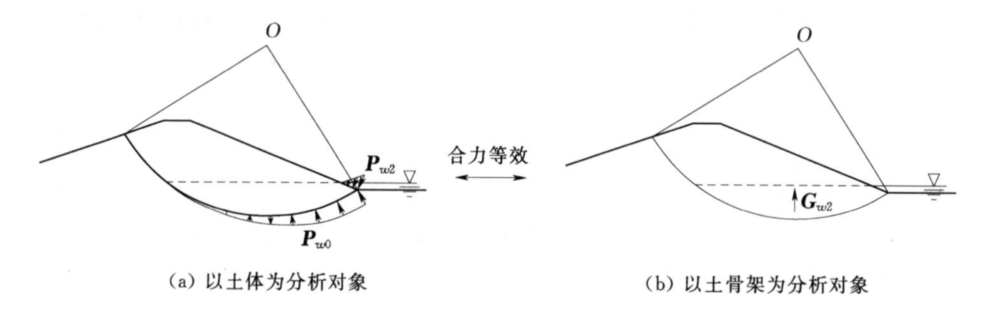

图 3.5.5　土坡不存在渗流情况

因 $P_{w0}+P_{w2}=G_{w2}$，且面荷载 $P_{w0}+P_{w2}$ 对圆心的力矩与体荷载 G_{w2} 对圆心的力矩相等，因此有 $J_w+G_{w1}=P_{w1}+P_{w3}-P_{w0}$，且 J_w+G_{w1} 对圆心的力矩与 $P_{w1}+P_{w3}-P_{w0}$ 对圆心的力矩相等。由孔隙水压力垂直并指向作用面的性质可知，$P_{w3}-P_{w0}$ 垂直于圆弧面，且指向圆心，该力对圆心的力矩为零；当 P_{w1} 较小时，见图 3.5.1，可以近似认为渗流力 J_w 和浸润线以下与下游水位以上区域的浮力 G_{w1} 对圆心力矩之和为零，即

$$J_w d_J+G_{w1}d_w=0 \tag{3.5.8}$$

或

$$J_w d_J=-G_{w1}d_w \tag{3.5.9}$$

根据式（3.5.5），式（3.5.9）改写为

$$J_w d_J=W_{w1}d_w \tag{3.5.10}$$

由式（3.5.10）可知，可以将浸润线以下与下游水位以上区域的水重 W_{w1} 对圆心力矩代替渗流力 J_w 对圆心的力矩。

（4）步骤 4：考虑渗流力 J_w 的作用。在滑动力中，增加浸润线以下及下游水位以上同体积土体的水重 W_{w1}，即浸润线以下及下游水位以上采用饱和容重（该区域浮容重和水容重之和），这样就在滑动力中考虑了渗流力 J_w 的作用［由式（3.5.10）可知］。由于一般假定不考虑渗流力的阻滑作用，因此，

阻滑力中不考虑渗流力 $\boldsymbol{J}_w$ 的作用。

由以上步骤可知，基于水荷载分别作为面荷载和作为体荷载的荷载关系进行稳定渗流对土坡稳定影响的分析，可以方便地获得渗流力采用相应容重来代替的结论，即考虑水体和渗流力的作用时，浸润线以上土体采用天然容重；下游水位以下采用浮容重；浸润线以下及下游水位以上的土体，计算滑动力时采用饱和容重，而计算阻滑力时则采用浮容重。

3.5.3 小结

研究了稳定渗流作用下圆弧滑动土坡稳定分析的代替法，分析了面力荷载和体力荷载的等效关系，得到如下结论：

（1）采用有限元法定量验证了稳定渗流对土坡稳定分析时水荷载分别作为面荷载与作为体荷载的等效关系，作用在土坡上的面荷载（滑动面上的孔隙水压力、坡面上的水压力）和体荷载（土坡内的渗流力、浮力）的合力具有良好的等效性；作用在滑面上的孔隙水压力在滑面的两端小，在中间区域大。一些土力学教科书给出土坡滑动面上的孔隙水压力是在坡脚处大，除非在特殊情况下，一般与实际情况不相符合。

（2）利用作用在滑块上的水荷载分别作为面荷载和作为体荷载的等效关系，给出了一种较简洁的基于代替法进行稳定渗流对土坡稳定影响的改进分析方法。

3.6 库岸边坡稳定分析的水荷载施加方法

地下水对边坡的影响主要体现在两方面：一是导致边坡岩土体容重增加；二是水的入渗导致岩土体的含水量增加，进而导致岩土体强度下降。特别是在水库蓄水运行后，由于库水位的升高，库岸的水文地质条件发生了很大的改变，其岩土物理力学性质出现恶化，表现为岩土体的抗剪强度降低，浮托力增大，原来处于极限平衡状态或接近极限平衡状态的库岸边坡往往发生失稳破坏。虽然地下水对边坡的稳定有着重要的影响，但由于实际工程问题的复杂性，水库蓄水后的地下水位具有不确定性，甚至水库蓄水后，基于不同假设获得的地下水位对边坡的安全影响很大。本章针对涔天河水库扩建工程库岸边坡——雾江滑坡体，基于极限平衡理论的边坡稳定性分析软件 Geo - Slope，采用两种不同假设获得的地下水位线，建立边坡分析模型，并分析其安全系数，寻找规律，以供类似工程参考。

3.6.1 库岸边坡地下水位浸润线计算原理

地下水作为地质环境内最活跃的成分，对岩土体的力学性质的影响不可忽

视。地下水位的变化导致土坡中潜在滑裂面上的土的有效应力分布发生变化，如在深基坑开挖井点降水过程中，随着坑底水位的降低，地下水位线会形成漏斗状，浸润线的形状决定滑坡体中有效应力的分布。当土的渗透性较好时，如在砂土中地下水位线相对平缓；在黏性土中，由于渗透性较差，地下水位线相对曲率较大。这种地下水位线确定方法具有一定的随意性。由于实际工程问题的复杂性，水库蓄水后的地下水位具有不确定性。许多文献都基于不同假定提出了各自的地下水位公式，在这里不再赘述。以下主要介绍工程中两种地下水位近似处理方式的基本原理。

水位上升，滑坡体内地下水位将随之变化。蓄水前，可以通过测压孔水位观测获得初始地下水位，蓄水后，由于尚没有实测资料以及实际工程问题的复杂性，一般需要基于某种假定获得新的地下水位线，目前一般采用如下两种近似处理方式：①假设库水位水平延伸至滑坡体内，与坡内初始地下水位相交；②假设考虑滑坡体内地下水位变化，采用线性插值的方式来获得新的地下水位。两种处理方式的原理示意图见图3.6.1。

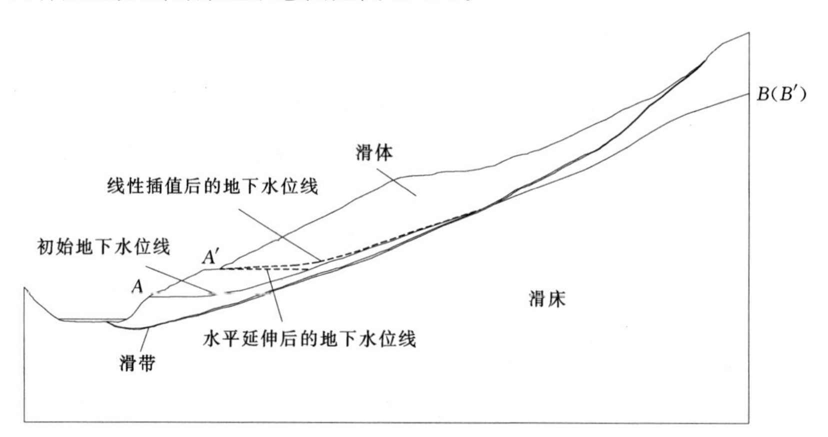

图3.6.1 两种处理方式的原理示意图

以下介绍采用线性插值的方式。图3.6.1中A表示初始地下水位与坡面的交点，A'表示新水位与坡面的交点。一般情况下，当库水位上升或下降时，库岸远处的水位是相对稳定的（即$B \approx B'$），再加上库水位的高程是已知的，因此可以利用这一特性，通过线性插值的方法来得到不同水位的地下水位线。曲线AB表示初始地下水位线，曲线$A'B'$表示插值后的地下水位线。

其坐标变换规律是使得$A'B'$线与AB线相似，且A与A'对应，B与B'对应。已知坐标$A(x_A, y_A)$、$B(x_B, y_B)$、$A'(x_{A'}, y_{A'})$、$B'(x_{B'}, y_{B'})$，其对应于AB上的任一点坐标为（x, y），则$A'B'$上对应点（x', y'）的处的坐标为

$$x' = x_{A'} + \frac{x - x_A}{x_B - x_A}(x_{B'} - x_{A'}) \tag{3.6.1}$$

$$y'=y_{A'}+\frac{y-y_A}{y_B-y_A}(y_{B'}-y_{A'}) \tag{3.6.2}$$

该方法对于坡度变化不大，且坡体性质沿深度规律性较好的边坡比较有效。

3.6.2 实例分析

3.6.2.1 工程概况

雾江滑坡体距涔天河水库扩建工程推荐坝轴线约590m，上游边界距现坝体约1000m，是一个典型的古滑坡。滑坡区地形呈台阶状，可见两级台阶：一级台阶高程300.00～310.00m，宽50～70m，长约350m，前缘边坡坡角26°～33°，局部达45°；二级台阶高程400.00～410.00m，宽40～100m，长约250m，前缘山坡坡角22°～28°；滑坡后缘壁分布高程为510.00～700.00m，地形坡角42°～53°，沿后缘壁崩塌现象显著。滑坡区基岩为寒武系（∈）的浅变质岩和泥盆系（D）的碎屑岩，两者呈角度不整合接触；第四系松散堆积有滑坡堆积、崩塌堆积和残坡积。滑坡区发育3条冲沟，延伸较长，切割较深，其中：①号冲沟位于滑坡体下游边界，②号冲沟位于滑坡体中部，③号冲沟位于滑坡体上游边界。根据地质勘察及观测资料，雾江滑坡体目前仍处于缓慢蠕滑状态。水位上升，滑坡体内地下水位将随之变化，将会对边坡的稳定带来影响。为此，以该滑坡体为例，对不同地下水位近似处理方式下的古滑带整体稳定性进行分析。

3.6.2.2 计算模型及参数

（1）计算模型。对该滑坡体严格按照地质材料分区，建立几何模型，初始水位253.30m时的边坡滑动面见图3.6.2。

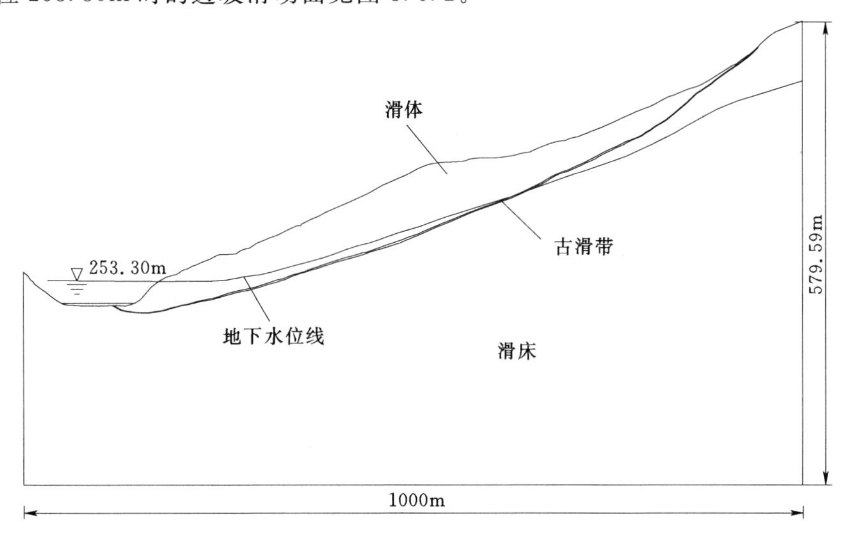

图3.6.2 初始地下水位条件下的边坡滑动面示意图

(2) 计算参数。边坡的不同稳定状态对应不同的力学参数。滑坡变形监测表明，雾江滑坡是沿控制型剪切面长期蠕滑的边坡，该滑面的剪应力已经接近或达到长期强度。假定目前滑坡体处于极限平衡状态，稳定系数为1.0，选取平行于滑动方向的典型剖面为计算剖面，水下强度与水上强度的折减系数λ=0.84，采用现水库水位（253.30m），通过等安全系数法进行反算，反演获得了雾江滑坡体的强度参数，见表3.6.1。

表3.6.1　　物理力学参数

岩土结构类型	状态	密度/(kN/m³)	抗剪强度	
			摩擦系数	黏聚力/kPa
滑坡体	水上	21.70	0.51	30.66
	水下	22.10	0.46	25.55
滑动面（带）	水上	21.90	0.39	24.53
	水下	22.30	0.34	20.44
后缘崩塌碎块石与基岩接触面	水上	—	0.55	15.0
河床含泥砂砾石	水下	22.10	0.42	5.00

(3) 工况设计。工况1：假设库水位水平延伸至滑坡体内，与坡内地下水位相交；工况2：假设考虑滑坡体内地下水位变化，采用3.6.1节线性插值的方式获得新的地下水位。

(4) 计算软件。Geo-Studio是一套专业、高效而且功能强大的适用于岩土工程和岩土环境模拟计算的仿真软件，它包含多个模块。其中，Slope/w模块作为分析计算岩土工程边坡滑移面和安全系数的主流软件，能对边坡问题中的任意指定滑移面的岩土边坡进行计算分析。

3.6.2.3　蓄水后不同地下水位近似处理方式对比

初始状态时，水位为253.30m，边坡前部的水位每次抬高10m进行一次极限平衡分析，得到的边坡稳定安全系数，即计算边坡前部水位分别为253.30m、263.00m、273.00m、283.00m、293.00m、303.00m、313.00m时的安全系数，两种不同地下水位近似处理方式见图3.6.3和图3.6.4。

对于两种不同工况，用不同的极限平衡分析方法（瑞典条分法、M-P法）计算不同水位对应下的安全系数，得到的安全系数变化规律见图3.6.5和图3.6.6。

(1) 假定库水位水平延伸与初始地下水位相交，古滑带安全系数随着水位上升呈现先缓慢增加后逐渐减小的趋势；采用线性插值方式获得地下水位，古滑带整体安全系数随着蓄水位的增加呈现逐渐减小的趋势。以M-P法为例，

对于工况1，初始水位253.30m时，安全系数为1.012，随着蓄水位的增加，

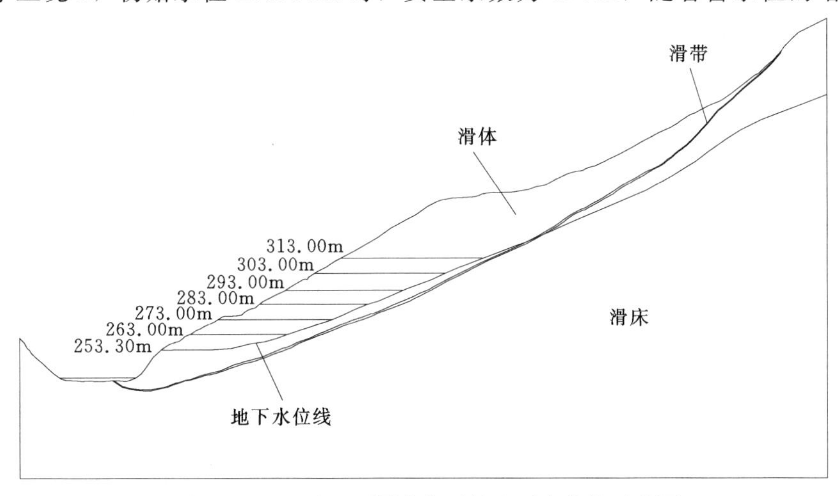

图3.6.3 工况1不同水位下的地下水位线示意图

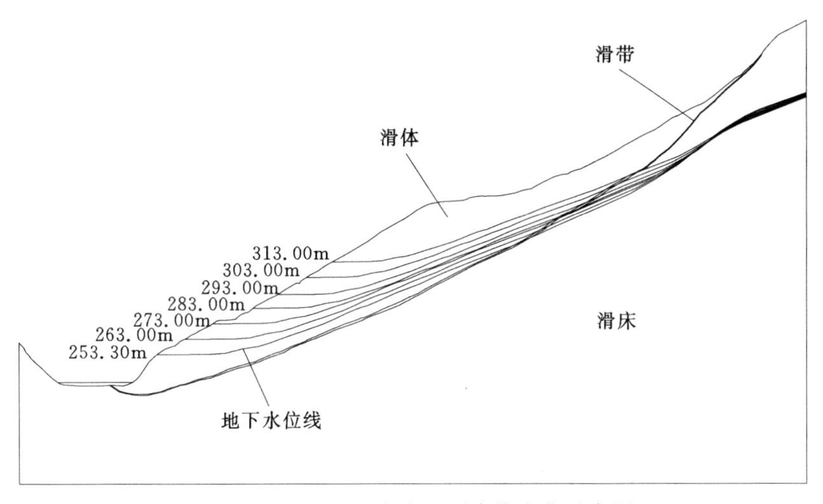

图3.6.4 工况2考虑地下水位变化示意图

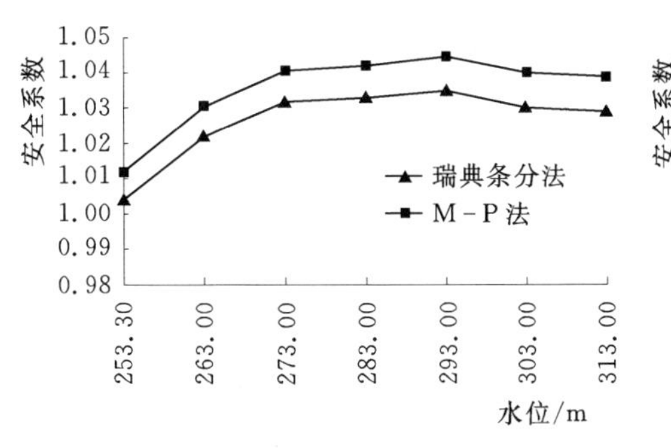

图3.6.5 工况1不同水位下的安全系数

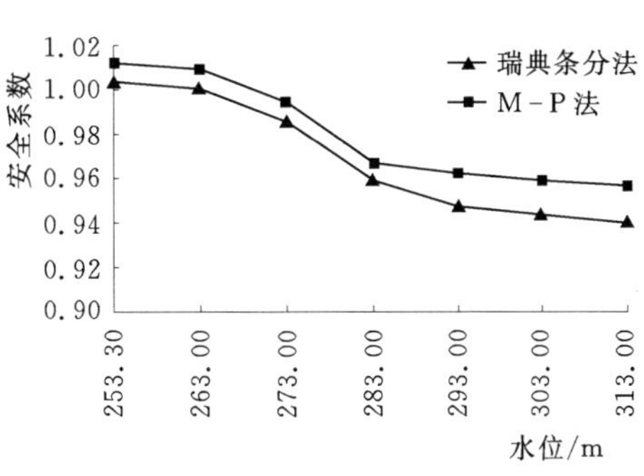

图3.6.6 工况2不同水位下的安全系数

在蓄水位为293.00m时达到极大值，安全系数变为1.042，增加了2.9%，在蓄水位为293.00m以后，安全系数又逐渐减小；对于工况2，初始水位253.30m时，安全系数为1.012，随着蓄水位的增加，在蓄水位为293.00m时安全系数变为0.962，减少了4.9%。

（2）假定库水位水平延伸与初始地下水位相交，安全系数会有一定的提高；采用线性插值获得地下水位，安全系数有一定的降低。以M-P法为例，对于工况2，相对于初始水位253.30m，当水位上升到313.00m时，安全系数从1.013降低为0.949，降低了6.3%；而对于工况1，水位与原始地下水位水平直接相连，得到的安全系数为1.039，提高了2.6%，安全系数是提高的，得到的结果偏于危险。

（3）两种条分法所得的安全系数虽然部分有些偏差，但整体变化趋势一致，不同方法计算结果偏差的原因是由于不同的计算方法的假定条件不一致导致的，如瑞典条分法由于在对土条受力分析时不考虑条间作用力，所以计算所得的安全系数K值偏小，M-P法计算的结果一般要大于瑞典条分法。

3.6.3 小结

典型库岸滑坡体稳定性分析表明，假定库水位水平延伸与初始地下水位相交，古滑带安全系数随着水位上升呈现先缓慢增加后逐渐减小的趋势；采用线性插值获得地下水位，古滑带整体安全系数随着蓄水位的增加呈现逐渐减小的趋势。即库岸滑坡体的稳定性与滑坡体地下水位关系密切，甚至不同的地下水位假设，可能得到规律相反的结论，这在进行边坡稳定分析时，值得注意。

第4章 运行期混凝土坝分析中的不确定性反馈方法

4.1 概 述

一般工程领域内的力学问题基本上可用以下偏微分方程表示（姜弘道等，1998）：

求解问题：$\boldsymbol{L}[u(x,t)]=f(x,t) \qquad [x\in\Omega,t\in(0,+\infty)]$ (4.1.1)

初始条件：$\boldsymbol{I}[u(x,t)]=\varphi(x) \qquad [x\in\Omega,t=0]$ (4.1.2)

边界条件：$\boldsymbol{B}[u(x,t)]=\phi(x,t) \qquad [x\in\Gamma,t\in(0,+\infty)]$ (4.1.3)

附加条件：$\boldsymbol{A}[u(x,t)]=k(x,t) \qquad [x\in\Gamma,t\in(0,+\infty)]$ (4.1.4)

式中：$u(x,\ t)$ 为微分方程的解；$f(x,\ t)$ 为源项；$\varphi(x)$、$\phi(x,\ t)$、$k(x,\ t)$ 分别为初始值、边界值和附加值；$\boldsymbol{L}$、$\boldsymbol{I}$、$\boldsymbol{B}$、$\boldsymbol{A}$ 分别为微分方程算子、初始条件算子、边界条件算子和附加条件算子。

当仅 $u(x,\ t)$ 为未知的待求量，其余部分为已知量时，就是通常的正问题。如果 $u(x,\ t)$ 可实测到部分或全部量值，而右端量和算子中存在一个或同时几个未知条件，就是逆问题。依据未知量的不同，将逆问题内容分类如下：

（1）模型优选问题：算子 $\boldsymbol{L}$ 中局部组项未知，例如，脆性材料本构模型的优选，屈服准则的优选等。

（2）参数反分析：算子 $\boldsymbol{L}$ 的某些参数未知，例如，介质的弹模、黏聚力、摩擦角和黏性参数等反演。

（3）源反分析：右端源项 $f(x,\ t)$ 未知，例如，地应力、热源等的反演。

（4）记忆反分析：初始值 $\varphi(x)$ 未知，通过现状来回忆确定过去的状态。

（5）边界控制反分析：边界条件 $\phi(x,\ t)$ 未知。

（6）几何反分析：Γ 的局部未知和形状未知，如结构缺陷检测等。

由式（4.1.1）～式（4.1.4）可知，实际工程中存在各种不确定性：计算参数不确定，本构模型不确定，计算荷载不确定，几何尺寸不确定，边界条件和初始条件不确定，量测信息不确定等。

虽然工程问题具有太多的不确定性，但目前进行混凝土或基岩力学参数反馈时，往往是假设本构模型、计算荷载、几何尺寸、边界初始条件等，然后反

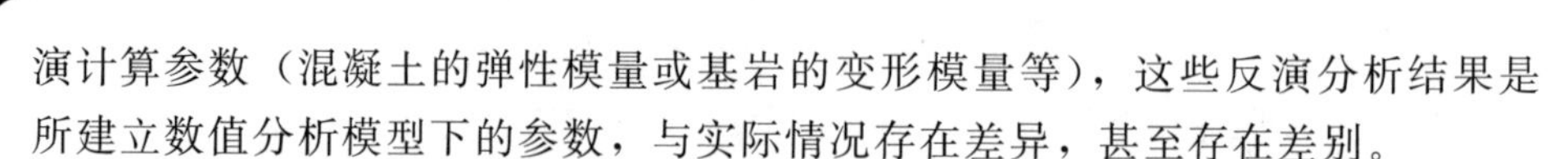

演计算参数（混凝土的弹性模量或基岩的变形模量等），这些反演分析结果是所建立数值分析模型下的参数，与实际情况存在差异，甚至存在差别。

目前对量测信息不确定有较多的研究，至于反演分析，主要是针对计算参数的反演，也有少量的本构模型的识别，但在大坝工程中，关于计算荷载、几何尺寸、边界初始条件等的反馈，鲜有报道。此外，近年来，虽然采用随机模型、模糊模型和区间分析模型等不确定性理论处理不确定性问题陆续有所报道（苏静波，2005），但目前仍主要采用确定性理论分析上述不确定性问题，本章无意对这些大坝分析中的不确定性反演方法进行总结，主要介绍笔者本人关于不确定性反演反馈的一些拓展研究内容。为此，本章结合重力坝工程，基于变形监测资料，初步进行不确定性地基水荷载以及不确定性大坝地基几何尺寸的反馈；与此同时，利用变形观测值分离出的时效分量反演大坝黏弹性参数；最后针对目前工程上采用的反分析法一般都是确定性反分析方法，探讨不确定性反分析方法——区间参数优化反分析法在大坝工程中的应用。

4.2 不确定地基水荷载的智能确定性识别方法

如前所述，混凝土坝虽然透水，当因其渗透系数很小，水力梯度很大，通常近似按不透水介质处理，因此，目前实际大坝工程上，常在坝体上下游面作用水压力（面荷载），坝基面作用扬压力（面荷载）、而作用在地基上的水荷载一般按渗流体荷载考虑。

由于实际裂隙地基工作条件复杂，虽然采用等效连续介质模型、离散裂隙网络模型、裂隙-孔隙双重介质模型、离散介质-连续介质耦合模型、多场耦合模型等数学模型可以较好地模拟裂隙地基渗流，然而采用不同的数学模型进行分析，获得的裂隙地基水头分布不一样，由此获得的裂隙渗流体荷载分布也不一样。另外，即使采用同一种裂隙渗流数学模型，考虑不同影响因素（如应力场和渗流场耦合）或考虑渗流水存在时间过程等，在不同的时刻，裂隙地基水头分布也不一样，当然，由此获得的裂隙渗流体荷载分布也不一样，即地基水荷载具有不确定性。在2.3节中，笔者等（2010）基于等效连续介质模型分析表明，虽然作用在地基上的水荷载作为面荷载和作为渗流体荷载存在等效关系，但作用在地基上的水荷载总的作用力等效，如果作用力分布方式不一样，并不一定引起相近的效应量（位移、应力等）。例如，笔者等（2010）基于多孔连续介质模型，从理论上探讨并对比分析了作用在地基上的水荷载分别作为渗流体荷载和作为面荷载时引起混凝土重力坝的位移，分析表明，作用在地基上的水荷载按面荷载分析的位移大于按渗流体荷载分析的位移。朱伯芳等（2010）分析表明，作用在地基上的水荷载按面荷载分析的应力与按渗流体荷

载分析的应力差异也较大。

由于大坝和岩基工作条件复杂，难以准确地给定荷载及计算参数。目前实际大坝工程上，常采用大坝实测位移分量分离出的水压分量，联合大坝-地基有限元正分析，采用优化反分析方法进行参数反演，而由于地基水荷载作用方式不同，引起的效应量差异较大，如果人为地将地基水荷载作为面荷载或作为稳定渗流体荷载进行数值计算，参与优化反分析，显然，反演获得的参数值得商榷。由此可见，裂隙地基水荷载属于计算荷载不确定性问题。为此，假设裂隙地基为等效连续介质模型，考虑渗流水存在时间过程，初步探讨基于均匀设计的神经网络模型识别地基水荷载。

4.2.1　地基水荷载智能确定性识别基本原理

4.2.1.1　饱和地基非稳定渗流及渗流体积力

考虑介质和水体的压缩性的饱和地基非稳定渗流微分方程式为

$$\frac{\partial}{\partial x_i}\left(k_{ij}^s \frac{\partial h}{\partial x_j}\right)-Q=S_s \frac{\partial h}{\partial t} \tag{4.2.1}$$

式中：h 为总水头；k_{ij}^s 为饱和渗透系数张量；Q 为源汇项；S_s 为单位储存量。

应用 Galerkin 加权余量法，由式（4.2.1）可推导出饱和地基非稳定渗流场有限元矩阵方程为

$$\boldsymbol{A}'\boldsymbol{h}+\boldsymbol{B}'\frac{\partial \boldsymbol{h}}{\partial t}=\boldsymbol{P}' \tag{4.2.2}$$

其中　$$\boldsymbol{A}' = \sum_{e=1}^{NE}\iiint_{\Omega^e}\sum_{i=1}^{3}\sum_{j=1}^{3}k_{ij}^s\ \frac{\partial N_n}{\partial x_i}\ \frac{\partial N_m}{\partial x_j}\mathrm{d}\Omega^e,\boldsymbol{B}' = \sum_{e=1}^{NE}\iiint_{\Omega^e}S_s N_n N_m \mathrm{d}\Omega^e$$

$$\boldsymbol{P}' =-\sum_{e=1}^{NE}\left[\iiint_{\Omega^e}N_n Q\mathrm{d}\Omega^e+\iiint_{\Gamma_2}q_n N_n \mathrm{d}S\right]$$

式中：NE 为单元总数；N_n、N_m 为单元形函数；q_n 为流量边界 Γ_2 上的单宽流量。

设通过上述非稳定渗流分析已得到各时刻结点各点的水头值，则单元水头函数 H（x，y，z，t）便已知。坝基内各时刻的地基水荷载为

$$f_x=-\gamma\frac{\partial H}{\partial x},f_y=-\gamma\frac{\partial H}{\partial y},f_z=-\gamma\frac{\partial H}{\partial z}+\gamma \tag{4.2.3}$$

式中：γ 为水的容重。

在进行地基水荷载分析时未考虑浮力项。

由于饱和地基内的水头随时间而变化，在初始时刻，地基水荷载以面荷载作用在地基表面，随后发生渗流，地基水荷载以不同体积力方式作用在地基内部，这导致地基内的水荷载存在不确定性。

4.2.1.2 基于均匀设计的神经网络模型识别地基水荷载

关于均匀设计和神经网络模型的基本原理，方开泰等（2001）和冯夏庭（2000）等有较详细的阐述，这里不再赘述。以下介绍基于均匀设计的神经网络模型识别不确定性地基水荷载的思路，其主要步骤分以下4步：

（1）假设地基为等效连续介质模型，采用数值方法进行饱和地基非稳定渗流场分析，获得 m 个不同时刻 $\boldsymbol{t}=\{t_1,t_2,\cdots,t_m\}$ 的结点水头值，并计算 m 个不同时刻对应的地基水荷载。

（2）利用数值方法产生神经网络的学习样本，即首先设置待反演坝体和地基参数的取值水平，利用均匀设计方法在待反演参数 $\boldsymbol{x}=\{x_1,x_2,\cdots,x_n\}$ 的可能取值空间中构造参数取值组合，形成待反演参数若干个取值集合。然后，建立大坝-地基联合模型，在坝体上下游面施加水压力（面荷载），在地基内施加不同时刻的地基水荷载（初始时刻为面荷载，其余时刻为渗流体荷载），以及在坝基面施加相对应的扬压力（面荷载），把每一个待反演参数的取值集合输入大坝-地基联合模型，进行数值计算，获得坝体关键监测点的计算位移值。最后，将坝体关键监测点的计算位移作为输入，将反演参数 $\boldsymbol{x}=\{x_1,x_2,\cdots,x_n\}$ 可能的取值，以及坝基面一定深度的节点水头 $\boldsymbol{H}=\{H_1, H_2, \cdots, H_l\}$ 作为输出，组成学习样本。

（3）利用该样本集对神经网络进行训练，获得较为合理的神经网络模型。

（4）对大坝关键监测点的实测位移建立变形统计模型，分离出水压分量、温度分量和时效分量，然后，将大坝关键监测点分离出的水压实测位移分量输入训练好的神经网络模型，即能自动反演出坝体和坝基的材料参数，以及识别出地基内的水荷载。

4.2.1.3 智能识别说明

在基于均匀设计的神经网络模型识别地基水荷载时，有以下几个问题需要注意：

（1）由于大坝实测位移为相对值（观测日相对位移起测日的值），为此在准备学习样本时，关键监测点的计算位移应采用相对位移。设起测日对应的水位为 h_a，观测日对应的水位为 h_b，考虑到大坝位移起测日一般尚未蓄水或处于蓄水初期，此时处于渗流初期，作用在地基上的水荷载可作为面荷载考虑，此时计算得到关键监测点的位移为 δ_{ia}；而在大坝位移观测日，地基已经形成渗流场，由于渗流存在时间过程，作用在地基上的水荷载为不同时刻下的渗流体荷载，此时计算得到关键监测点的位移为 δ_{ib}，相对位移为 $\delta_i=\delta_{ib}-\delta_{ia}$。为保证智能识别精度，选取离坝基面2/3倍坝高以上的监测点顺河向位移参与反馈分析。

(2) 对于坝基面一定深度的节点水头，可选取混凝土坝基横向扬压力监测断面的测点值。

(3) 由于地基截取范围对大坝计算位移有较大影响，笔者等（2007）研究认为，对于重力坝而言，建立大坝-地基有限元模型时，向上游取5倍坝高，下游取5倍坝高，地基深部取6倍坝高，地基底部施加完全位移约束，在上下游地基施加顺河向连杆约束。

(4) 一般混凝土大坝在竣工后才安装正倒垂线，因此，坝体自重所引起的变形，一般在正倒垂线变形测值中不能反映。为此，在计算坝体变形时，不考虑自重荷载。

4.2.2 实例分析

以某混凝土重力坝典型坝段为例，该坝段高100m，坝踵处设有帷幕，帷幕深30m，幕厚6m，在帷幕后设有排水幕，孔深12m，孔距6m。

(1) 有限元模型。大坝-地基有限元模型截取范围及边界条件见4.2.1.3节，为了较好地反映不同时刻的坝基扬压力，在坝基面设置了厚度为0.1m的夹层单元。

(2) 非稳定渗流场分析。通过进行饱和地基非稳定渗流来获得不同状态下的节点水头及渗流体积力分布，在进行渗流场分析时，地基渗透系数为5×10^{-6}m/s，单位储存量为$5\times10^{-5}\text{m}^{-1}$，帷幕渗透系数为$5\times10^{-8}$m/s。

(3) 材料参数取值范围。通过分析大坝原有的地质资料和混凝土试验资料，选定坝基综合变形模量E_R取值范围为12～21GPa，混凝土综合弹性模量E_c取值范围为17～26GPa，混凝土和基岩泊松比分别为0.2和0.25；采用均匀设计方法对坝基变形模量和混凝土弹性模量进行组合，材料参数水平数均取4，即坝基变形模量E_R取12GPa、15GPa、18GPa、21GPa，混凝土弹性模量E_c取17GPa、20GPa、23GPa、26GPa；依据均匀设计原理，给出了12组不同组合。

(4) 相对位移及学习样本。选取距离坝基面约50m深度处的水头作为节点水头；位移采用相对值，大坝位移起测日对应的上游水深50m。考虑到在位移开始监测时（起测日），岩基渗流刚开始，因此假设起测日的地基水荷载为面力作用在地基表面，且此时尚没有坝基扬压力。由饱和地基非稳定渗流计算不同时刻下的节点水头获得渗流体荷载和坝基扬压力，并结合均匀设计方法组合的材料参数，计算获得关键监测点的相对位移作为学习样本。选取了8个不同时刻，联合材料参数取值组合，共获得96个学习样本，部分学习样本见表4.2.1。

表 4.2.1　　　部分学习样本表

序号	E_c /GPa	E_R /GPa	节点水头 h_1/m	节点水头 h_2/m	节点水头 h_3/m	节点水头 h_4/m	节点水头 h_5/m	相对位移 u_1/cm	相对位移 u_2/cm	相对位移 u_3/cm
1	17	12	19.871	13.503	9.314	6.528	4.607	2.108	2.319	2.425
2	20	12	19.871	13.503	9.314	6.528	4.607	1.948	2.134	2.229
3	26	12	19.871	13.503	9.314	6.528	4.607	1.736	1.891	1.969
4	20	15	19.871	13.503	9.314	6.528	4.607	1.740	1.916	2.006
5	23	15	19.871	13.503	9.314	6.528	4.607	1.622	1.780	1.861
6	26	15	19.871	13.503	9.314	6.528	4.607	1.530	1.675	1.749
7	17	18	19.871	13.503	9.314	6.528	4.607	1.757	1.950	2.048
8	20	18	19.871	13.503	9.314	6.528	4.607	1.600	1.769	1.855
9	23	18	19.871	13.503	9.314	6.528	4.607	1.483	1.634	1.711
10	17	21	19.871	13.503	9.314	6.528	4.607	1.655	1.844	1.939
11	23	21	19.871	13.503	9.314	6.528	4.607	1.382	1.529	1.604
12	26	21	19.871	13.503	9.314	6.528	4.607	1.292	1.426	1.493
13	17	12	25.425	18.133	13.186	9.755	7.267	2.245	2.460	2.568
14	20	12	25.425	18.133	13.186	9.755	7.267	2.085	2.275	2.371
15	26	12	25.425	18.133	13.186	9.755	7.267	1.872	2.031	2.112
16	20	15	25.425	18.133	13.186	9.755	7.267	1.849	2.029	2.120
17	23	15	25.425	18.133	13.186	9.755	7.267	1.731	1.893	1.975
18	26	15	25.425	18.133	13.186	9.755	7.267	1.640	1.788	1.863
19	17	18	25.425	18.133	13.186	9.755	7.267	1.848	2.044	2.143
20	20	18	25.425	18.133	13.186	9.755	7.267	1.691	1.863	1.950
21	23	18	25.425	18.133	13.186	9.755	7.267	1.574	1.728	1.806
22	17	21	25.425	18.133	13.186	9.755	7.267	1.734	1.924	2.020
23	23	21	25.425	18.133	13.186	9.755	7.267	1.460	1.610	1.685
24	26	21	25.425	18.133	13.186	9.755	7.267	1.370	1.506	1.575
25	17	12	38.648	29.923	23.705	19.102	15.484	2.714	2.941	3.056
26	20	12	38.648	29.923	23.705	19.102	15.484	2.554	2.757	2.859
27	26	12	38.648	29.923	23.705	19.102	15.484	2.342	2.513	2.600
28	20	15	38.648	29.923	23.705	19.102	15.484	2.225	2.414	2.510
29	23	15	38.648	29.923	23.705	19.102	15.484	2.106	2.278	2.365
30	26	15	38.648	29.923	23.705	19.102	15.484	2.015	2.173	2.253
31	17	18	38.648	29.923	23.705	19.102	15.484	2.161	2.365	2.469

续表

序号	E_c /GPa	E_R /GPa	节点水头 h_1/m	节点水头 h_2/m	节点水头 h_3/m	节点水头 h_4/m	节点水头 h_5/m	相对位移 u_1/cm	相对位移 u_2/cm	相对位移 u_3/cm
32	20	18	38.648	29.923	23.705	19.102	15.484	2.004	2.184	2.275
33	23	18	38.648	29.923	23.705	19.102	15.484	1.887	2.049	2.132
34	17	21	38.648	29.923	23.705	19.102	15.484	2.002	2.199	2.299
35	23	21	38.648	29.923	23.705	19.102	15.484	1.729	1.885	1.964
36	26	21	38.648	29.923	23.705	19.102	15.484	1.639	1.781	1.854
37	17	12	41.102	32.325	26.039	21.354	17.634	2.893	3.124	3.241
38	20	12	41.102	32.325	26.039	21.354	17.634	2.732	2.940	3.045
39	26	12	41.102	32.325	26.039	21.354	17.634	2.520	2.696	2.785
40	20	15	41.102	32.325	26.039	21.354	17.634	2.367	2.561	2.658
41	23	15	41.102	32.325	26.039	21.354	17.634	2.249	2.425	2.513
42	26	15	41.102	32.325	26.039	21.354	17.634	2.158	2.320	2.401
43	17	18	41.102	32.325	26.039	21.354	17.634	2.280	2.487	2.592
44	20	18	41.102	32.325	26.039	21.354	17.634	2.123	2.306	2.399
45	23	18	41.102	32.325	26.039	21.354	17.634	2.006	2.171	2.255
46	17	21	41.102	32.325	26.039	21.354	17.634	2.104	2.304	2.405
47	23	21	41.102	32.325	26.039	21.354	17.634	1.831	1.989	2.070
48	26	21	41.102	32.325	26.039	21.354	17.634	1.741	1.886	1.959

（5）神经网络模型训练。将表 4.2.1 中相对位移 u_1、u_2、u_3 作为输入，混凝土弹性模量、岩基变形模量和坝基面一定深度的 5 个节点水头作为输出，建立神经网络模型。为较好地防止计算过程出现“过拟合”等问题，在进行网络训练前，对数据进行了“归一化”处理。采用 3 层 BP 神经网络进行训练，其中隐含层神经元数目采用 6 个，经过 2000 次学习训练后，自动结束并获得网络模型。

（6）材料参数和地基水荷载智能识别。对大坝水平位移监测资料建立统计模型，采用逐步回归分析法分离出水压分量、温度分量和时效分量，选取上游水深 90m 时的水压分量进行材料参数和地基水荷载识别。上游水深 90m 时分离出的 3 个关键监测点，相对于起测日的水压分量分别为 2.224cm、2.403cm、2.493cm，将其代入训练好的网络模型，识别出的材料参数和节点水头“反归一化”处理后分别为 22.260GPa、16.767GPa、43.623m、34.486m、27.945m、23.074m、19.204m。进行稳定渗流场分析对应的节点水头为 45.699m、36.937m、30.626m、25.888m、22.073m，本次识别出的节点水头与稳定渗流下的节点水头相差分别为2.076m、2.451m、2.681m、2.814m、2.869m。

4.2.3　小结

（1）由于实际地基水荷载存在不确定性，将监测点相对位移作为输入，坝体混凝土、岩基材料参数和坝基面一定深度测点水头作为输出，建立了不确定性地基水荷载识别神经网络模型，给出了基于均匀设计的神经网络模型识别地基水荷载的步骤和注意事项。

（2）结合某混凝土重力坝工程，展示了所建立的不确定性地基水荷载识别神经网络模型，将大坝实测位移分离出的水压分量输入训练好的网络，可自动识别出大坝混凝土和岩基的材料参数以及地基水荷载。

（3）这里采用距离坝基一定深度的测点水头来描述不确定性地基水荷载，该问题有待进一步研究。

4.3　不确定地基几何尺寸的智能确定性识别方法

当采用数值方法分析混凝土坝变形时，计算域除坝体外还包含地基。张有天（2005）结合典型工程实例分析表明，对于库盘面积大的水库，水库蓄水后，由于作用在库盘上的增量水荷载大，导致两岸山体及大坝变形沉降较大。那么地基几何尺寸取多大范围时，可以较合理反映库盘变形对坝体位移的影响，目前对这个问题报道的文献存在较大差异。徐芝纶（2009）认为在地基比较均匀时，上下游所取区域以及地基深度在1～2倍底宽时，地基边界条件对结构物的影响较小；敖麟（1981）认为上下游所取区域以及地基深度应放大至2～5倍坝高，此时地基边界条件对坝体应力影响较小；Bettess等（1977）提出可采用无限单元来较好地解决在无限域和半无限域中进行应力分析的实际工程；吴中如等（2009）为了弄清上游库水荷载引起的库盘变形对坝体位移的影响，对龙羊峡重力拱坝进行了大范围有限元计算，地基向上游取120km、向下游取10km、宽度根据正常高水位时的水面宽度向外延伸5km、地基深度取8km；笔者等（2007）从理论上和数值分析对重力坝地基截取范围进行了探讨，建议地基向上游取5～10倍坝高，下游取5倍坝高，地基深取5倍坝高。显然，地基几何尺寸截取范围不一样，对坝体位移影响较大。张有天（2005）指出用有限元方法作渗流和应力分析时，计算域应取多大，边界条件如何确定，这些看似简单的问题，却是常被忽略的重要问题。分析可知，当考虑上游库水荷载时，地基截取范围对坝体位移的影响要大于对坝体应力的影响。由此可见，大坝地基几何尺寸的截取范围本质上是一个不确定的问题，应结合实测

位移反馈获得，为此，假设地基为等效连续介质模型，基于均匀设计神经网络模型对大坝地基几何尺寸及材料参数进行识别。

4.3.1 地基几何尺寸智能确定性识别基本原理

以下介绍基于均匀设计的神经网络模型识别不确定性地基几何尺寸的思路。其主要步骤分以下4步：

(1) 建立不同地基几何尺寸 $\boldsymbol{B}=\{B_1,B_2,\cdots,B_l\}$ 的大坝-地基联合模型，假设地基为等效连续介质模型，采用数值方法进行地基稳定渗流场分析，获得结点水头值，并计算对应的地基水荷载。

(2) 利用数值方法产生神经网络的学习样本，即首先设置待反演坝体和地基参数的取值水平，利用均匀设计方法在待反演参数 $\boldsymbol{x}=\{x_1,x_2,\cdots,x_n\}$ 的可能取值空间中构造参数取值组合，形成待反演参数若干个取值集合。然后，基于大坝-地基联合模型，在坝体上下游面施加水压力（面荷载），在地基内施加地基水荷载，以及在坝基面施加相对应的扬压力（面荷载），把每一个待反演参数的取值集合输入大坝-地基联合模型，进行数值计算，获得坝体关键监测点的计算位移值。最后，将坝体关键监测点的计算位移作为输入，待反演参数 $\boldsymbol{x}=\{x_1,x_2,\cdots,x_n\}$ 的取值组合，以及地基几何尺寸 $\boldsymbol{B}=\{B_1,B_2,\cdots,B_l\}$ 作为输出，组成学习样本。

(3) 利用该样本集对神经网络进行训练，获得较为合理的神经网络模型。

(4) 对大坝关键监测点的实测位移建立变形统计模型，分离出水压分量、温度分量和时效分量，然后，将大坝关键监测点分离出的实测位移水压分量输入训练好的神经网络模型，即能自动反演出坝体和岩基的材料参数，以及识别出地基几何尺寸。

4.3.2 实例分析

以某混凝土重力坝典型坝段为例，该坝段高100m，不考虑坝踵帷幕和排水。

(1) 有限元模型。为分析问题方便，本次分析时，地基几何尺寸中向上游截取范围、向下游截取范围以及向地基深处截取范围取同一个几何尺寸，均取 n 倍坝高，n 取1、2、5、10、20。如 $n=2$ 时，是指向上游截取2倍坝高，向下游截取2倍坝高，向地基深处截取2倍坝高。为了较好地反映坝基扬压力，在坝基面设置了厚度为0.1m的夹层单元。

(2) 稳定渗流场分析。假设地基为等效连续介质模型，通过进行地基稳定渗流场分析来获得地基的节点水头及渗流体荷载分布。

(3) 材料参数取值范围。通过分析大坝原有的地质资料和混凝土试验资料，选定坝基综合变形模量 E_R 取值范围为12～21GPa，混凝土综合弹性模量 E_c 取值范围为17～26GPa，混凝土和基岩泊松比分别为0.2和0.25；采用均匀设计方法对坝基变形模量和混凝土弹性模量进行组合，材料参数水平数均取4，即坝基变形模量 E_R 取12GPa、15GPa、18GPa、21GPa，混凝土弹性模量 E_c 取17GPa、20GPa、23GPa、26GPa；依据均匀设计原理，给出了12组不同组合。

（4）相对位移及学习样本。位移采用相对值，大坝位移起测日对应的上游水深50m。考虑到在位移开始监测时（起测日），岩基渗流刚开始，因此假设起测日的地基水荷载为面力作用在地基表面，且此时尚没有坝基扬压力。由地基稳定渗流计算的节点水头获得渗流体积力和坝基扬压力，并结合均匀设计方法组合的材料参数，计算获得关键监测点的相对位移作为学习样本。选取了5个不同地基几何尺寸，联合材料参数取值组合，共获得60个学习样本。部分学习样本见表4.3.1。表4.3.1中相对位移 u_1～u_3 为选取的3个关键监测点的计算相对位移。

表4.3.1　　部分学习样本

序号	E_c /GPa	E_R /GPa	地基几何尺寸 n 倍坝高	相对位移 u_1/cm	相对位移 u_2/cm	相对位移 u_3/cm
1	17	12	1	2.230	2.476	2.601
2	20	12	1	2.069	2.292	2.404
3	26	12	1	1.858	2.048	2.145
4	20	15	1	1.837	2.042	2.146
5	23	15	1	1.719	1.906	2.001
6	26	15	1	1.627	1.801	1.889
7	17	18	1	1.838	2.055	2.165
8	20	18	1	1.681	1.874	1.972
9	23	18	1	1.563	1.739	1.828
10	17	21	1	1.725	1.933	2.039
11	23	21	1	1.452	1.619	1.704
12	26	21	1	1.362	1.515	1.593
13	17	12	2	2.552	2.803	2.930
14	20	12	2	2.391	2.619	2.733
15	26	12	2	2.179	2.375	2.474
16	20	15	2	2.095	2.304	2.409

续表

序号	E_c /GPa	E_R /GPa	地基几何尺寸 n 倍坝高	相对位移 u_1/cm	相对位移 u_2/cm	相对位移 u_3/cm
17	23	15	2	1.977	2.168	2.264
18	26	15	2	1.885	2.063	2.152
19	17	18	2	2.053	2.274	2.385
20	20	18	2	1.896	2.092	2.192
21	23	18	2	1.778	1.957	2.048
22	17	21	2	1.909	2.121	2.228
23	23	21	2	1.636	1.806	1.892
24	26	21	2	1.546	1.703	1.782
25	17	12	5	3.210	3.460	3.587
26	20	12	5	3.050	3.276	3.390
27	26	12	5	2.838	3.032	3.130
28	20	15	5	2.622	2.830	2.935
29	23	15	5	2.503	2.694	2.790
30	26	15	5	2.412	2.588	2.678
31	17	18	5	2.492	2.712	2.823
32	20	18	5	2.335	2.530	2.629
33	23	18	5	2.217	2.396	2.486
34	17	21	5	2.286	2.496	2.603
35	23	21	5	2.012	2.182	2.267
36	26	21	5	1.922	2.078	2.157
37	17	12	10	4.181	4.428	4.553
38	20	12	10	4.020	4.244	4.357
39	26	12	10	3.808	4.000	4.097
40	20	15	10	3.398	3.604	3.708
41	23	15	10	3.280	3.468	3.563
42	26	15	10	3.188	3.363	3.451
43	17	18	10	3.139	3.357	3.467
44	20	18	10	2.982	3.176	3.274
45	23	18	10	2.864	3.041	3.130
46	17	21	10	2.840	3.049	3.155
47	23	21	10	2.567	2.735	2.820
48	26	21	10	2.477	2.631	2.709

（5）神经网络模型训练。将表 4.3.1 中 3 个关键监测点的计算相对位移 u_1、u_2、u_3 作为输入，混凝土弹性模量、岩基变形模量和地基几何尺寸作为输出，建立神经网络模型。为了较好地防止计算过程出现“过拟合”等问题，在进行网络训练前，对数据进行了“归一化”处理。采用 3 层 BP 神经网络进行训练，其中隐含层神经元数目采用 6 个，经过 1000 次学习训练后，自动结束并获得网络模型。

（6）材料参数和地基水荷载智能识别。对大坝水平位移监测资料建立统计模型，采用逐步回归分析法分离出水压分量、温度分量和时效分量，选取上游水深 90m 时的水压分量进行材料参数和地基几何尺寸识别。由上游水深 90m 时 3 个关键监测点的实测位移分离出的水压分量分别为 2.481cm、2.667cm、2.762cm，这 3 个关键监测点实测位移分离出的水压分量为相对起测日的相对位移，将其代入训练好的网络模型，识别出的材料参数和地基几何尺寸“反归一化”处理后分别为 22.382GPa、17.491GPa、6.786，即地基几何尺寸向上游、向下游和向地基深处截取 6.786 倍坝高。

4.3.3 小结

（1）由于实际大坝地基几何尺寸存在不确定性，将监测点相对位移作为输入，坝体混凝土、岩基材料参数和地基几何尺寸作为输出，建立了不确定性大坝地基几何尺寸识别神经网络模型，给出了基于均匀设计的神经网络模型识别地基几何尺寸的步骤和注意事项。

（2）结合某混凝土重力坝工程，展示了所建立的不确定性地基几何尺寸识别神经网络模型，将大坝实测位移分离出的水压分量输入训练好的网络，可自动识别出大坝混凝土和岩基的材料参数以及地基几何尺寸。

（3）由于实际地基变形模量沿深度逐渐增大，这里采用综合地基变形模量，而为保证地基变形模量和几何尺寸的识别精度，应联合上游库盘典型测点沉降资料以及不同边界条件进行识别，该问题有待进一步研究。

4.4 不确定大坝时变参数的优化确定性反演方法

大量工程实践表明，混凝土大坝和坝基一般呈黏弹性工作状态，存在着随时间变化的不可逆变形，即时效位移。时效位移是分析和评价大坝安全状况的重要依据。为了对大坝的安全状况进行监控，在大坝和坝基内布置了大量的观测仪器。对这些测值一般通过建立监控模型来对大坝的安全进行定量评价（吴中如，2003）。其中，变形观测值综合反映了坝体的变形性态，利用这些监测量进行大坝和坝基的黏弹性参数反演，能得到合理的反演值，可准确地评价大

坝的安全状态，并供类似工程设计参考。近年来，利用大坝变形监测资料反演大坝和坝基的弹性模量的文献报道较多。徐洪钟等（2002）根据大坝实测位移资料，应用模糊神经网络反演了坝体和坝基的弹性模量；向衍等（2004）结合某重力坝溢流坝段的监测资料，采用遗传算法反演了坝体和坝基的弹性模量；邓凤铭等（2005）采用神经网络对清江隔河岩大坝混凝土弹性模量进行了智能反演；但基于大坝变形监测资料进行黏弹性参数反演的文献报道很少，顾冲时等（2006）曾对坝体混凝土及坝基岩基的黏性系数进行了反演。另外，当反演参数较多时，常出现解答不唯一，这使反分析在实际工程中的应用带来了很大的困难，陈胜宏等（2001）采用参数解耦的方法对弹黏塑性模型的5个参数进行逐一反演，得到了三峡船闸高边坡岩体较合理的反演值。本章介绍一种基于大坝变形监测资料分3步逐一反演大坝和基岩的时变参数的方法，并从力学机理上解析龙羊峡重力拱坝拱冠梁2530.00～2610.00m高程的径向时效位移向上游变位的原因。

4.4.1　混凝土坝时变参数优化确定性反演基本原理

4.4.1.1　坝体和坝基黏性变形本构模型

基于大坝和坝基长期观测资料分析表明，随着大坝运行时间增长，其时效位移将趋于一定的变化规律。参考沈振中（1995）和徐平等（2002）的研究，坝体和岩基随时间的变化规律可采用广义开尔文模型来较好地描述，见图4.4.1。

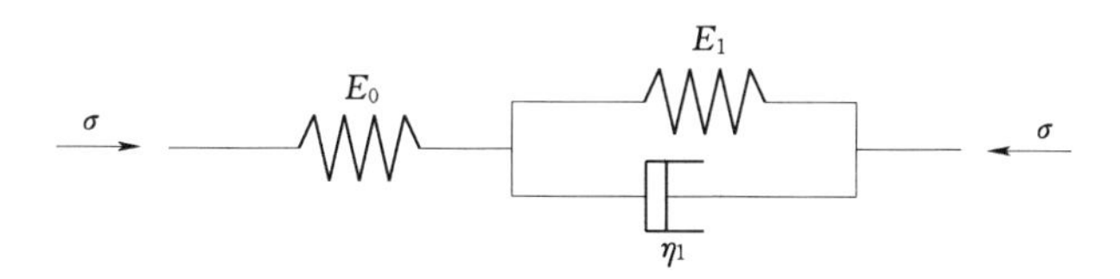

图4.4.1　广义开尔文模型

由开尔文模型的应力应变本构关系易得到一维情况下的广义开尔文模型的应力应变本构关系为

$$\dot{\varepsilon}^v=\sum_{i=1}^{n}\dot{\varepsilon}_i^v=\left(\sum_{i=1}^{n}\frac{1}{\eta_i}\right)\sigma-\sum_{i=1}^{n}\left(\frac{E_i}{\eta_i}\varepsilon_i^v\right)\tag{4.4.1}$$

对于三维问题，计算黏性应变的式（4.4.1）可改写为

$$\Delta\boldsymbol{\varepsilon}^v=\left[\left(\sum_{i=1}^{n}\frac{1}{\eta_i}\boldsymbol{M}\right)\boldsymbol{\sigma}-\sum_{i=1}^{n}\left(\frac{\boldsymbol{E}_i}{\boldsymbol{\eta}_i}\boldsymbol{\varepsilon}_i^v\right)\right]\Delta t\tag{4.4.2}$$

式中：$\boldsymbol{M}$为泊松比矩阵。

$$M=\begin{bmatrix} 1 & -\mu & -\mu & 0 & 0 & 0 \\ -\mu & 1 & -\mu & 0 & 0 & 0 \\ -\mu & -\mu & 1 & 0 & 0 & 0 \\ 0 & 0 & 0 & 2(1+\mu) & 0 & 0 \\ 0 & 0 & 0 & 0 & 2(1+\mu) & 0 \\ 0 & 0 & 0 & 0 & 0 & 2(1+\mu) \end{bmatrix}$$

4.4.1.2　参数优化反演的三步法

1. 目标函数

反演分析方法有逆反分析法和正反分析法两种。本章采用正反分析法进行参数反演，结合黏弹性有限元计算程序开发了可变容差法（万耀青，1982）优化反分析程序。本章采用的目标函数如下：

（1）弹性参数反演的目标函数为

$$f=\sum_{i=1}^{n}e^2(i)$$

式中：$e(i)$ 表示计算值同实测值的误差；n 表示测点数目。

（2）黏性参数反演的目标函数为

$$f=\sum_{i=1}^{n_1}\sum_{j=1}^{n_2}e^2(i,j)$$

式中：$e(i,j)$ 为 t_j 时刻计算值同实测值的误差；n_1 为测点数；n_2 为计算中采用的时间段数。

2. 三步法的基本原理

众所周知，大坝变形可分水压分量、温度分量及时效分量3个部分。即

$$\delta=\delta_H+\delta_T+\delta_\theta \tag{4.4.3}$$

式中：δ_H、δ_T 分别为水压、温度等荷载引起的弹性分量；δ_θ 为坝基蠕变与坝体徐变等引起的时效分量，其变化规律是分析与评价大坝安全的主要依据。

由上述分析，本章采用广义开尔文模型来描述时效分量的变形规律。

三步法对大坝和坝基的黏弹性参数反演的基本原理如下：

（1）依据变形监测资料所建立的监控模型分离的水压分量反演大坝和基岩的弹性模量，即反演广义开尔文模型中的弹性模量 $\boldsymbol{E}_0$。

（2）利用分离的时效分量趋近值反演黏性元件的弹性参数，即反演广义开尔文模型中的弹性模量 $\boldsymbol{E}_1$。

（3）利用时效分量的过程值反演黏性元件的黏滞系数，即反演广义开尔文模型中的黏性系数 $\boldsymbol{\eta}_1$。

由于分离的时效分量是一个相对值（观测日相对建模起始日的时效位移），因此，建模起始日 t_1 必须要接近大坝蓄水日 t_0，否则反演得到的弹性模量 $\boldsymbol{E}_1$

偏大。见图 4.4.2。随着大坝运行时间的增长，大坝的时效位移将渐趋稳定，图 4.4.2 中 u_0 为相对 t_0 时刻的时效趋近值；u_1 为相对 t_1 时刻的时效趋近值。显然，如果建模起始日 t_1 滞后 t_0，此时可先按上述步骤（1）～（3）反演，然后由反演值及工程经验确定待反演参数初始值的数量级范围，再进行以 t_0 时刻为起始点的黏弹性参数反演。

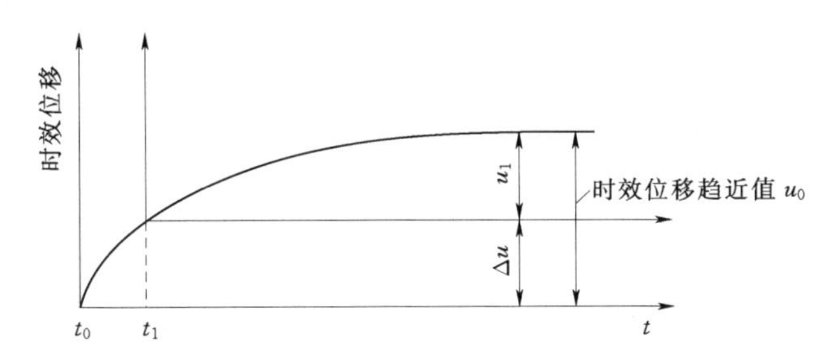

图 4.4.2 时效位移示意图

4.4.1.3 计算值与实测值转换

在对拱坝的分析中，由于回归分析得到的正、倒垂线监控模型为径向位移和切向位移，而有限元计算得到的位移为沿坐标轴方向的位移，此时需要对计算位移进行转换（或转换径、切向的实测值为沿坐标轴方向的位移）。位移符号规定：径向位移以沿径向向下游方向位移为正，切向位移以向右岸方向的位移为正，反之为负，见图 4.4.3。

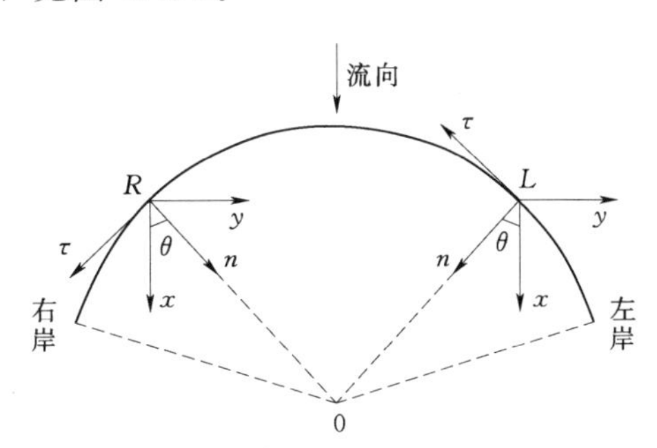

图 4.4.3 位移转换示意图

将计算位移作如下转换：

L 点：
$$\begin{cases} u_n = u_x\cos\theta - u_y\sin\theta \\ u_\tau = -u_x\sin\theta - u_y\cos\theta \end{cases} \tag{4.4.4a}$$

R 点：
$$\begin{cases} u_n = u_x\cos\theta + u_y\sin\theta \\ u_\tau = u_x\sin\theta - u_y\cos\theta \end{cases} \tag{4.4.4b}$$

式中：u_n、u_τ 分别为径向和切向位移；u_x、u_y 分别为 x 向和 y 向位移。

然后将转换后的计算位移与实测位移建立目标函数，目标函数满足给定的

精度时退出反分析，此时的反分析值即为最优值。

4.4.2　工程实例

龙羊峡重力拱坝坝高178m、最大底厚80m，主坝长396m，校核水位为2607.00m，正常高水位2600.00m，坝顶高程2610.00m。该坝分别在左岸重力墩、右岸重力墩、左右1/4拱及拱冠梁坝段布置了正垂线及倒垂线12条，共有28个测点，见图4.4.4。在建立大坝三维有限元模型时，向上下游各取1.5倍坝高，坝基深度取1倍坝高。考虑A_2+F_{120}、F_{71}、F_{73}、F_{18}、G_4等主要断裂。共剖分三维等参8结点单元2135个，结点2904个。计算时假设时效分量仅由水压荷载和坝体自重荷载引起。由于龙羊峡重力拱坝至1987年蓄水以来，年平均运行库水位较低，在2530.00～2560.00m之间，本章取水位2545.00m进行计算。一般工程在竣工后，才安装垂线。因此，坝体自重所产生的变形，在垂线变形测值中不能反映，然而龙羊峡重力拱坝边施工边蓄水，大部分坝段浇筑到2585.00m时，封拱高程为2560.00m，所以严格考虑自重荷载引起的变形十分复杂（即按施工自重考虑）。经施工程序分析，设坝体自重引起的瞬时变形在正倒垂线中不能反映，但自重引起的时效变形在正倒垂线中反映，即在计算时，坝体自重作为初始应力施加。龙羊峡重力拱坝周围多年平均气温在6.00～8.07℃之间变化；由于龙羊峡大坝的施工和封拱过程复杂，参考吴中如（2003）的研究，封拱温度取为7℃。由此可见，在进行龙羊峡大坝时变过程模拟时，可不考虑温度荷载。

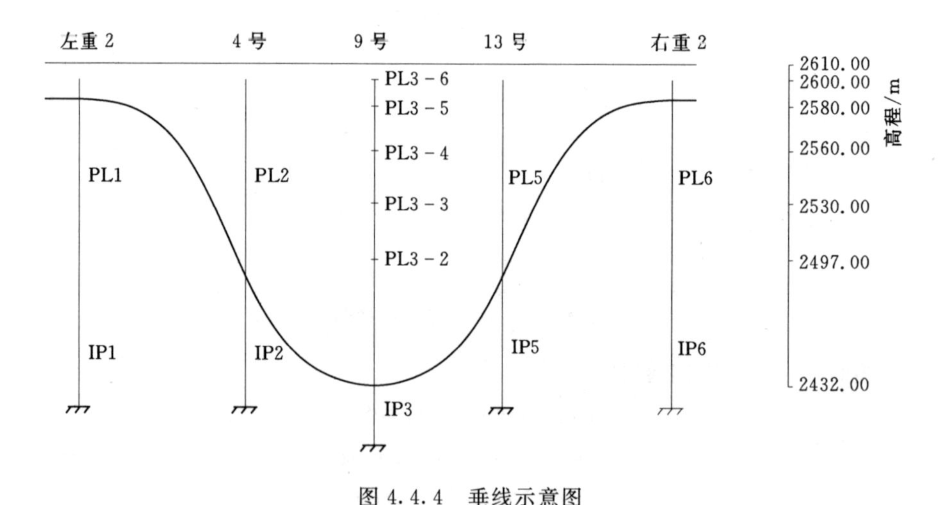

图4.4.4　垂线示意图

4.4.2.1　回归分析

由龙羊峡大坝的正倒垂线资料系列，采用逐步回归分析法确定监控模型中

的待定系数。图 4.4.5 为拱冠梁坝段典型年份分离的径向时效位移。

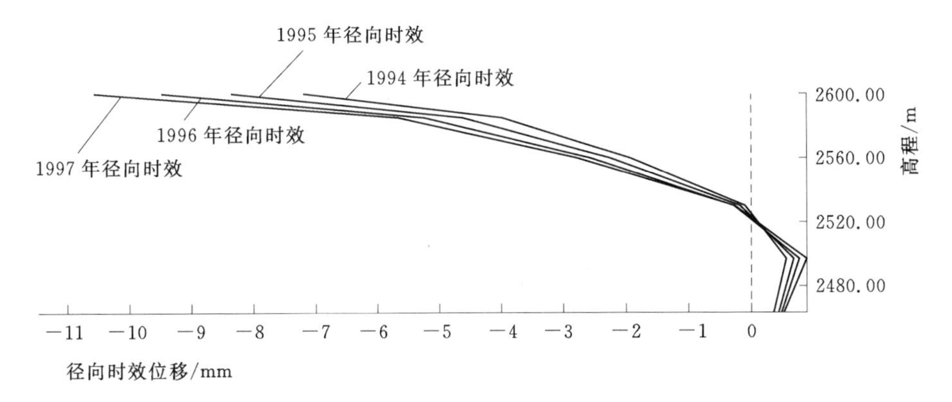

图 4.4.5 拱冠梁垂线测点在典型年份径向时效位移挠曲线

由图 4.4.5 可见，最大向下游径向时效位移出现在高程 2497.00～2530.00m 之间，坝顶径向时效位移甚至出现较大的向上游位移。由于龙羊峡大坝运行 10 多年，由监控模型分离的时效分量可知，这些时效位移可以认为渐趋稳定。

4.4.2.2 优化反演

由于结合实测资料对龙羊峡重力拱坝坝体和坝基的瞬时弹性模量进行过反演，这些参数参考吴中如（2003）或顾冲时等（2006）的文献，为此，本章只对其他时变参数进行反演。在反分析前，首先进行参数敏感性分析，选取那些较敏感的参数进行反演。经分析认为坝体材料、坝基材料、高程 2540.00～2500.00m 坝肩材料和断裂 F_{18} 材料参数较敏感，拟对这 4 个参数进行反演，其余参数则参考有关文献和试验资料取定。

采用可变容差位移优化反分析法进行反演。首先利用时效分量的趋近值来反分析开尔文元件的弹性系数 E_1，然后利用时效分量的过程值来反分析开尔文元件的黏滞系数 η_1，反演结果见表 4.4.1。

表 4.4.1　流变参数反演结果

材　料	坝体	2400.00m 以下坝基	2590.00～2560.00m 坝肩	2540.00～2500.00m 坝肩	G_4	F_{18}	F_{73}	F_{120}
开尔文模型弹性系数/GPa	28.332①	78.436①	1.5	5.4410①	1.0	1.449①	1.0	1.5
开尔文模型黏性系数/(10^4GPa·d)	4.7660①	5.3959①	4.0	4.2781①	5.4	2.9101①	3.0	4.0

① 反演值

4.4.2.3 反演参数的验证及异常位移解析

由反分析得到的黏弹性参数，计算在水压荷载（2545.00m 水位）＋自重

荷载作用下，坝体随时间的变形，拱冠梁的流变值见图 4.4.6～图 4.4.9。

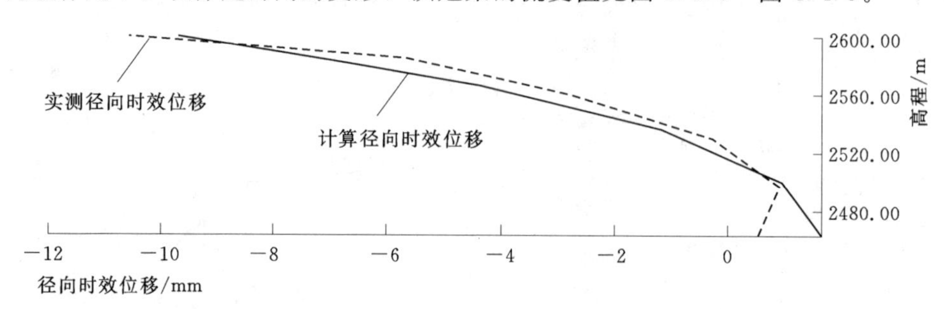

图 4.4.6　拱冠梁径向时效趋近位移挠曲线比较

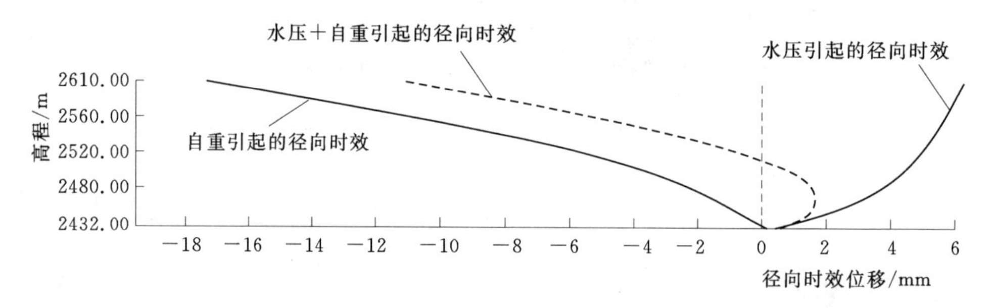

图 4.4.7　不同荷载组合下拱冠梁径向时效趋近位移挠曲线比较

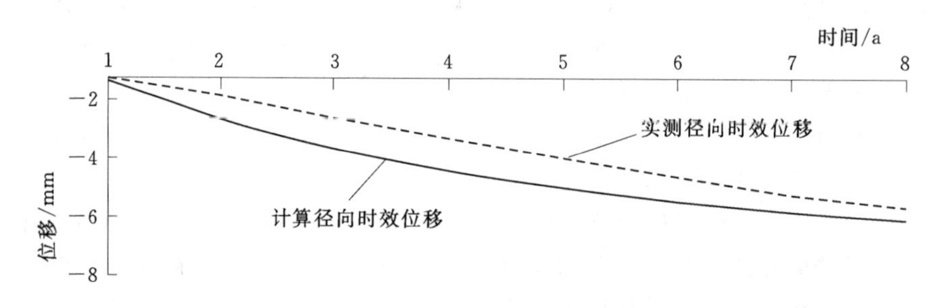

图 4.4.8　测点 PL3－5 流变过程线比较

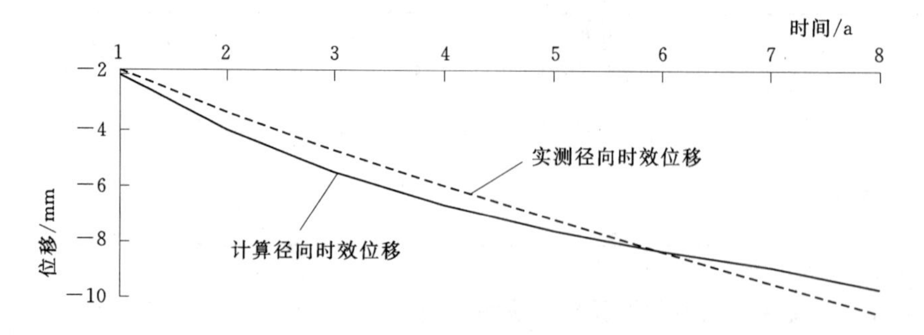

图 4.4.9　测点 PL3－6 流变过程线比较

（1）计算的时效趋近挠曲线值与实测的时效趋近挠曲线值规律相近，典型测点的计算流变过程线与实测流变过程线规律也较接近。由此可见，反分析的流变参数较合理。

（2）拱冠梁时效分量在2530.00～2610.00m向上游变形，其主要的原因是材料的黏滞系数较大，坝体自重荷载除引起瞬时变形外（在安装监测仪器时，已完成），还将引起时效变形，而这个变形过程需要较长时间（这个自重引起的时效变形累计在监测数据中）。因此，自重荷载引起的向上游的时效变形，使拱冠梁坝体在2530.00～2610.00m产生向上游的时效变形。另外，龙羊峡水库长期低水位运行，由拱梁分载可知，在坝顶将产生较大的反向荷载，这也是龙羊峡拱坝拱冠梁向上游变位的原因之一。

4.4.3 小结

基于大坝变形监测资料建立监控模型，利用分离出的水压分量和时效分量进行时变参数即黏弹性参数优化反演分析，建立了大坝和基岩黏弹性参数反演的三步法，得到以下结论：

（1）通过建立的大坝和基岩黏弹性参数反演三步法，逐步反演黏弹性参数，一定程度上降低了多参数反分析的不唯一性。

（2）结合黏弹性有限元程序开发了可变容差位移反分析程序，反演了龙羊峡重力拱坝参数较敏感的黏弹性参数。通过正反分析，从力学机理上解析了龙羊峡重力拱坝拱冠梁在2530.00～2610.00m高程的径向时效位移向上游变位的原因，其原因是坝体自重、坝体和基岩的黏滞系数较大以及长期低水位等。

4.5 不确定大坝计算参数的优化区间反演方法

水利、岩土工程问题中常存在着各种不确定性，引入不确定性数学工具来处理水利、岩土工程问题是研究发展的趋势。近年来，处理不确定性问题的方法主要有3种（苏静波等，2005）：①随机模型，以此为基础建立了比较完善的随机有限元理论，主要用来解决具有随机性的问题。②模糊模型，它是在美国著名控制论专家Zadeh提出的模糊集合的基础上发展起来的，利用模糊统计来研究不确定性，主要用来解决工程分析中的模糊性信息。③区间分析模型，它是自20世纪50年代末Moore提出区间算法的概念之后发展起来的，区间分析方法早期用来处理计算机内浮点算法，然而它在工程实际中有着广泛的存在背景。对不确定性问题采用什么理论进行处理往往取决于占有统计数据的多少和性质。当可以获得不确定性参数的概率统计密度函数时，此时可采用随机模型；当可以获得不确定性参数的隶属度时，此时可采用模糊模型；而区间分析模型可以在不确定性参数的概率统计密度或隶属度知之不全、甚至知之甚少以至于完全不知道的情况下，对具有不确定性参数的问题进行定量化，并计算出结构响应的区间范围。由于区间分析模型可以不需要知道不确定性参数的概率统计密度，所以也称非概率区间分析模型。

针对区间分析模型，国内外学者近年来陆续提出了一些区间有限元方法，如截断方法（吕震宙等，2002）、摄动方法（邱志平等，1999）、基于单元的区间法（杨晓伟等，2002）、组合方法（郭书祥等，2003）以及优化方法（刘世君，2003）等用于工程结构分析的求解。

目前工程上采用的反分析法一般都是确定性反分析方法。不确定性反分析可采用区间分析方法，由于它只需要较少的数据信息（上下界）就可以描述参数或量测信息的不确定性，比较符合客观实际，可为工程实际提供合理可行的区间反演分析模型。据此，本章研究区间参数摄动法和区间参数优化反分析法，并将区间参数优化反分析法应用于水利工程。

4.5.1　区间参数摄动法和优化反分析法基本原理

4.5.1.1　区间参数摄动法

考虑到不确定区间参数向量 $\boldsymbol{P}^I$ 在小范围变化，令

$$\boldsymbol{K}^c=\boldsymbol{K}(\boldsymbol{P}^c),\boldsymbol{K}_i'(\boldsymbol{P}^c)=\frac{\partial \boldsymbol{K}}{\partial P_i}\bigg|_{\boldsymbol{P}=\boldsymbol{P}^c},\boldsymbol{R}^c=\boldsymbol{R}(\boldsymbol{P}^c),\boldsymbol{R}_i'(\boldsymbol{P}^c)=\frac{\partial \boldsymbol{R}}{\partial P_i}\bigg|_{\boldsymbol{P}=\boldsymbol{P}^c}(i=1,2,\cdots,m) \tag{4.5.1}$$

式中：$\boldsymbol{K}^c$、$\boldsymbol{R}^c$ 分别为均值整体劲度矩阵和均值荷载列阵；$\boldsymbol{P}^c$ 为 $\boldsymbol{P}^I$ 的均值和区间离差；m 为区间参数个数。

将含有区间参数的劲度矩阵 $\boldsymbol{K}(\boldsymbol{P}^I)$ 和荷载列阵 $\boldsymbol{R}(\boldsymbol{P}^I)$ 在 $\boldsymbol{P}=\boldsymbol{P}^c$ 处进行泰勒展开，忽略高阶微量，可得

$$\boldsymbol{K}(\boldsymbol{P}^I)=\boldsymbol{K}^c+\sum_{i=1}^{m}\Delta P_i^I\cdot\boldsymbol{K}'_i(\boldsymbol{P}^c)=\boldsymbol{K}^c+\Delta\boldsymbol{K}^I \tag{4.5.2a}$$

$$\boldsymbol{R}(\boldsymbol{P}^I)=\boldsymbol{R}^c+\sum_{i=1}^{m}\Delta P_i^I\cdot\boldsymbol{R}'_i(\boldsymbol{P}^c)=\boldsymbol{R}^c+\Delta\boldsymbol{R}^I \tag{4.5.2b}$$

式中：$\Delta\boldsymbol{P}^I$ 为 $\boldsymbol{P}^I$ 的区间离差。

由区间有限元控制方程，有

$$(\boldsymbol{K}^c+\Delta\boldsymbol{K}^I)(\boldsymbol{u}^c+\Delta\boldsymbol{u}^I)=(\boldsymbol{R}^c+\Delta\boldsymbol{R}^I) \tag{4.5.3}$$

由线性方程的摄动法，有

$$\boldsymbol{u}^c=(\boldsymbol{K}^c)^{-1}\boldsymbol{R}^c \tag{4.5.4a}$$

$$\Delta\boldsymbol{u}^I=(\boldsymbol{K}^c)^{-1}\Delta\boldsymbol{R}^I-(\boldsymbol{K}^c)^{-1}\Delta\boldsymbol{K}^I\boldsymbol{u}^c=-(\boldsymbol{K}^c)^{-1}(\Delta\boldsymbol{K}^I\boldsymbol{u}^c-\Delta\boldsymbol{R}^I) \tag{4.5.4b}$$

将 $\Delta\boldsymbol{R}^I$、$\Delta\boldsymbol{K}^I$ 的表达式代入式（4.5.4b）可得

$$\Delta\boldsymbol{u}^{\mathrm{I}}=-(\boldsymbol{K}^c)^{-1}(\Delta\boldsymbol{K}^I\boldsymbol{u}^c-\Delta\boldsymbol{R}^I)$$

$$=-(\boldsymbol{K}^c)^{-1}\left[\sum_{i=1}^{m}\Delta P_i^I\boldsymbol{K}'_i(\boldsymbol{P}^c)\boldsymbol{u}^c-\sum_{i=1}^{m}\Delta P_i^I\boldsymbol{R}'_i(\boldsymbol{P}^c)\right] \tag{4.5.5a}$$

$$\Delta\boldsymbol{u}=\sum_{i=1}^{m}\Delta P_i\cdot|(\boldsymbol{K}^c)^{-1}\boldsymbol{K}'_i(\boldsymbol{P}^c)\boldsymbol{u}^c|+\sum_{i=1}^{m}\Delta P_i\cdot|(\boldsymbol{K}^c)^{-1}\boldsymbol{R}'_i(\boldsymbol{P}^c)| \tag{4.5.5b}$$

于是结构静力位移的上下界分别为

$$\underline{\boldsymbol{u}}=\boldsymbol{u}^c-\Delta\boldsymbol{u},\quad \overline{\boldsymbol{u}}=\boldsymbol{u}^c+\Delta u$$

式中：$\underline{\boldsymbol{u}}$、$\overline{\boldsymbol{u}}$、$\boldsymbol{u}^c$ 和 $\Delta\boldsymbol{u}$ 分别为位移区间下界、上界、均值和离差。

由线性方程的摄动法可知，当区间变量的变化范围较大时，有时不能满足摄动法的收敛条件，此时，可采用子区间法（刘世君，2003）进行处理。

4.5.1.2 区间参数摄动优化反分析法

设待反演的力学参数向量为 $\boldsymbol{P}$，由弹性模量 E 和泊松比 μ 组成，考虑到力学参数的不确定性，记它们的最大和最小值组成的区间向量为 $\boldsymbol{P}_0^I$。

在实际工程中，由设计工程师和地质工程师根据勘探和试验资料进行综合判断分析，可以得到待求力学参数较为宽松的上下界，以保证问题的解与实际的物理意义和地质勘探资料等先验信息相符合，即

$$\underline{E_P}\leqslant E\leqslant\overline{E_P},\ \underline{\mu_P}\leqslant\mu\leqslant\overline{\mu_P}$$

用区间向量表示为 $\boldsymbol{P}_p^I$，下标 p 表示反演参数宽松的先验信息。显然，有

$$\boldsymbol{P}_0^I\subseteq\boldsymbol{P}_p^I$$

考虑到测点变形的随机不定性和观测精度引起的测量误差，以及有时在监测位移的各类分析模型中，由于影响因子的相关性（吴中如，2003），如年调节水库的水位、温度和时效之间相关等，采用统计模型和确定性模型分离的分量不准确，而是一个可能的区间。设结构在荷载作用下，测点的位移区间为

$$\underline{u_i}\leqslant u_i\leqslant\overline{u_i}\qquad(i=1,2,\cdots,n)$$

式中：$\underline{u_i}$，$\overline{u_i}$为由量测信息确定的第 i 个测点变形的上下界；n 为测点个数。

令量测所得的测点变形的区间向量为 $\boldsymbol{u}_m^I$。

区间反分析计算模型为满足如下约束条件，求 $\boldsymbol{P}_0^I$

$$\text{s.t.}\qquad \boldsymbol{K}^I(\boldsymbol{P}^I)\boldsymbol{u}^I=\boldsymbol{R}^I$$

$$\boldsymbol{P}^I\subseteq\boldsymbol{P}_p^I,\ \underline{u_i}\leqslant u_i\leqslant\overline{u_i}\qquad(i=1,2,\cdots,n) \tag{4.5.6}$$

式中含有区间参数线性方程组，可采用区间参数摄动法按以下步骤求 $\boldsymbol{P}_0^I$，即：①由量测所得的测点变形区间向量 $\boldsymbol{u}_m^I$，得到量测测点变形均值 $\boldsymbol{u}^c$ 和离差 $\boldsymbol{u}^r$。据式（4.5.4a），采用确定性优化反分析方法，得到待反演的不确定性区间力学参数的均值 $\boldsymbol{P}_0^c$。②根据式（4.5.5b），采用确定性优化反分析方法反求出各个待反演的不确定性区间力学参数的离差 $\Delta\boldsymbol{P}_0$。

上述步骤②与刘世君（2003）的研究略为不同，刘世君（2003）反求某个力学参数的离差时，令其余力学参数的偏差为零，这种做法无理论依据，且反求得到的离差偏大。本章拟同时反求得到各力学参数的离差。

4.5.1.3　区间参数单调性优化反分析法

1. 端点组合—单调性法

设 P_1，P_2，…，P_m 为 m 个除荷载外的结构不确定参数，均为区间变量。所有不确定参数的取值区域 $\boldsymbol{D_P}$ 为 m 维空间的凸多面体。在线弹性有限元分析时，各结点位移所在区间的边界一般可在结构区间变量参数所在区域 $\boldsymbol{D_P}$ 的顶点上取得。因而，区间有限元静力控制方程位移解的界限可通过所有区间变量参数的上下边界的组合来求得。m 个区间变量上、下边界的组合共有 2^m 种。对较大的 m，直接组合计算的工作量很大。在实际问题中，易于判断结点位移随不确定参数的增减函数关系。假设位移 u_i 为不确定参数 $\boldsymbol{P}$ 的单调函数，不妨设为 P_1，P_2，…，P_k 的增函数和 P_{k+1}，P_{k+2}，…，P_m 的减函数，则在求解 u_i^l，u_i^u 时，只需考虑关于 $\boldsymbol{P}$ 的两种组合：

$$\left.\begin{aligned}\boldsymbol{K}(P_1^u,P_2^u,\cdots,P_k^u,P_{k+1}^l,P_{k+2}^l,\cdots,P_m^l)\boldsymbol{u}=\boldsymbol{R}\\\boldsymbol{K}(P_1^l,P_2^l,\cdots,P_k^l,P_{k+1}^u,P_{k+2}^u,\cdots,P_m^u)\boldsymbol{u}=\boldsymbol{R}\end{aligned}\right\}\tag{4.5.7}$$

此时，劲度矩阵 $\boldsymbol{K}$ 已成为确定性矩阵。仅需要两次有限元控制方程的求解就可以得出原问题的解区间 $\underline{\boldsymbol{u}}\leqslant\boldsymbol{u}\leqslant\overline{\boldsymbol{u}}$，这样可大大减少计算工作量。结点位移对各个参数的单调性分析可采用下式来判断：

$$\frac{\partial\boldsymbol{u}}{\partial P_i}=(\boldsymbol{K}^c)^{-1}\left(\frac{\partial\boldsymbol{R}}{\partial P_i}\Big|_{\boldsymbol{P}=\boldsymbol{P}^c}-\frac{\partial\boldsymbol{K}}{\partial P_i}\Big|_{\boldsymbol{P}=\boldsymbol{P}^c}\boldsymbol{u}^c\right)\qquad(i=1,2,\cdots,m)\tag{4.5.8}$$

显然，对于复杂的工程问题，位移列阵对材料参数的单调性难以得到满足。这样不能保证通过式（4.5.7）的计算就能得到所有测点的位移上下限。

2. 单调性优化反分析法

由于在工程结构中，存在一些测点的位移为待反分析材料参数的增函数或减函数，可以利用这些测点的位移上下限来反演得到材料参数的上下限。例如，选择那些点位移为待反分析材料参数的增函数的点作为测点，通过测量获得这些测点的变形上下限值，然后利用这些测点的上限位移值来反演材料参数的上限值，利用这些测点的下限位移值来反演材料参数的下限值。反演得到的材料参数的上下限值可近似作为结构模型的不确定参数的区间。这样可以较方便地获得结构模型的材料参数区间。同样的，可选择那些点位移为待求材料参数的减函数的点作为测点，来反演材料参数的区间。

4.5.2　不确定参数优化反演

按上述原理，采用 Visual Fortran 语言，基于可变容差优化反分析法

(万耀青，1983)，编制了平面应变问题的区间有限元反演分析程序。首先优化反演不确定参数的均值，接着在反演不确定参数的离差时，只需要在程序中调用一次有限元正分析程序采用优化出的参数均值来计算均值位移[式(4.5.4a)]，再对均值整体劲度矩阵求逆[式(4.5.5b)]，即可得到 $|(\boldsymbol{K}^c)^{-1}\boldsymbol{R}_i'(\boldsymbol{P}^c)|+|(\boldsymbol{K}^c)^{-1}\boldsymbol{K}_i'(\boldsymbol{P}^c)\boldsymbol{u}^c|(i=1,2,\cdots,m)$，然后采用可变容差优化反分析法优化出最优的不确定参数的离差。

当测点位移区间较大时，可按上述反分析步骤采用位移子区间组合反演。

4.5.3 工程算例

某重力坝，坝高 60m，坝底宽 40m，见图 4.5.1。荷载仅考虑上游水压力，水位 50.00m，下游无水。设坝体材料参数和坝基材料参数为区间变量：$E_c^I=[18,22]$GPa，泊松比 $\mu_c=0.167$；$E_r^I=[16.2,19.8]$GPa，泊松比 $\mu_r=0.33$。

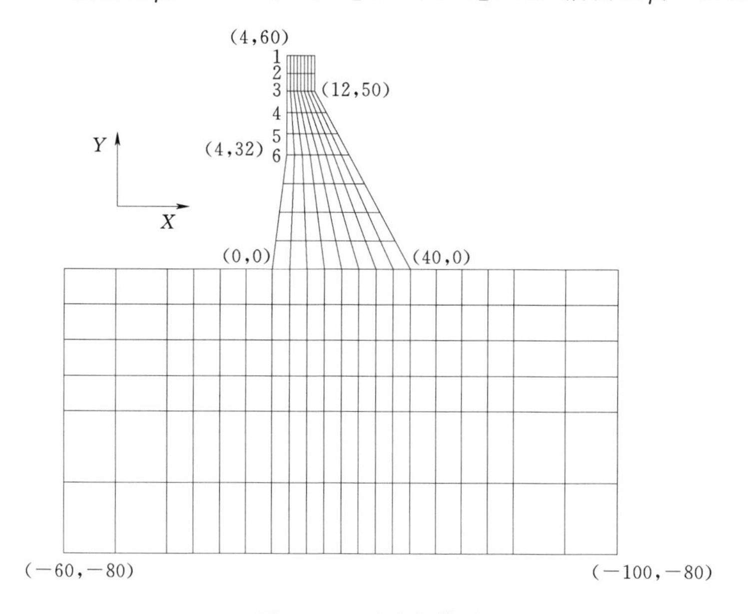

图 4.5.1 重力坝模型

(1)按端点组合法进行计算，模型有 2 个不确定性参数，共有 4 种端点组合，坝体测点的位移区间见表 4.5.1 和表 4.5.2。

表 4.5.1 **上游面测点水平位移** 单位：mm

测　　点	1	2	3	4	5	6
$E_c=18$GPa，$E_r=16.2$GPa	4.80358	4.46327	4.12382	3.72501	3.32244	2.92027
$E_c=18$GPa，$E_r=19.8$GPa	4.56789	4.23504	3.90303	3.51317	3.11953	2.72633

续表

测　　点	1	2	3	4	5	6
E_c=22GPa，E_r=16.2GPa	4.16143	3.87585	3.59097	3.25611	2.91817	2.58053
E_c=22GPa，E_r=19.8GPa	3.93020	3.65177	3.37403	3.04774	2.71836	2.38931
$\overline{u}$	4.80358	4.46327	4.12382	3.72501	3.32244	2.92027
$\underline{u}$	3.93020	3.65177	3.37403	3.04774	2.71836	2.38931
u^c	4.36689	4.05752	3.74893	3.38638	3.02040	2.65479
Δu	0.43669	0.40575	0.37490	0.33864	0.30204	0.26548

表 4.5.2　　上游面测点垂直位移　　单位：mm

测　　点	1	2	3	4	5	6
E_c=18GPa，E_r=16.2GPa	0.47180	0.47176	0.47060	0.46557	0.44987	0.40252
E_c=18GPa，E_r=19.8GPa	0.52050	0.52046	0.51930	0.51427	0.49856	0.45119
E_c=22GPa，E_r=16.2GPa	0.33642	0.33639	0.33544	0.33132	0.31848	0.27977
E_c=22GPa，E_r=19.8GPa	0.38602	0.38599	0.38504	0.38092	0.36807	0.32933
$\overline{u}$	0.52050	0.52046	0.51930	0.51427	0.49856	0.45119
$\underline{u}$	0.33642	0.33639	0.33544	0.33132	0.31848	0.27977
u^c	0.42846	0.42843	0.42737	0.42280	0.40852	0.36548
Δu	0.09204	0.09204	0.09193	0.09147	0.09004	0.08571

（2）由表4.5.1中的测点x向位移均值，采用可变容差法反演得到不确定性参数的均值，反分析时，可变容差法以边长$d=1$构造初始单纯形，给定收敛精度$\varepsilon=0.001$，反演结果为$E_c^c=19.799$GPa，$E_r^c=17.822$GPa。如果仅采用表4.5.2中y向的位移均值反演的结果为$E_c^c=29.997$GPa，$E_r^c=29.278$GPa。如果采用x和y向的位移均值一起反演的结果为$E_c^c=19.802$GPa，$E_r^c=17.814$GPa。由反演结果可见，在水压荷载作用下的y向位移不完全反映结构的变形，其较水平位移低一个数量级，所以不能反演出结构的合理弹性模量。

（3）由表4.5.1中的测点的x向位移离差，采用可变容差法，利用式（4.5.5b）来反演不确定性参数的离差，反演结果为$\Delta E_c=1.9801$GPa，$\Delta E_r=1.7806$GPa。于是可得到不确定性参数的区间为$E_c^I=[17.8189,21.779]$GPa；$E_r^I=[16.0414,19.603]$GPa。

（4）利用式（4.5.8）来判断测点位移对材料参数的单调性，见表4.5.3和表4.5.4。

表 4.5.3　　测点 x 向位移与参数的单调性关系

测点	1	2	3	4	5	6
E_c	↓	↓	↓	↓	↓	↓
E_r	↓	↓	↓	↓	↓	↓

注　↓表示减函数；↑表示增函数。

表 4.5.4　　测点 y 向位移与参数的单调性关系

测点	1	2	3	4	5	6
E_c	↓	↓	↓	↓	↓	↓
E_r	↑	↑	↑	↑	↑	↑

注　↓表示减函数；↑表示增函数。

(5) 由表4.5.3和表4.5.4的测点位移与参数的单调性可见，测点的 x 向位移对材料参数为单调减函数，可利用测点的 x 向位移的上限值来反演材料参数的下限值，测点 x 向的下限值来反演材料参数的上限值，反演结果为 $\overline{E_c}=21.994\text{GPa}$，$\overline{E_r}=19.812\text{GPa}$；$\overline{E_c}=17.995\text{GPa}$，$\overline{E_r}=16.211\text{GPa}$。于是可以得到参数的区间为 $E_c^I=[17.995, 21.994]\text{GPa}$；$E_r^I=[16.211, 19.812]\text{GPa}$。

由上述反演的结果可见，两种方法的反演结果均是令人满意的。

4.5.4 小结

将区间参数优化反分析法应用于水利工程，通过分析得到以下结论：

(1) 提出了区间参数单调性优化反分析法，可利用工程结构中那些测点的位移为待反分析材料参数的增函数或减函数的测点位移上下限，来反演得到不确定性材料参数的上下限。工程算例分析表明，区间参数摄动优化反分析法和区间参数单调性优化反分析法都能得到令人满意的参数区间。

(2) 由于实际工程问题的复杂性，位移对材料参数的单调性难以全部得到满足；但在工程结构中，存在一些测点的位移为待反分析材料参数的增函数或减函数，可选取这些满足待反分析材料参数单调性的测点位移上下限采用区间参数单调性优化反分析法来反演得到不确定性参数的上下限。如果不存在测点位移为待反分析材料参数的增函数或减函数，则采用其他有效的区间参数优化反分析法反演。另外，对于实际工程中的多参数问题，有时需要先进行参数敏感性分析，选取那些较敏感的参数，并分析其单调性，然后采取相应的区间参数优化反分析法。

第5章　施工期混凝土坝不确定性的反馈方法

5.1 概　　述

由于室内试验的局限性，通过室内试验求得的混凝土热力学性能，与真实情况难免有一定的出入；当在混凝土坝的施工期和运行期中取得了一些实测温度值和实测应力应变值时，通过反分析可以推算混凝土的热力学性能，其数值更接近于真实值。关于热力学参数的反演，朱伯芳（2003）给出了运行期混凝土坝导温系数、表面放热系数和绝热温升等热学参数的反分析方法；吴中如（2003）给出了热膨胀系数和运行期混凝土坝导温系数等热力学参数的反分析方法；近年来，基于优化算法及仿生算法进行热力学参数反演分析也有大量的报道。笔者无意对这些热力学参数反演方法进行总结，主要介绍笔者本人关于热力学参数反演反馈的一些拓展研究内容。为此，本章首先研究基于施工期实测温度反馈混凝土热扩散率、太阳辐射热；接着基于实测温度反馈高拱坝已灌区温度回升；然后结合实测温度反馈高拱坝非线性温度，以及基于矩法反馈高拱坝实际温度荷载。

5.2 施工期混凝土热扩散率反演方法

进行混凝土坝温度场仿真分析时，热扩散率是一个重要的热学参数，目前一般采用距离混凝土坝体表面0.8m范围内不同深度处的实测温度进行反演，并且假设大坝混凝土处于初始影响消失以后的准稳定温度场状态，混凝土温度仅受环境气温影响。但是施工期的大坝混凝土除受环境气温影响外，还存在水泥水化热温升和冷却水管通水降温等影响，因此，当采用距混凝土坝体表面不同距离的施工期实测温度进行热扩散率反演时，如果仍然采用准稳定温度场状态下的热扩散率反演计算公式，反演的精度和稳定性难免不高。笔者通过建立施工期混凝土浇筑仓表面小尺度温度统计模型，分离出环境温度分量，然后结合准稳定温度场的热传导方程的理论解析解，进行热扩散率反演。

5.2.1 大坝混凝土热扩散率反演方法

5.2.1.1 准稳定温度场的一维热传导方程

混凝土与空气接触时，应按第三类边界条件计算，假设环境气温作正弦变化，准稳定温度场的一维热传导方程的理论解析解（朱伯芳，2003）为

$$T(x,\tau)=A_0 e^{-x\sqrt{\pi/aP}}\sin\left[\frac{2\pi\tau}{P}-\left(x\sqrt{\frac{\pi}{aP}}+M\right)\right]=A_0 e^{-x\sqrt{\pi/aP}}\sin\left[\frac{2\pi}{P}(\tau-\tau_0)\right] \tag{5.2.1}$$

其中

$$A_0=A\left(1+\frac{2\lambda}{\beta}\sqrt{\frac{\pi}{aP}}+\frac{2\pi\lambda^2}{aP\beta^2}\right)^{-1/2} \tag{5.2.2}$$

$$M=\arctan\left(\frac{1}{1+\frac{\beta}{\lambda}\sqrt{\frac{aP}{\pi}}}\right) \tag{5.2.3}$$

式中：T 为距混凝土表面深度为 x 处在时刻 τ 的温度；τ 为时间；A 为环境气温变幅；A_0 为混凝土表面温度变幅；P 为环境气温变化周期；M 为混凝土表面温度变化的相位差；x 为距混凝土表面的深度；λ 为混凝土导热系数；β 为混凝土表面放热系数；a 为混凝土热扩散率；π 为圆周率；τ_0 为滞后时间。

5.2.1.2 混凝土浇筑仓表面小尺度温度统计模型

对施工期混凝土的温度变化规律进行分析，距离混凝土浇筑仓表面不同深度处的实测温度信息包含环境气温、水泥水化热温升、通水冷却降温及随机误差等因素。为了保证热扩散率的反演精度，应从实测温度中分离出环境气温引起的温度分量（简称环境温度分量），然后基于准稳定温度场的计算公式进行热扩散率反演。由于环境气温以天为单位作周期性变化，考虑到实测温度存在时间滞后影响，以某时刻 τ 的实测环境气温和 $\tau-\tau_0$ 时刻的实测环境气温作为环境温度因子，两个指数函数累加起来考虑水泥水化热温升和通水冷却的影响，初始温度则由常数项来表示，不另选因子，建立的距混凝土浇筑仓表面深度为 x 处的小尺度施工期温度统计模型为

$$T(\tau)=b_0+b_1T_r+b_2T_{r\tau_0}+b_3(1-e^{-A\tau/24})+b_4(1-e^{-B\tau/24}) \tag{5.2.4}$$

式中：τ 为时间；b_0 为常数项；$b_1\sim b_4$ 分别为回归系数；T_r 为 τ 时刻对应的实测环境气温；$T_{r\tau_0}$ 为 $\tau-\tau_0$ 时刻对应的实测环境气温；A 和 B 为回归常数，根据回归经验，取 $A=0.318$，$B=0.295$。

结合距混凝土浇筑仓表面深度为 x 处的实测温度，由式（5.2.1）计算获得该深度处的温度相对环境气温的滞后时间 τ_0，然后获得 τ 和 $\tau-\tau_0$ 时刻对应的实测环境气温，再根据式（5.2.4），采用逐步回归分析法，回归获得小尺度温度统计模型表达式中的各系数，于是分离出环境温度分量。

5.2.1.3　基于环境温度分量的大坝混凝土热扩散率反演

如果在混凝土浇筑仓表面0.8m范围内埋设温度计进行温度监测，由于大坝顺河向和横河向的尺寸均远大于0.8m，因此在垂直于混凝土浇筑仓表面方向，可以假设为一维热传导问题。根据上述原理，首先建立浇筑仓表面0.8m范围内的小尺度温度统计模型，消除水化热温升及水管冷却影响，分离出环境温度分量，然后结合初始影响消失以后的准稳定温度场一维热传导方程来反演热扩散率，目前主要有以下两种方法：

(1) 混凝土与空气接触时，按第三类温度边界条件计算。假设环境气温作正弦变化，准稳定温度场的热传导方程获得的理论解析解由式（5.2.1）计算。由于混凝土表面温度日变幅A_0是A、a、λ和β等的函数，因此热扩散率的反演计算公式为

$$a=\frac{\pi}{P}\left[\frac{x_1-x_2}{\ln(A_{x_2}/A_{x_1})}\right]^2 \tag{5.2.5}$$

式中：A_{x_1}和A_{x_2}分别为距混凝土浇筑仓表面深度为x_1和x_2处的实测温度日变幅。

(2) 混凝土与空气接触时，按第一类温度边界条件计算。假设环境气温作正弦变化，按第一类边界条件计算，由准稳定温度场的一维热传导方程得到距混凝土浇筑仓表面深度为x处的温度日变幅为

$$A_x=Ae^{-x\sqrt{\pi/aP}} \tag{5.2.6}$$

从而热扩散率反演计算公式为

$$a=\frac{\pi}{P}\left[\frac{x}{\ln(A/A_x)}\right]^2 \tag{5.2.7}$$

由于混凝土与空气接触时，本质上为第三类边界条件，当按第一类边界条件计算时，直接采用式（5.2.7）进行混凝土热扩散率反演，反演精度较差。吴中如（2003）认为通过在真实边界增加虚厚度d，可以将第三类温度边界条件近似处理为第一类边界条件，此时式（5.2.6）变为

$$A_x=Ae^{-(x+d)\sqrt{\pi/aP}} \tag{5.2.8}$$

对式（5.2.8）求自然对数后得到直线方程，然后结合距混凝土浇筑仓表面不同深度x处的实测温度日变幅，由最小二乘法推导出热扩散率a和虚厚度d。

5.2.2　实例应用

5.2.2.1　监测方案及监测结果

西南某建设中的混凝土坝工程，在脱离基础约束区，混凝土浇筑仓厚度为3m，分6个坯层浇筑，在浇筑仓第1坯层和第4坯层顶部布置冷却水管

通水冷却。为监测高温季节浇筑仓顶部受环境气温和太阳辐射的影响，在距离混凝土浇筑仓表面 0.1m、0.2m、0.4m、0.6m 处分别布置了 4 层测温光纤，其埋设布置见图 5.2.1。分布式光纤测温主机以 2h 的采集频率自动采集温度数据，从而获得太阳辐射和环境气温等对表层混凝土温度影响。在 2010 年 6 月底至 7 月初期间，距混凝土浇筑仓表面不同深度处的分布式光纤测温和大坝坝址处气象站所测的环境气温，见图 5.2.2。由图 5.2.2 可见，环境气温对浇筑仓表层混凝土的影响十分明显，但影响深度约在距混凝土表面 0.5m 的范围内，距离混凝土浇筑仓表面的深度越浅，混凝土温度的日变化幅度越大。

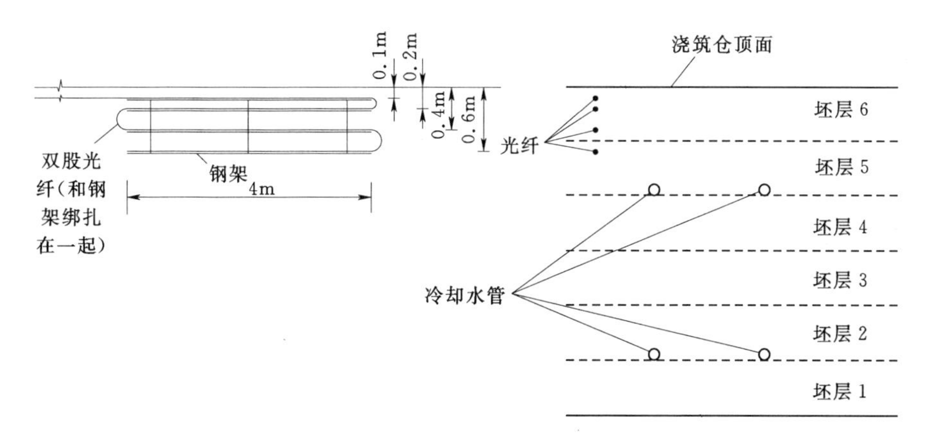

图 5.2.1　测温光纤埋设布置示意图

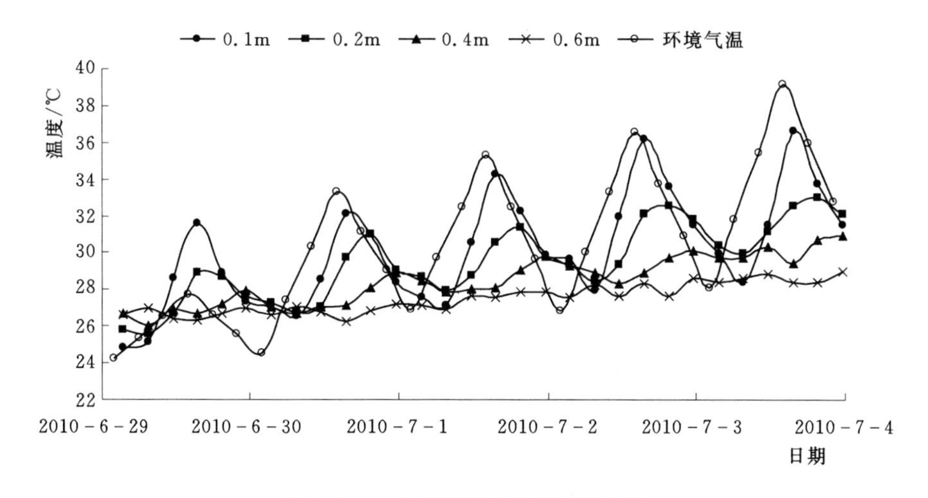

图 5.2.2　光纤测温和坝址环境气温

5.2.2.2 建立小尺度温度统计模型

根据距混凝土浇筑仓表面0.1m、0.2m、0.4m、0.6m处的实测温度，建立小尺度温度统计模型，并采用逐步回归分析法确定小尺度温度统计模型中的各回归系数（表5.2.1），分离出的环境温度分量见图5.2.3。

表5.2.1 小尺度温度统计模型回归系数

距混凝土浇筑仓表面深度/m	b_0	b_1	b_2	b_3	b_4	复相关系数
0.1	9.7603	0.6698	0	0	0	0.876
0.2	16.761	0	0.3828	0	2.4839	0.957
0.4	22.908	0	0.1433	−53.128	58.386	0.968
0.6	26.615	0	0	−77.042	82.603	0.935

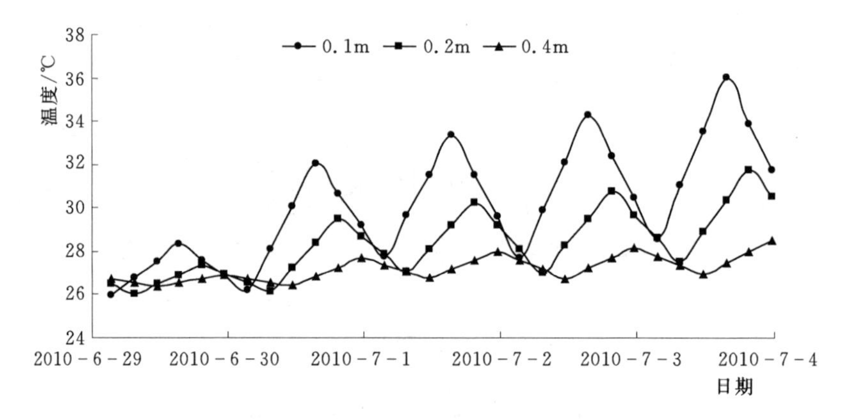

图5.2.3 分离出的环境温度分量

由表5.2.1和图5.2.3可知：①统计模型的复相关系数较高，这说明本章建立的混凝土浇筑仓表面小尺度温度统计模型是可行的。②距混凝土浇筑仓表面0.1m处，实测温度主要受环境气温影响，水泥水化热和通水冷却影响很小；距混凝土浇筑仓表面0.2m和0.4m处，实测温度既受环境气温影响，也受水泥水化热和通水冷却影响；而距混凝土浇筑仓表面0.6m处，实测温度主要受水泥水化热和通水冷却影响，受日变化的环境气温影响很小，近似等于零。

5.2.2.3 大坝混凝土热扩散率反演

在2010年7月1—2日，距混凝土浇筑仓表面不同深度处的温度变幅规律较好，且这两天的温度日变幅均为8.5℃，选取这两个典型日的温度进行反演分析。距混凝土浇筑仓表面不同深度处的实测温度日变幅和环境气温日变幅见表5.2.2。由表5.2.2可知，在这两个典型日分离出来的环境温度分量在不同

深度处的日变幅相同。分别采用式（5.2.5）、式（5.2.7）和式（5.2.8）进行热扩散率反演。由于本实例工程所在纬度约为28°，朱伯芳（2003）对太阳辐射的研究表明，纬度为30°处，太阳辐射引起周围空气温度增加4.5～9.59℃，考虑到浇筑仓表面在间歇期间进行了定期洒水养护，将日最高环境气温提高5℃以考虑太阳辐射的影响。利用不同热扩散率反演计算公式的反演结果见表5.2.3。

表5.2.2　　典型日的温度日变幅

距混凝土浇筑仓表面不同深度/m	温度日变幅/℃	
	A_x	A
0.1	5.69	13.50
0.2	3.25	13.50
0.4	1.22	13.50

表5.2.3　　不同热扩散率反演计算公式的反演结果

计算公式	计算条件	热扩散率/(m^2/h)	平均热扩散率/(m^2/h)	虚厚度/cm
式（5.2.5）	x_1=0.1m，x_2=0.2m	0.004173	0.004865	
	x_1=0.2m，x_2=0.4m	0.005454		
	x_1=0.1m，x_2=0.4m	0.004968		
式（5.2.7）	x=0.1m	0.001753	0.002653	
	x=0.2m	0.002582		
	x=0.4m	0.003624		
式（5.2.8）	环境气温日变幅为13.5℃		0.005034	7.34
	环境气温日变幅为12.5℃		0.005034	5.83
	环境气温日变幅为11.5℃		0.005034	4.19

由反演结果可知：①式（5.2.5）和式（5.2.8）反演的热扩散率比较接近，即混凝土与空气接触时，既可以按第三类边界条件进行计算，也可以按第一类边界条件进行计算，但按第一类边界条件进行计算时，需要在真实边界外延一个虚厚度，然后采用最小二乘法获得直线方程。公式（5.2.7）在按第一类边界条件进行计算时没有考虑虚厚度，反演的热扩散率偏小。②将日最高环境气温提高3℃、4℃、5℃来考虑太阳辐射的影响，计算得到的热扩散率均为a=0.005034m^2/h，但在真实边界外延的虚厚度分别为4.19cm、5.83cm、7.34cm。

笔者还直接采用实测温度进行了热扩散率反演，分析表明反演结果差异较大。如采用式（5.2.5）反演的结果为 $0.002175 \sim 0.009873m^2/h$，虽然式（5.2.8）采用最小二乘法获得直线方程的系数，进而求得热扩散率，但反演结果仍然差异较大，为 $0.004478 \sim 0.005640m^2/h$。

5.2.3　小结

（1）以某时刻 τ 的实测环境气温和 $\tau-\tau_0$ 时刻的实测环境气温作为环境温度因子，两个指数函数累加来考虑水化热温升和通水冷却的影响，初始温度则由常数项来表示，不另选因子，建立了施工期混凝土浇筑仓表面小尺度温度统计模型。

（2）根据建立的施工期混凝土浇筑仓表面小尺度温度统计模型，消除水泥水化热、通水冷却和随机因素等影响，分离出环境温度分量，然后结合初始影响消失以后的准稳定温度场一维热传导方程来反演热扩散率。

（3）当混凝土与空气接触时，可以按第三类边界条件进行计算，也可以按第一类边界条件进行计算，但按第一类边界条件进行计算时，需要将真实边界外延一个虚厚度。将提出的施工期混凝土热扩散率反演方法应用于实际工程，计算结果表明，反演结果稳定可靠本章提出的方法是可行的。

5.3　施工期太阳辐射热反馈方法

太阳辐射的热量到达物体表面以后，一部分被反射，另一部分被吸收。吸收系数与表面粗糙度有关，而且太阳辐射能随着建筑物的方位、纬度及季节的不同而不同。工程实践表明，混凝土建筑物的温度场受日照的影响很大。迄今国内外一些学者对太阳辐射热开展了较多的研究。朱伯芳（1999，2003）系统提出了考虑太阳辐射的大体积混凝土表面温度场的计算方法，同时提出了太阳辐射热的反演分析法。Elnahls（1997）等给出了综合热交换系数与对流热交换系数、辐射热交换系数之间的关系式。冯立生等（2001）结合龙滩水电站的地理位置和气象特征，分析计算了太阳辐射热的有关参数以及太阳辐射热引起气温增量对碾压混凝土施工产生的影响。张建荣等（2006）从热平衡的基本方程出发，提出了混凝土表面太阳辐射吸收系数的测试方法。常晓林等（2006）对施工期考虑日照影响与不考虑日照影响两种情况进行温度场仿真计算，并且将仿真计算结果与实测温度值进行了比较，得出了施工期日照对混凝土温度场影响很大的结论。黄达海等（2007）对太阳辐射下碾压混凝土仓面温度进行了仿真计算。宋志文等（2010）结合正方形试验板试验数据对其混凝土表面太阳辐射吸收系数等热工参数进行了反演计算。唐囡等（2011）建立了混凝土屋面结构体系在太阳辐射作用下的时变温度效应分析方法。但目前基于混凝土建筑

物现场实测温度进行太阳辐射热反馈的报道较少，为此，笔者结合西南某建设中的混凝土坝工程，对典型浇筑仓表面温度分布进行监测，然后反馈监测期间的日平均太阳辐射热，以指导现场混凝土温控。

5.3.1 太阳辐射热反馈基本原理

5.3.1.1 混凝土浇筑仓日照影响估算

设单位时间内在单位面积上，晴天的太阳辐射热为 S_0，阴天的太阳辐射热 S 为

$$S=S_0(1-kn) \tag{5.3.1}$$

式中：S 为阴天太阳辐射热；S_0 为晴天太阳辐射热，与季节和纬度有关；n 为云量；k 为系数，该系数与纬度有关。

设太阳辐射来的热量 S，其中被混凝土吸收的部分为 R，剩余被反射部分为 $S-R$，于是有

$$R=\alpha_s S \tag{5.3.2}$$

式中：α_s 为吸收系数，或称黑度系数，混凝土表面的 $\alpha_s \approx 0.65$。

考虑日照后的边界条件为

$$-\lambda \frac{\partial T}{\partial n}=\beta(T-T_a)-R \tag{5.3.3}$$

或

$$-\lambda \frac{\partial T}{\partial n}=\beta\left[T-\left(T_a+\frac{R}{\beta}\right)\right] \tag{5.3.4}$$

式中：λ 为导热系数；β 为表面放热系数。

比较式（5.3.3）和式（5.3.4），可见日照的影响相当于周围空气的温度增高了

$$\Delta T_a=R/\beta \tag{5.3.5}$$

现假设太阳辐射热在一天之内的分布规律满足余弦分布

$$S_{0\tau}=\begin{cases} A_s\cos\left(\dfrac{\pi\tau}{P_s}\right) & (-P_s/2\leqslant\tau\leqslant P_s/2) \\ 0 & (|\tau|>P_s/2) \end{cases} \tag{5.3.6}$$

积分后可知

$$A_s/S_0=12\pi/P_s \tag{5.3.7}$$

式中：A_s 为一天中晴天太阳辐射热峰值；$S_{0\tau}$ 为 τ 时刻晴天太阳辐射热；S_0 为晴天太阳辐射热平均值；P_s 为日照时间。

其中，日照时间 P_s 与季节、纬度有关；对于北纬 30°的地区，在春分、秋分时，日照时间 P_s 为 12h，在冬至时，P_s 为 10h，在夏至时，P_s 为 14h。

由式（5.3.5）～式（5.3.7）及式（5.3.1）和式（5.3.2），容易得到

$$\Delta T_{a\tau}=\begin{cases}\dfrac{R_s}{\beta}\cos\left(\dfrac{\pi\tau}{P_s}\right) & (-P_s/2\leqslant\tau\leqslant P_s/2)\\ 0 & (|\tau|>P_s/2)\end{cases} \tag{5.3.8}$$

$$\begin{cases}R_s/R=12\pi/P_s\\ R_s=A_s(1-kn)\alpha_s\end{cases} \tag{5.3.9}$$

式中：R_τ 为 τ 时刻吸收的热量；R_s 为吸收热量的峰值；R 为一天内吸收热量的平均值；其余符号意义同前。

5.3.1.2　基于日平均温度的太阳辐射热反馈

设在混凝土浇筑仓顶面附近埋设了 3 支温度计 a、b、c，见图 5.3.1。由于太阳辐射热反馈的复杂性，采用日平均实测温度进行太阳辐射热的反馈。设在典型日 3 支温度计实测平均温度分别为 T_a、T_b、T_c，当日混凝土表面平均温度为 T_s，平均气温为 T_{a0}。把坐标原点放在温度计 a 上，设 x 点温度表示为 $T=T(x)$，则表面的温度为 $T_s=T(-a)$。

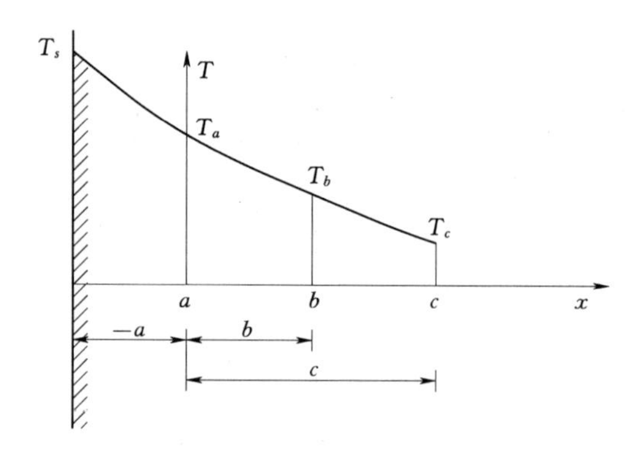

图 5.3.1　混凝土表面温度分布

设表面附近温度表示如下

$$T(x)=k_1+k_2x+k_3x^2 \tag{5.3.10}$$

当 $x=0$ 时，　$T=T_a=k_1$

当 $x=b$ 时，　$T=T_b=k_1+k_2b+k_3b^2$

当 $x=c$ 时，　$T=T_c=k_1+k_2c+k_3c^2$

联立上述 3 式可得

$$\begin{cases}k_1=T_a\\ k_2=\dfrac{c^2T_b-b^2T_c-(c^2-b^2)T_a}{bc(c-b)}\\ k_3=\dfrac{bT_c-cT_b+(c-b)T_a}{bc(c-b)}\end{cases} \tag{5.3.11}$$

由式（5.3.10）得到

$$\frac{\partial T}{\partial x}=k_2+2k_3x \tag{5.3.12}$$

在混凝土表面，$x=-a$ 时有

$$T_s=k_1-k_2a+k_3a^2 \tag{5.3.13}$$

$$\left(\frac{\partial T}{\partial x}\right)_s=k_2-2k_3a \tag{5.3.14}$$

由考虑日照后的边界条件式（5.3.3），有

$$R=\beta(T_s-T_{a0})-\lambda\frac{\partial T}{\partial x} \tag{5.3.15}$$

在反馈太阳辐射热时，对于表面放热系数 β，可根据无日照条件下的实测温度获得，或采用设计值；同样的，导热系数 λ 可根据实测温度获得，或采用设计值。

由式（5.3.15）获得日平均吸收辐射热 R 后，由式（5.3.5）可获得太阳辐射热引起的日平均气温增量，由式（5.3.8）和式（5.3.9）可获得太阳辐射热引起的气温增量峰值，以及由式（5.3.1）可获得当日空中的云量。

5.3.2 工程实例

5.3.2.1 监测方案及监测结果

西南某建设中的混凝土坝工程，在非基础约束区的混凝土浇筑仓厚度为 3m，分 6 个坯层浇筑，在浇筑仓第 1 坯层和第 4 坯层顶部布置塑料水管通水冷却。为监测高温季节浇筑仓表面受环境气温和太阳辐射热的影响，在距离浇筑仓顶面 0.1m、0.2m、0.4m、0.6m 处布置了 4 层测温光纤，光纤测温主机以 2h 的频率自动采集温度，监测方案同 5.2.2.1 节，见图 5.2.1，每层光纤长 4m，由于光纤上每个点的温度是以该点为中心左右一个区间内光纤温度的平均值，将光纤测温主机的空间分辨率和采样间隔均设置为 1m，即每层光纤至少可以获得 3 个可靠的温度值，由于每层光纤平行仓表面，即 3 个可靠的温度值理论上应十分接近。2010 年 6 月底至 7 月初期间，距浇筑仓表面不同深度的光纤测温和大坝坝址处的气象站所测的气温见图 5.2.2，图 5.2.2 中 0.1m 的光纤测温为距仓表面 0.1m 处 3 个可靠的光纤测温值的平均值，其余类同。由图 5.2.2 可见，环境气温和太阳辐射热对表层混凝土温度的影响十分明显，但影响深度约在距混凝土表面 0.5m 的范围内；由图 5.2.2 还可见，距浇筑仓表面不同深度处的温度一定程度滞后于环境气温，虽然实测温度规律性较好，但某些时刻的测值仍存在一定误差。

5.3.2.2 施工期混凝土浇筑仓表面实测温度分析

由于施工期混凝土浇筑仓表面不同深度处的实测温度信息中包含环境气温因素、水泥水化热温升及通水冷却因素、随机误差等。为保证反馈的精度，应从距混凝土浇筑仓表面不同深度处的实测温度中分离出环境气温因素引起的温度分量。对于距混凝土浇筑仓表面深度 x 处的实测温度，以实测环境气温和 τ_0 时刻前的实测环境气温作为环境温度因子，两个指数函数累加来考虑水化热温升和通水冷却的影响，初始温度则由常数项来表示，不另选因子，建立距浇筑仓表面深度为 x 处的小尺度施工期温度统计模型为式（5.2.4）。

不同深度 x 处温度相对环境温度滞后时间 τ_0 参考朱伯芳（2003）专著，设 $\lambda=184.9\text{kJ/(m}\cdot\text{d}\cdot℃)$，$\beta=1005\text{kJ/(m}^2\cdot\text{d}\cdot℃)$，$a=0.1\text{m}^2/\text{d}$，$P=1\text{d}$，由式（5.2.1），当 $x=0.0\text{m}$，滞后时间 $\tau_0=1.794\text{h}$；$x=0.1\text{m}$，滞后时间 $\tau_0=3.935\text{h}$；$x=0.2\text{m}$，滞后时间 $\tau_0=6.076\text{h}$；$x=0.4\text{m}$，滞后时间 $\tau_0=10.358\text{h}$。实际分析时，可结合实测资料系列的测量时间间隔，取相近小时数；A 和 B 为回归常数，根据回归经验，取 $A=0.318$，$B=0.295$。

按式（5.2.4）建立距表面 0.1m、0.2m、0.4m 处实测温度的小尺度温度统计模型，并采用逐步回归分析法确定统计模型中的各系数，见表 5.2.1，分离出的环境温度分量见图 5.2.3。

由图 5.2.3 和表 5.2.1 可见，距表面 0.1m 处，实测温度主要受环境气温影响，水泥水化热和通水冷却影响很小；距表面 0.2m 和 0.4m 处，实测温度既受环境气温影响，也受水泥水化热和通水冷却影响。

5.3.2.3 基于日平均温度的太阳辐射热反馈

由 5.3.2.2 节分离出环境温度分量，然后获得距浇筑仓表面不同深度处的日平均温度以及日平均气温，采用式（5.3.13）计算浇筑仓表面日平均温度，式（5.3.14）计算浇筑仓表面日平均温度梯度，然后采用式（5.3.15）反馈混凝土浇筑仓表面日平均吸收辐射热。在反馈时，混凝土导热系数 λ 和表面放热系数 β 取设计值，分别为 $7.704\text{kJ/(m}\cdot\text{h}\cdot℃)$ 和 $41.875\text{kJ/(m}^2\cdot\text{h}\cdot℃)$，由于实例分析工程所在纬度约 28°，参考朱伯芳（2003）专著，日照时间 P_s 取 14h，式（5.3.1）中的系数 k 取 0.68，反馈结果见表 5.3.1。表中，T_a、T_b、T_c 分别为距浇筑仓表面 0.1m、0.2m、0.4m 处日平均实测温度，T_{a0} 为日平均环境气温，T_s 为浇筑仓表面日平均温度，$(\partial T/\partial x)_s$ 为浇筑仓表面日平均温度梯度，R 为日平均吸收辐射热，R_s 为吸收辐射热峰值，R/β 为日平均气温增量，R_s/β 为气温增量峰值，S 为日平均计算太阳辐射热，S_0 为文献（朱伯芳，1999）给出的北纬 30°处 6 月晴天太阳辐射热理论平均值。

表 5.3.1　　太阳辐射热反馈表

日　期	T_c /℃	T_b /℃	T_a /℃	T_{a0} /℃	T_s /℃	$(\partial T/\partial x)_s$ /(℃/m)
2010-6-29	26.623	26.700	27.173	26.044	27.937	-9.082
2010-6-30	26.914	27.757	29.383	29.653	31.812	-28.305
2010-7-1	27.316	28.621	30.580	31.069	33.410	-32.652
2010-7-2	27.418	28.896	31.138	32.108	34.383	-37.457
2010-7-3	27.666	29.619	32.465	34.121	36.557	-47.147
日期	R /[kJ/(m^2·h)]	R_s /[kJ/(m^2·h)]	R/β /℃	R_s/β /℃	S /[kJ/(m^2·h)]	S_0 /[kJ/(m^2·h)]
2010-6-29	149.209	401.789	3.563	9.595	229.55	1366.50
2010-6-30	308.470	830.646	7.366	19.836	474.57	1366.50
2010-7-1	349.594	941.383	8.349	22.481	537.84	1366.50
2010-7-2	383.825	1033.561	9.166	24.682	590.50	1366.50
2010-7-3	465.218	1252.737	11.110	29.916	715.72	1366.50

(1) 太阳辐射热引起日平均气温增量与日平均气温成正比，日平均气温高，则太阳辐射热大，日平均气温低，太阳辐射热小，例如，在 2010 年 6 月 29 日，日平均气温 26.044℃，受太阳辐射影响，当日平均气温增量为 3.563℃；在 2010 年 7 月 3 日，日平均气温 34.121℃，受太阳辐射影响，当日平均气温增量为 11.110℃。同样的，太阳辐射热引起气温增量峰值与日平均气温成正比，例如，在 2010 年 7 月 3 日，受太阳辐射影响，当日气温增量峰值达到 29.916℃。由分析还可见，分析时段的吸收辐射热 R 与表面放热系数和导热系数成正比。

(2) 由日平均计算太阳辐射热 S 和晴天太阳辐射热理论平均值进一步反馈当日天空云量可知，在 2010 年 6 月 29 日，反馈云量 n 为 1.22，在 2010 年 7 月 3 日，反馈云量 n 为 0.700，该大坝坝址多年平均云量在 6 月为 8.4 成，在 7 月为 7.8 成，反馈值与多年平均值存在一定差异，尤其在 2010 年 6 月 29 日，反馈云量不符合实际情况，究其原因为在进行反馈时采用的是晴天太阳辐射热理论平均值，而当日实际太阳辐射热小于平均值，这与 2010 年 6 月 29 日这天的日平均气温较低（仅 26.044℃）是一致的。

(3) 综上可见，太阳辐射热引起日气温增量很大，在进行相关仿真分析时，必须要细致考虑太阳辐射的影响。

5.3.3 小结

(1) 结合西南某建设中的混凝土坝工程，实时在线监测高温季节浇筑仓表面受环境气温和太阳辐射热的影响。由于施工期混凝土浇筑仓表面不同深度处的实测温度信息中包含环境气温因素、水泥水化热温升及通水冷却因素、随机误差等。为保证反馈的精度，建立浇筑仓表面小尺度温度统计模型，分离出环境温度分量，然后基于环境温度分量反馈了监测期间的太阳辐射热。

(2) 太阳辐射热引起日平均气温增量与日平均气温成正比，日平均气温高，则太阳辐射热大，日平均气温低，太阳辐射热小。反馈分析表明，受太阳辐射影响，当日平均气温增量为 11.110℃，当日气温增量峰值达到 29.916℃。

5.4　施工期拱坝已灌区温度回升反馈

温度荷载是拱坝设计中的一项主要荷载。温度荷载由接缝灌浆封拱温度场、运行期年平均温度场、运行期年变化温度场 3 个特征温度场计算获得。其中，接缝灌浆封拱温度场为拱坝温度荷载的基准温度，直接影响拱坝的温升荷载和温降荷载。目前我国已建和在建的混凝土拱坝的高度已跃居世界首位。当前高拱坝的温控面临 3 个新特点（朱伯芳等，2010）：①底部太宽，同等冷却区高度条件下，上下层约束较强。②高掺粉煤灰，在不进行中期冷却的条件下，二期冷却降温幅度大。③冷却速率快，冷却温度低，不利于发挥混凝土的徐变效应。针对这些问题，朱伯芳（2009）提出了“小温差、早冷却、缓冷却”的温控设计思路，在坝段垂直向通过设置已灌区、灌浆区、同冷区、过渡区、盖重区和浇筑区来减小垂直向温度梯度以及控制冷却区高度等。高拱坝在混凝土龄期达到 120d 以上，且混凝土温度达到封拱温度时，进行接缝灌浆。近几年混凝土高拱坝的观测结果表明，通水冷却结束后，已经接缝灌浆区域（已灌区）的温度又出现大幅度回升。有的混凝土高拱坝甚至在龄期 180～360d 后，已灌区仍有 3～4℃的温度回升（张国新，2012）。这些温度回升的幅度之大，持续龄期之长，为工程建设单位所关注。由于粉煤灰的水化取决于水泥水化的次生物氧化钙（CaO），因此发热缓慢。当大坝混凝土进行中后期冷却时，混凝土龄期已经较大，虽然此时水泥水化热大部分释放完成，但高掺粉煤灰混凝土仍将持续较长时间的缓慢放热。因此，一些学者认为混凝土高掺粉煤灰后期缓慢放热是已灌区温度回升一个重要原因（张国新，2012）。笔者结合建设中的溪洛渡特高拱坝已灌区实测温度进行统计分析，认为当前高拱坝的封拱温度低于坝址年平均气温，而高拱坝由于规模巨大，采用边施工、边封拱的方式持续建设若干年后才开始蓄水，这样在高拱坝尚未蓄水时，不可避免地出现坝址年平均气温（温度高）向已灌区（温度低）进行缓慢温度倒灌的现象。以下基于混凝土天然冷却或回升理论对该温度倒灌现象进行解析。

5.4.1 混凝土的天然冷却或回升理论分析

对于已灌区混凝土块来说，在蓄水前，上下游为环境气温，此时可以近似简化为混凝土平板问题。考虑无限大混凝土平板，平板厚 L，x 为厚度方向，在 z 方向为无限大，见图 5.4.1。设混凝土初温为 T_0，环境气温按下式变化：

$$T_a = T_{am} - A_0 \cos \frac{2\pi}{P}(\tau + \tau_0) \tag{5.4.1}$$

式中：T_{am} 为外界平均气温；A_0 为外界气温变化幅度；P 为外界气温变化周期；τ 为时间；τ_0 为从外温最低点到浇筑混凝土板的时间；π 为圆周率。

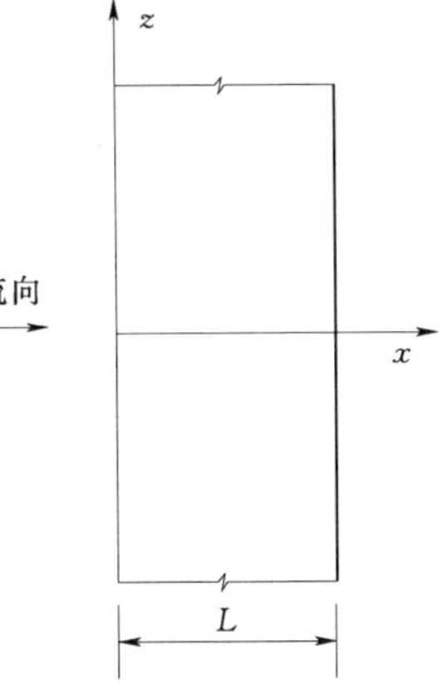

图 5.4.1 半无限大平板

采用一维热传导方程，按第一类边界条件计算，由叠加原理，得到该问题的平均温度为

$$T_m = T_{am} + (T_0 - T_{am})H(\tau) + A_0\left[-A'\cos\frac{2\pi}{P}(\tau+\tau_0) - B'\sin\frac{2\pi}{P}(\tau+\tau_0) + C'\cos\frac{2\pi}{P}\tau_0 + D'\sin\frac{2\pi}{P}\tau_0\right] \tag{5.4.2}$$

$$H(\tau) = \frac{8}{\pi^2}\sum_{n=1}^{\infty}\frac{1}{(2n-1)^2}e^{-(2n-1)^2\pi^2 a\tau/L^2} \tag{5.4.3}$$

式中：A' 和 B' 为不随时间衰减的级数累加式；C' 和 D' 为随时间衰减的级数累加式；a 为混凝土导温系数。

5.4.2 实例分析

溪洛渡特高拱坝，坝顶高程 610.00m，最大坝高 285.5m，大坝共分 31 个坝段，河床坝段坝基宽约 60m（不含贴脚），坝顶宽 14m。为了将施工期混凝土温度降低至封拱温度，根据拱坝混凝土温控防裂特点，分一期冷却、中期冷却、二期冷却等 3 个阶段进行混凝土冷却降温，以达到小温差、缓冷却的效果。与此同时，在坝段垂直向设置了已灌区、灌浆区、同冷区、过渡区、盖重区和浇筑区来减小垂直向温度梯度以及控制冷却区高度等。为了较好地进行通水冷却调控以及获得大坝混凝土的温度状态，在混凝土浇筑仓埋设了点式温度计，并且选取 2 个典型河床坝段和 2 个典型岸坡坝段埋设分布式光纤进行温度监测。

5.4.2.1　已灌区实测温度回升值统计分析

（1）选取典型河床坝段已灌区温度回升进行分析，为了挖掘已灌区温度回升的真实原因，采用以下3条原则对已灌区实测温度回升值进行筛选。

1）原则1：根据该特高拱坝应力和变形特征，河床坝段底部和顶部的混凝土强度等级为$C_{180}40$（记为大坝A区），坝体中间部位混凝土强度等级为$C_{180}35$（记为大坝B区），为此，对典型河床坝段已灌区混凝土进行大坝A区和B区混凝土分区。

2）原则2：由于廊道内气温受外界环境气温影响，而廊道内气温对廊道所在灌区混凝土温度存在影响，因此，剔除廊道穿过的已灌区。

3）原则3：选取规律良好的已灌区实测温度回升值。

（2）按上述3条原则，对已灌区实测温度回升值进行了统计分析。为节省篇幅，以下仅给出大坝B区已灌区15号-45～15号-56共12个典型浇筑仓温度回升过程线，见图5.4.2。

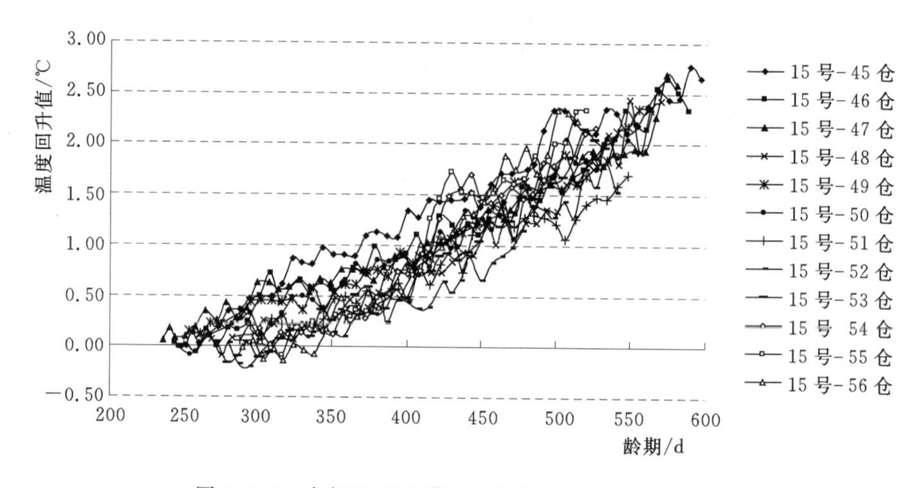

图5.4.2　大坝B区已灌区各浇筑仓温度回升过程线

（3）由实测温度统计分析可见：

1）由于该特高拱坝分缝分块柱状浇筑，同一灌区的各浇筑仓浇筑时间不一样，但在同一时间开始进行接缝灌浆，这导致该特高拱坝已灌区各浇筑仓接缝灌浆时对应的混凝土龄期不一样，即各浇筑仓温度回升的起始点不一样。

2）已灌区各浇筑仓温度回升不完全一样，且存在一定波动，究其原因为：①受现场复杂施工条件影响，该特高拱坝坝址各月的环境气温存在较大波动，且与多年月平均气温也存在差异。②已灌区各浇筑仓混凝土龄期不一样，且通水冷却时间也不一样。③现场通水冷却复杂，已灌区各浇筑仓在接缝灌浆封拱

时的温度与设计封拱温度存在1℃左右的差异。④已灌区各浇筑仓的温度测值受到的施工噪声干扰也不完全一样等。

3）总体来看，已灌区进行接缝灌浆后停止通水，已灌区温度仍然缓慢回升。例如，典型浇筑仓15号-45仓在龄期252.3d时，接缝灌浆后停止通水，在龄期432.3d时（停止通水180d），温度回升为1.45℃；在龄期522.3d时（停止通水270d），温度回升为2.11℃；在龄期596.3d时（停止通水344d），温度回升为2.66℃。典型浇筑仓15号-52仓在281.2d时，接缝灌浆后停止通水；在龄期461.2d时（停止通水180d），温度回升为0.89℃；在龄期540.2d时（停止通水259d），温度回升为1.53℃。从回升的趋势来看，各浇筑仓混凝土温度仍呈继续缓慢回升趋势。

5.4.2.2 溪洛渡拱坝已灌区温度天然回升理论分析

由上述分析可见，已灌区温度回升的问题较为复杂。相对于采用有限元等数值法而言，从理论上对该问题进行解析，所得结论应更具说服力。为此，以下基于混凝土天然冷却或回升理论对该温度回升现象进行解析。由于施工期的溪洛渡特高拱坝上下游均为围堰，即大坝混凝土上下游表面均暴露在环境气温中。为避免大坝产生表面裂缝，该拱坝在上下游表面拆除模板后及时粘贴保温苯板进行表面保温。对于表面裸露或粘贴了保温苯板的混凝土块，宜采用第3类温度边界条件进行分析。由于进行理论分析时，以第1类温度边界条件的处理最为简便。参考朱伯芳（2003）研究，自真实边界向外延拓虚厚度，将第3类温度边界条件近似作为第1类温度边界条件进行分析。此时，可直接采用上述天然冷却或回升理论。另外，为分析问题方便，以下着重对式（5.4.2）右边前2项进行分析，即考虑年平均气温对已灌区混凝土块的温度影响

$$T_m = T_{am} + (T_0 - T_{am})H(\tau) \tag{5.4.4}$$

设大坝顺河向宽L=40m或50m或60m，导温系数a=0.10 m²/d或0.08 m²/d，混凝土初温取封拱温度13℃。溪洛渡拱坝坝趾多年平均月气温见表5.4.1，式（5.4.4）中的外界气温取年平均气温19.7℃，其中，以接缝灌浆完成时刻作为时间τ的基准0时刻，由于$H(\tau)$为无穷级数，分析表明，当n=50时，可以获得良好的$H(\tau)$的计算精度。以封拱温度为基准时不同计算参数下混凝土温度过程线见图5.4.3，以封拱温度为基准时不同计算参数下典型时间混凝土温度天然回升值见表5.4.2。

表5.4.1　　溪洛渡拱坝坝趾多年平均月气温

月份	1	2	3	4	5	6	7	8	9	10	11	12	年平均
多年平均月温度/℃	10.6	12.4	16.2	21.1	23.9	25.8	27.1	27.1	23.9	19.6	17.0	12.2	19.7

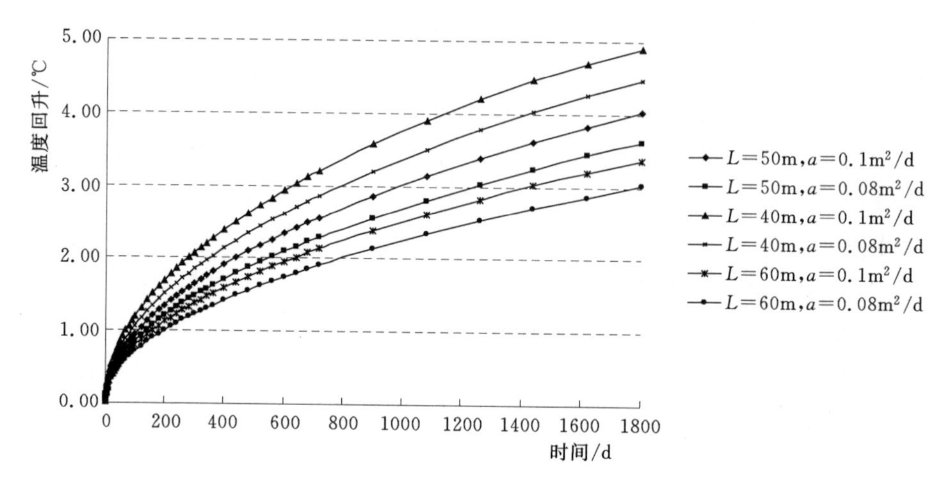

图 5.4.3 以封拱温度为基准时不同计算参数下混凝土温度天然回升过程线

表 5.4.2 以封拱温度为基准时不同计算参数下混凝土温度天然回升

时间/d	回升温度/℃					
	L=50m，a=0.1m^2/d	L=50m，a=0.08m^2/d	L=40m，a=0.1m^2/d	L=40m，a=0.08m^2/d	L=60m，a=0.1m^2/d	L=60m，a=0.08m^2/d
360	1.81	1.62	2.27	2.03	1.51	1.35
720	2.57	2.3	3.21	2.87	2.14	1.91
1080	3.14	2.81	3.91	3.51	2.62	2.34

（1）在大坝施工期，上游尚未蓄水，对于已经接缝灌浆的混凝土块，即使上下游表面粘贴保温苯板，由于混凝土块的温度和环境气温存在差异，混凝土块温度低，坝址年平均环境气温高，因此，环境气温不可避免地引起已灌区温度缓慢回升。

（2）假设混凝土块顺河向宽 50m，导温系数 a=0.10m^2/d，当混凝土浇筑块封拱温度为 13℃，上游尚未蓄水时，受外界环境气温（年平均气温 19.7℃）影响，当封拱完成 180d 时，温度回升 1.28℃；当封拱完成 270d 时，温度回升 1.57℃；当封拱完成 360d 时，温度回升 1.81℃；当封拱完成 720d 后，温度回升 2.57℃，最后混凝土浇筑块的温度趋于坝址年平均气温。

（3）对比实测温度回升值可见，由于本章分析的温度回升理论值仅是采用年平均气温计算获得，以及实测温度由于受现场复杂因素的影响，回升温度值存在一定的波动，这导致温度回升理论值与实测温度回升值存在一定的差异，但总体来说，已灌区温度回升理论值与实测温度回升值较为接近。综上可见，目前溪洛渡拱坝已灌区温度回升，主要原因应为外界环境气温向已灌区混凝土块的温度缓慢倒灌。

5.4.3 小结

（1）在大坝施工期，上游尚未蓄水，对于已经接缝灌浆的混凝土块，即使上下游表面粘贴保温苯板，由于混凝土块的温度和环境气温存在差异，而混凝土块温度低，坝址年平均环境气温高，因此，环境气温不可避免地引起已灌区温度缓慢回升。

（2）虽然采用年平均气温计算的温度回升理论值与实测温度回升值存在一定的差异，但总体来说，已灌区温度回升理论值与实测温度回升值较为接近。由此认为，目前溪洛渡拱坝已灌区温度回升，主要原因应为外界环境气温向已灌区混凝土块的温度缓慢倒灌。

5.5 重力拱坝温度荷载的局部等效反馈

如前所述，温度荷载是拱坝设计的主要荷载之一，它是大坝接缝灌浆后坝体的准稳定温度场与封拱时的温度场之间的温差产生的荷载。现有规范一般采用封拱温度、运行期年平均温度场和运行期变化温度场等3个特征温度场的线性等效温度来计算拱坝的温度荷载。由于混凝土为热的不良导体，将坝体内部非线性变化的温度分布近似等效为直线分布，常使应力的计算精度不高，尤其是混凝土重力拱坝的温度应力计算精度更差些。据此，本章针对混凝土重力拱坝，对现有规范上的温度荷载的计算考虑了坝体内部温度的非线性，通过对某重力拱坝的分析，得到一些有益的结论，现介绍如下。

5.5.1 拱坝温度荷载基本原理

在进行拱坝温度荷载分析时，采用如下假设：①拱坝已经灌浆封拱并形成准稳定温度场；②不计施工期的温度应力。

拱坝的温度场为时间的函数，从坝体灌浆到水库正常运行，坝体温度不断变化。目前，我国拱坝设计规范中的温度荷载采用下式计算（朱伯芳，1999）：

$$\left.\begin{aligned} T_m &= T_{m1} + T_{m2} - T_{m0} \\ T_d &= T_{d1} + T_{d2} - T_{d0} \end{aligned}\right\} \tag{5.5.1}$$

式中：T_m、T_d为拱坝的温度荷载；T_{m0}、T_{d0}为封拱温度场的平均温度和等效温差；T_{m1}、T_{d1}为运行期年平均温度场沿厚度的平均温度和等效温差；T_{m2}、T_{d2}为运行期变化温度场沿厚度的平均温度和等效温差。

由式（5.5.1）可见，拱坝的温度荷载包括两部分：一部分是初始温差，即坝体年平均温度与封拱温度之差$T_{m1}-T_{m0}$及$T_{d1}-T_{d0}$，它们是不随时间而变化的；另一部分是时变温差，即外界水温和气温的变化在坝体内所引起的温

度变化 T_{m2} 和 T_{d2}，这一时变温差是随着时间而作周期性变化的，夏季为温升，冬季为温降。

显然，坝体年平均温度与封拱温度之差（即初始温差）较为确定，截面温度可认为是线性变化；而时变温差沿截面为非线性变化，若采用某高程全截面力学作用的线性等效进行处理，对混凝土重力拱坝，难以反映坝体内部温度的非线性变化。

5.5.2 拱坝非线性温度分析

5.5.2.1 年变化温度对混凝土内部温度的影响

对气温作正弦变化时混凝土内部温度的变化规律进行分析，沿深度的温度变幅为（朱伯芳，1999）

$$T = A_0 e^{-x\sqrt{\pi/aP}} \tag{5.5.2}$$

其中
$$A_0 = A\left(1+\frac{2\lambda}{\beta}\sqrt{\frac{\pi}{aP}}+\frac{2\pi\lambda^2}{aP\beta^2}\right)^{-1/2}$$

式中：A_0 为混凝土表面温度变幅；A 为气温变幅；a 为导温系数（混凝土 $a\approx 0.1\text{m}^2/\text{d}$）；$P$ 为气温变化周期；λ 为导热系数；β 为放热系数；x 为距混凝土表面的深度。

当气温变化周期为一年（即 $P=365\text{d}$）时，$\lambda/\beta=0.10\text{m}$，$A_0=0.97A$；$\lambda/\beta=0.20\text{m}$，$A_0=0.94A$。因此，在实际分析时，当气温变化周期为一年，可假设气温的变化与混凝土表面的温度变化相同。

由式（5.5.2）可知，当温度变化周期为一年（365d）时，外界温度变幅 A 时，且 $\lambda/\beta=0.10\text{m}$，在深度为 7.85m 处，混凝土内部温度变幅衰减为 $0.10A$；在深度为 10.11m 处，混凝土内部温度变幅衰减为 $0.05A$；在深度为 15.60m 处，混凝土内部温度变幅衰减为 $0.01A$；由此可见，年变化温度幅度沿混凝土深度急剧衰减。例如，当外界温度变幅为 10℃时，在混凝土深度 10.21m 处，变化幅度仅为 0.5℃。

同理，在上游面，混凝土与水接触时可按第一类边界条件计算，外界温度的变化对坝体混凝土的影响深度也较浅。

由上述分析可见，可仅对外界气温变化影响较显著的区域的坝体混凝土温度进行等效，中间区域的温度假设无变化。

5.5.2.2 年变化温度荷载计算的改进

坝体某高程截面的时变温差变幅见图 5.5.1。

设下游面气温变幅为 A，混凝土下游表面温度变幅为 A_0，仅对外界气温变化影响较显著的局部区域的坝体混凝土温度进行等效，有

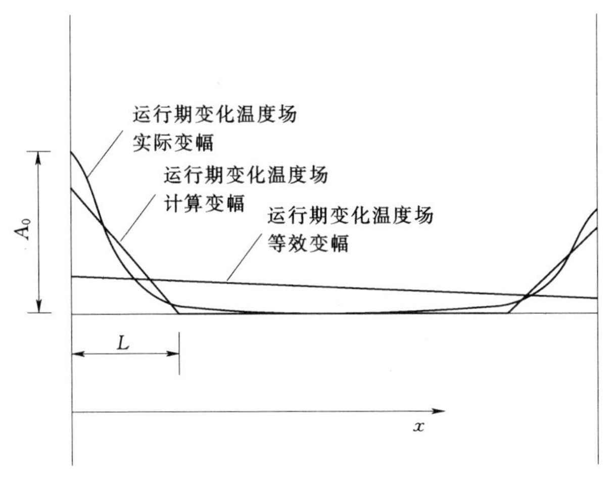

图 5.5.1　某高程截面的时变温差变幅示意图

$$\int_0^L A_0 \mathrm{e}^{-x\sqrt{\pi/aP}}\mathrm{d}x = \frac{1}{2}A^* L \qquad (5.5.3)$$

式中：A_0 为混凝土下游表面温度变幅；A^* 为局部区域等效温度；L 为局部区域截面长度；其他意义同前。

例如，当 $P=365$d 时，$A_0=13.3$℃，$L=7$m 时，$A^*=11.29$℃；$L=10$m 时，$A^*=8.58$℃；$L=15$m 时，$A^*=5.97$℃。本章经综合分析，以及考虑坝体内部温度计监测值变化规律，取 $L=10$m。同理，可对上游面局部区域混凝土进行处理。

5.5.2.3　考虑非线性变化温度的温度荷载分析

本章考虑重力拱坝坝内温度非线性变化的温度荷载分析按以下方式计算：

(1) 封拱温度场的平均温度 T_{m0} 和等效温差 T_{d0} 与拱坝设计规范相同，相应高程截面上下游的温度为 T_{eu0}、T_{ed0}。其中，$T_{eu0}=T_{m0}-T_{d0}/2$，$T_{ed0}=T_{m0}+T_{d0}/2$。

(2) 运行期年平均温度场沿厚度的平均温度 T_{m1} 和等效温差 T_{d1} 与拱坝设计规范相同，相应高程截面上下游的温度为 T_{eu1}、T_{ed1}。其中，$T_{eu1}=T_{m1}-T_{d1}/2$，$T_{ed1}=T_{m1}+T_{d1}/2$。

(3) 运行期变化温度场在上、下游面施加局部等效的温度变幅 A_{eu}^*、A_{ed}^*（冬季取负值，夏季取正值），除表面局部区域外，坝体中间大部分区域的温度变幅假设为零。

为了较好地进行局部区域力学作用线性温度等效，要求在平行坝体表面 L（取 $L=10$m）区域处剖分一层网格，另外，由于该局部区域温度梯度以及应力梯度较大，为了获得较好的应力计算精度，需要再细剖一层及以上；而坝体截面中间区域温度梯度和应力梯度较小，可以使用较粗的网格；在计算坝体中

间区域的温度荷载时，直接由运行期年平均温度场与封拱温度场之差作为该处的温度荷载。

5.5.3　工程实例

我国西北某重力拱坝坝高 178m、顶宽 15m，最大低厚 80m，主坝长 396m，校核水位为 2607.00m，正常高水位 2600.00m，坝顶高程 2610.00m，坝后式厂房（下游面高程 2500.00m 以下）。

（1）该坝区气温年变化见表 5.5.1。

表 5.5.1　　气温统计　　单位：℃

坝区	1 月	2 月	3 月	4 月	5 月	6 月	7 月	8 月	9 月	10 月	11 月	12 月	年平均	年变幅
某重力拱坝（西北）	−8.3	−3.6	3.0	9.2	12.8	15.9	18.3	17.8	13.7	6.4	−1.8	−7.9	6.3	13.3

（2）上游表面年平均水温

$$T_s = T'_{am} + \Delta b = 10.1(℃)$$

式中：T'_{am} 为修正年平均气温；Δb 为温度增量。

（3）考虑到该水库的库水大部分为高原冰雪融水，库底年平均水温 T_b 取 5℃。

（4）上游表面水温年变幅

$$A_0 = \frac{1}{2}T_7 + \Delta a = 10.65(℃)$$

式中：T_7 为 7 月平均气温；Δa 为日照影响。

（5）封拱温度，由于该坝施工封拱过程复杂，吴中如（2003）取 7℃，即 $T_{m0}=7℃$，$T_{d0}=0℃$。

（6）有限元网格：剖分有限元网格时，在平行坝体上下游表面 10m 左右区域处剖分一层，并对下游面局部区域细剖 4 层，上游面局部区域细剖 2 层，以较充分反映该区域较高应力梯度的变化，见图 5.5.2。

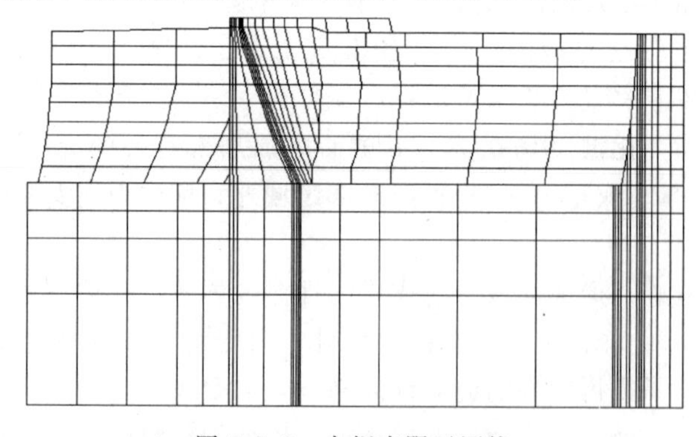

图 5.5.2　大坝有限元网格

（7）计算荷载：正常高水位＋整体自重＋温度荷载（温降）。

（8）计算工况：工况 1，温度荷载采用拱坝设计规范的方法；工况 2，温度荷载采用本章提出的局部区域温度等效的方法。

表 5.5.2　　运行期变化温度场不同计算方法的上下游面温度变化

温度/℃ \ 高程/m	2610.00	2600.00	2580.00	2560.00	2540.00	2520.00	2500.00
T_{eu2}	−13.30	−4.40	0.27	0.96	1.11	1.10	1.05
T_{ed2}	−13.30	−4.40	−4.10	−3.50	−3.01	−2.63	−2.33
A_{eu}^{*}	−13.30	−6.87	−4.80	−3.35	−2.33	−1.63	−1.14
A_{ed}^{*}	−13.30	−8.58	−8.58	−8.58	−8.58	−8.58	−8.58

注　表中数据为温降，上游为正常高水位，$T_{eu2}=T_{m2}-T_{d2}/2$，$T_{ed2}=T_{m2}+T_{d2}/2$，其中，T_{m2}、T_{d2}分别为拱坝规范中运行期变化温度场的平均温度和等效温度。

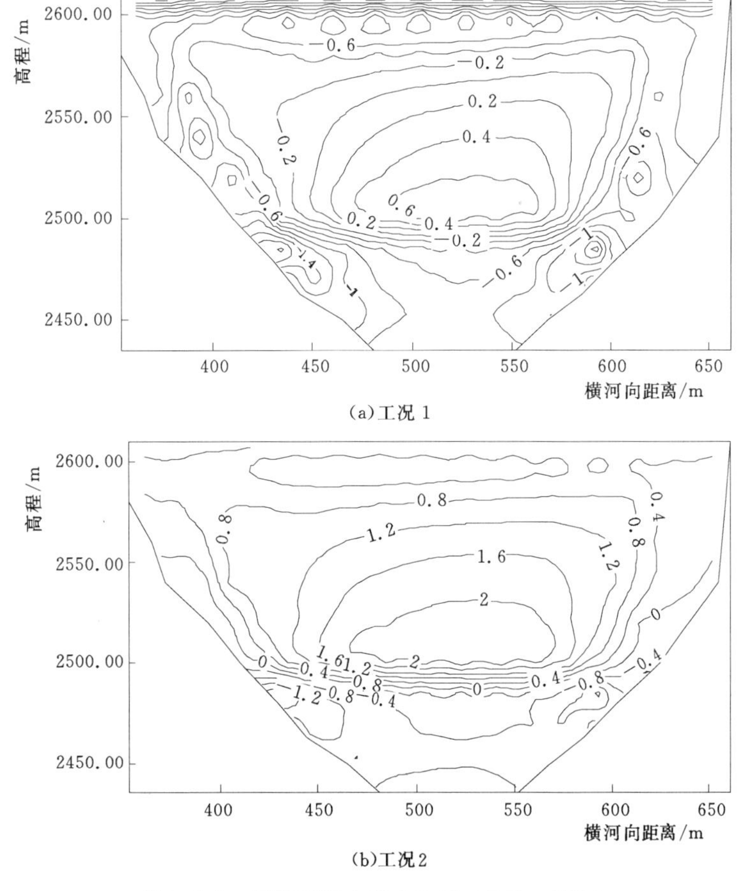

图 5.5.3　下游面拱向应力比较（单位：MPa）

两种不同计算方法计算的运行期变化温度场对应的上下游面温度变化见表5.5.2；下游面拱向和梁向应力见图5.5.3和图5.5.4；高程2540.00m截面应力分布见图5.5.5；拱冠梁径向挠曲线见图5.5.6。应力以拉为正，径向位移以向下游为正，反之为负。

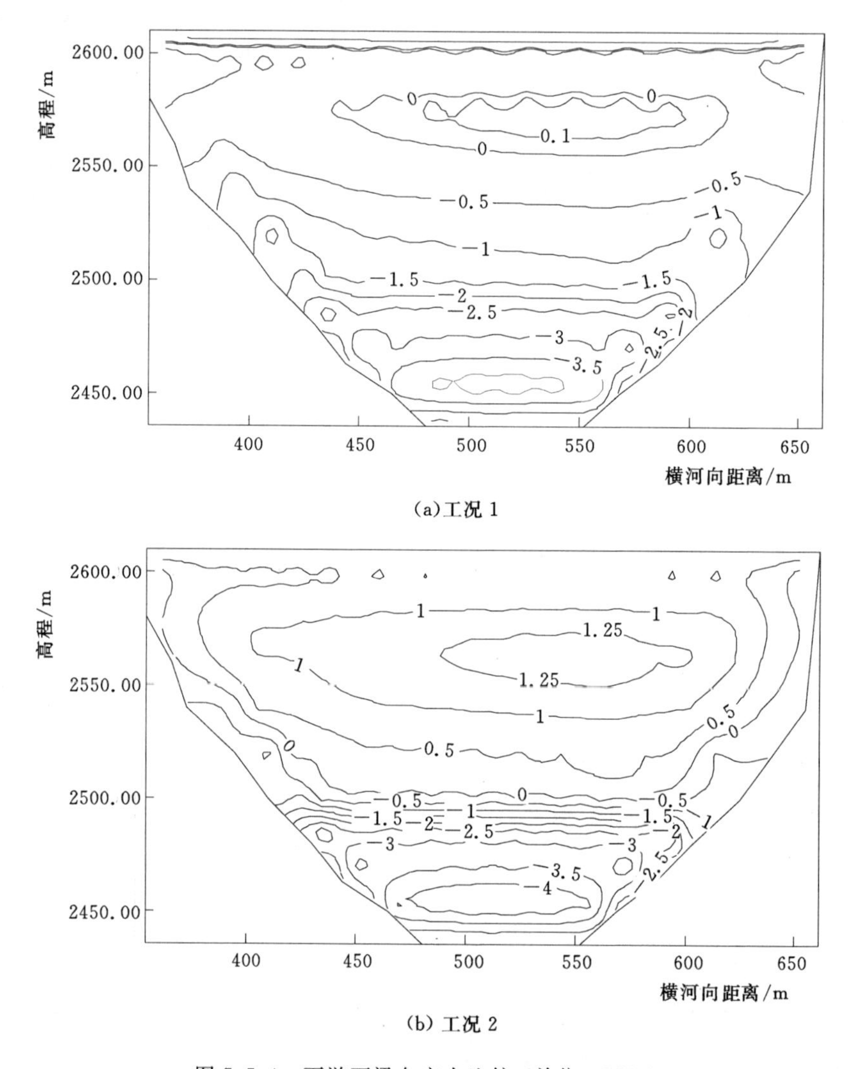

图5.5.4　下游面梁向应力比较（单位：MPa）

(1) 不同方式计算的运行期变化温度场在上下游面的温度变化较大，例如，工况1的全截面温度线性等效后，在下游面2560.00m高程处，温度为−3.50℃；工况2的局部温度线性等效，温度为−8.58℃。

(2) 下游面的拱向拉应力和梁向拉应力有较大的增长，例如：除拱端外的

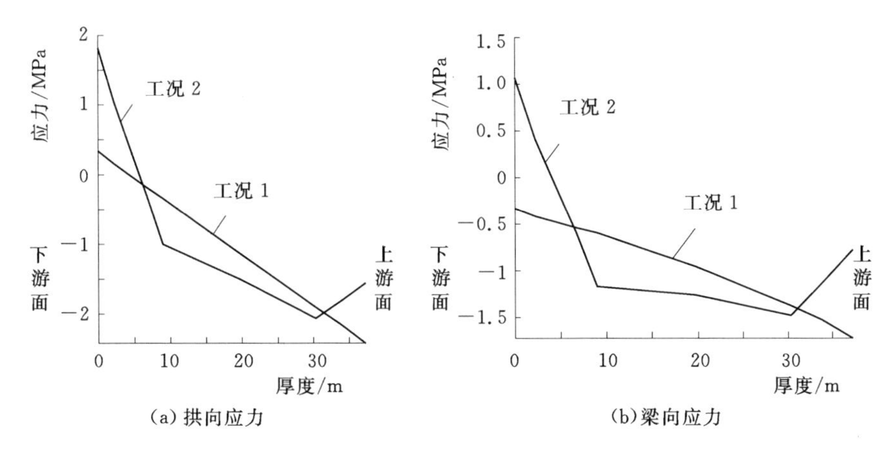

图 5.5.5 高程 2540.00m 截面应力分布

最大拱向拉应力由工况 1 的 0.718MPa 增大到工况 2 的 2.273MPa；最大梁向拉应力由工况 1 的 0.153MPa 增大到工况 2 的 1.310MPa 。

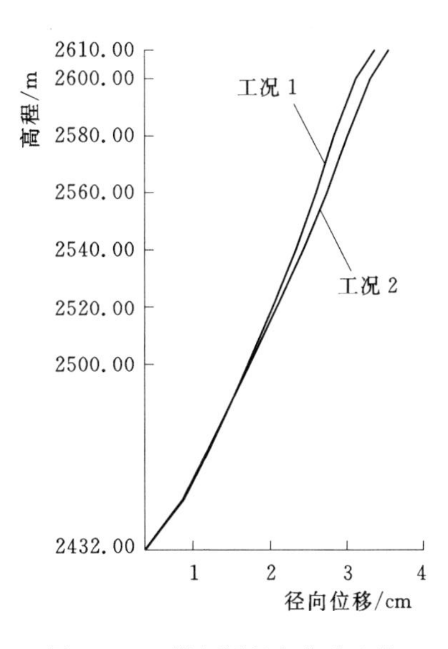

图 5.5.6 拱冠梁径向位移比较

(3) 上游面的拱向压应力和梁向压应力有所减小。例如：工况 1 的最大拱向压应力为 2.947MPa，工况 2 的最大拱向压应力减小为 2.281MPa；工况 1 的梁向压应力为 1.728MPa，工况 2 的梁向压应力减小为 0.851MPa。

(4) 由图 5.5.5 可见，由于截面的温度等效方式不同，截面上的应力分布不同，但全截面的力学作用接近相等。

(5) 两种工况计算的拱冠梁径向位移较接近，如工况 1 的最大径向位移为 3.367cm，工况 2 的最大径向位移为 3.553cm。这说明采用不同的等效方式，由于温度引起全截面的力学作用接近相等，所以对坝体的变形影响较小。

5.5.4 小结

针对目前拱坝规范中温度荷载不能较好地考虑重力拱坝内部温度的非线性变化，对年变化温度荷载的计算进行了改进，并对西北某重力拱坝进行比较分析，得到以下结论：

(1) 由外界气温变化对混凝土内部温度影响的理论分析及坝体温度计测值

的综合考虑，认为外界气温变化仅对坝体表面较浅区域的混凝土温度影响较显著，而坝体内部区域的温度受外界气温变幅的影响很小。

(2) 对重力拱坝，仅对外界气温变化影响较显著的距坝体外表面10m左右区域的混凝土温度进行等效处理，中间区域的温度假设无变化，这可在一定程度上考虑坝体内部温度的非线性变化。

(3) 采用本章提出的考虑重力拱坝坝内温度非线性变化的温度荷载方法计算的应力较拱坝设计规范中温度荷载计算的应力，在下游面拉应力有较大增大，由规范法计算的拱向拉应力0.718MPa和梁向拉应力0.153MPa分别增大到本章计算的2.273MPa和1.310MPa，而上游面压应力有所减小，由规范法计算的拱向压应力2.947 MPa和梁向压应力1.728 MPa分别减小到本章计算的拱向压应力2.281MPa和梁向压应力0.851MPa。

(4) 本章计算坝体的变形与规范法计算的变形较接近。这说明采用不同的等效方式，由于温度引起全截面的力学作用接近相等，所以对坝体的变形影响较小，但截面上的应力分布不同。

(5) 坝体自重按施工过程分析以及施工期温度应力对坝体运行期应力的影响等有待进一步的研究。

5.6 高拱坝实际温度荷载的矩法反馈

由5.5节可知，温度荷载是拱坝的主要设计荷载之一，它是拱坝接缝灌浆后坝体的准稳定温度场与封拱时的温度场之间的温差产生的荷载。由于拱坝的温度场为时间的函数，从坝体灌浆到水库正常运行，坝内温度不断变化。现有规范一般采用封拱温度、运行期年平均温度场和运行期变化温度场等3个特征温度场的全截面线性等效温度来计算拱坝的温度荷载。由于等效线性温度并非真实温度，而是虚拟温度，虽然在直线法假设下，其力学作用与真实温度等效，但忽略不计的非线性温度变化是引起坝体表面裂缝的重要原因。

由于拱坝温度荷载与封拱温度、环境气温、库水水温等关系密切，实际温度荷载难免与设计温度荷载存在一定差异。基于拱坝实测温度反馈温度荷载是一个重要的研究课题。目前一般采用点式温度计进行混凝土坝温度监测，例如，《混凝土坝安全监测技术规范》(DL/T 5178—2003) 9.2.10条款指出“在拱坝监测坝段，根据坝高不同可布设3～7个监测断面。在断面和中心断面的每一条交线上可布置3～5个测点。”显然，由于传统点式温度计监测的信息量少，导致难以进行合理有效的拱坝温度荷载反馈。例如吴中如等(2003)基于实测温度对拱坝温度荷载中的平均温度进行了反馈，并与美国垦务局公式(截面平均温度经验公式)进行了对比。吴中如等(2003)采用的实测温度仅

为测温断面若干支点式温度计测值，由于实测温度信息少，这在一定程度上影响实际温度荷载反馈的精度。分布式光纤具有线监测和实时在线监测的优势，只要把分布式光纤埋设在混凝土浇筑仓内，即可快速、连续地监测光纤传感网络沿程的温度值，这样采用分布式光纤测温可以直观、方便地获得坝体灌浆到水库正常运行顺河向温度分布值。目前，分布式光纤测温系统在三峡、百色、小湾、光照、溪洛渡等水利水电工程中得到应用。为此，以下介绍结合分布式光纤测温，基于矩法进行高拱坝实际温度荷载反馈。

5.6.1 基于矩法的实际温度荷载反馈原理

5.6.1.1 矩法原理

矩法同伽辽金法相似，属于加权余量的一种。矩法（杨强等，2006）采用一个完备的函数集作为权函数，一般取权函数为 1，x，x^2，x^3，…，假设 $f(x)$为任意函数，则 $f(x)$ 的各阶矩为

$$\begin{cases} M_0 = \int 1 f(x)\mathrm{d}x \\ M_1 = \int x f(x)\mathrm{d}x \\ M_2 = \int x^2 f(x)\mathrm{d}x \\ \vdots \qquad \vdots \end{cases} \tag{5.6.1}$$

其中，M_0，M_1，M_2，…可看作是函数 $f(x)$ 的零阶矩、一阶矩、二阶矩以及高阶矩。

矩法可以进行函数的多项式逼近，设 $f(x)$ 的拟合多项式函数为

$$\overline{f}(x)=a_0+a_1x+a_2x^2+a_3x^3+\cdots \tag{5.6.2}$$

式中：a_0，a_1，a_2，a_3，…为待定系数。

设余量 $R(x)=f(x)-\overline{f}(x)$，则余量的加权积分为

$$\begin{cases} \int 1R(x)\mathrm{d}x = 0 \\ \int xR(x)\mathrm{d}x = 0 \\ \int x^2R(x)\mathrm{d}x = 0 \\ \vdots \end{cases} \Leftrightarrow \begin{cases} M_0 = \int 1 f(x)\mathrm{d}x = \int 1\,\overline{f}(x)\mathrm{d}x \\ M_1 = \int x f(x)\mathrm{d}x = \int x\,\overline{f}(x)\mathrm{d}x \\ M_2 = \int x^2 f(x)\mathrm{d}x = \int x^2\,\overline{f}(x)\mathrm{d}x \\ \vdots \qquad \vdots \qquad \vdots \end{cases} \tag{5.6.3}$$

5.6.1.2 分布式光纤顺河向实测温度相应的各阶矩的计算

基于分布式测温光纤获得的典型水平截面的顺河向温度分布见图 5.6.1。将分布式光纤顺河向实测温度沿 x 轴分成若干段 Δx_1，Δx_2，…，Δx_n，由式(5.6.1)，基于实测温度计算获得 0 阶矩、1 阶矩、2 阶矩、3 阶矩等。

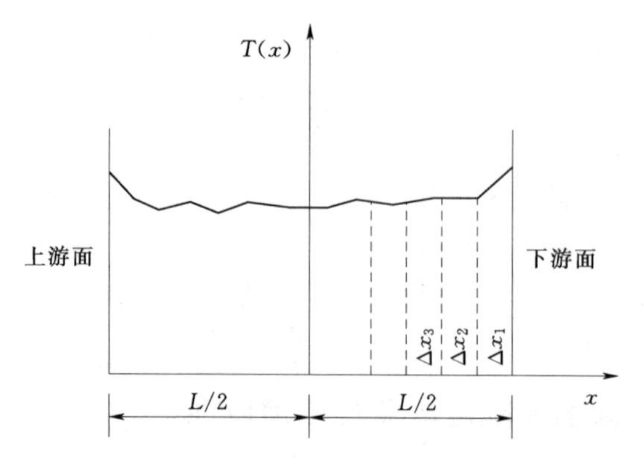

图 5.6.1 高拱坝典型坝段水平断面测点温度分布示意图

5.6.1.3 基于实测温度各阶矩确定等效温度各阶矩的系数

1. 等效温度计算

取高拱坝典型坝段某一高程断面为研究对象，假定只考虑坝体厚度方向的热传导，忽略坝体断面竖向的热传导，实际温度与线性等效温度对比见图 5.6.2。

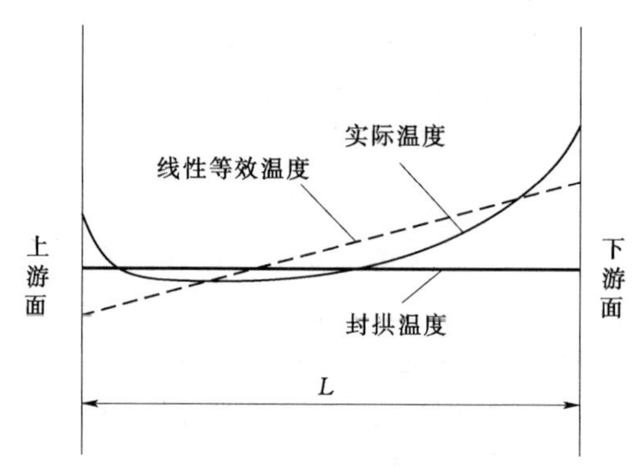

图 5.6.2 坝体断面实际温度与线性等效温度对比图

设实际的温度分布为 $T(x)$，设等效温度为 $\overline{T}(x)=a_0+a_1x+a_2x^2+a_3x^3+\cdots$，则

$$M_0=\int 1T(x)\mathrm{d}x\ ,M_1=\int xT(x)\mathrm{d}x\ ,M_2=\int x^2T(x)\mathrm{d}x\ ,\cdots \quad (5.6.4)$$

令等效温度$\overline{T}(x)$ 与实际温度 $T(x)$ 满足矩等效条件式（5.6.3），通过求解线性方程组确定系数 a_0，a_1，a_2，a_3，…的值，从而可得到等效温度的分布函数$\overline{T}(x)$，见图 5.6.3 中虚线所示。

（1）0 阶矩等效温度。设 0 阶等效温度分布$\overline{T}_0(x)=a_0$，见图 5.6.3（a），根据式（5.6.3）有

$$\int_{-L/2}^{L/2}a_0=M_0\ \Rightarrow\ a_0=M_0/L \quad (5.6.4)$$

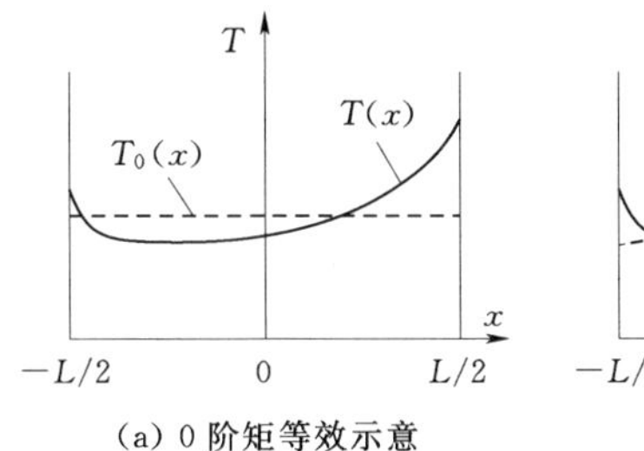

(a) 0 阶矩等效示意

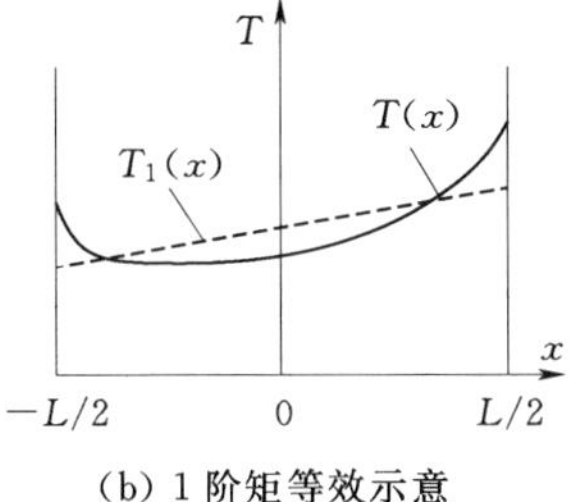

(b) 1 阶矩等效示意

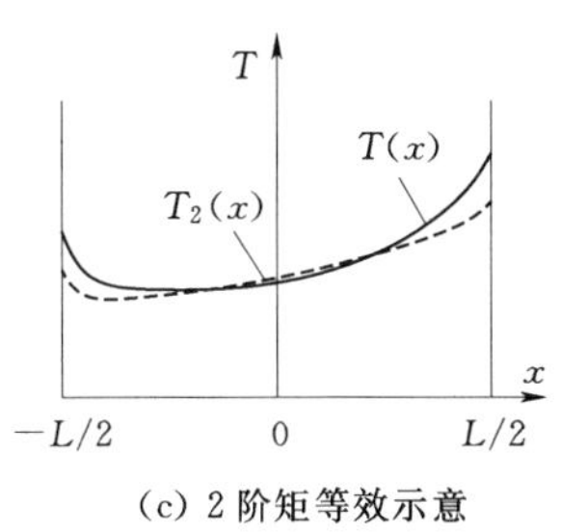

(c) 2 阶矩等效示意

图 5.6.3 各阶矩等效示意图

(2) 1 阶矩等效温度。设 1 阶等效温度分布$\overline{T}_1(x)=a_0+a_1x$，见图 5.6.3 (b)，根据式 (5.6.3) 有

$$\begin{cases}\int_{-L/2}^{L/2}(a_0+a_1x)\mathrm{d}x=M_0\\ \int_{-L/2}^{L/2}(a_0+a_1x)x\mathrm{d}x=M_1\end{cases}\Rightarrow\begin{cases}a_0=M_0/L\\ a_1=12M_1/L^3\end{cases}\tag{5.6.5}$$

(3) 2 阶矩等效温度。设 2 阶等效温度分布$\overline{T}_2(x)=a_0+a_1x+a_2x^2$，见图 5.6.3 (c)，根据式 (5.6.3) 有

$$\begin{cases}\int_{-L/2}^{L/2}(a_0+a_1x+a_2x^2)\mathrm{d}x=M_0\\ \int_{-L/2}^{L/2}(a_0+a_1x+a_2x^2)x\mathrm{d}x=M_1\\ \int_{-L/2}^{L/2}(a_0+a_1x+a_2x^2)x^2\mathrm{d}x=M_2\end{cases}\Rightarrow\begin{cases}a_0=9M_0/4L-15M_2/L^3\\ a_1=12M_1/L^3\\ a_2=180M_2/L^5-15M_0/L^3\end{cases}\tag{5.6.6}$$

(4) 3 阶矩等效温度。同理，设 3 阶等效温度分布$\overline{T}_3(x)=a_0+a_1x+a_2x^2+a_3x^3$，根据式 (5.6.3) 有

$$\begin{cases}a_0=9M_0/4L-15M_2/L^3\\ a_1=75M_1/L^3-420M_3/L^5\\ a_2=180M_2/L^5-15M_0/L^3\\ a_3=2800M_3/L^7-420M_1/L^5\end{cases}\tag{5.6.7}$$

显然，现有拱坝设计规范中坝体断面平均温度、线性等效温度的求解等价于矩法的 0 阶、1 阶矩，两者是矩法等效的一个特例。

2. 等效温度各阶矩系数的计算

由 5.6.1.2 计算得到的分布式光纤实测温度的各阶矩，假设分布式光纤顺河向实测温度的各阶矩和等效温度相应的各阶矩相等，由式 (5.6.4) ～式 (5.6.7) 计算获得等效温度各阶矩的系数，由此获得等效温度的表达式。

5.6.1.4 基于等效温度变化分析实际温度荷载的变化

绘制等效温度 0 阶、1 阶、2 阶、3 阶矩随时间变化过程线以及典型时刻等效温度的分布图，分析实际温度荷载的变化规律。

由于现有拱坝设计规范中坝体断面平均温度、线性等效温度的求解等价于矩法的0阶、1阶矩，两者是矩法等效的一个特例。因此，0阶和1阶矩等效温度的计算，可以反馈拱坝设计温度荷载在蓄水运行过程中的调整变化情况，坝段截面实际平均温度（0阶矩）和线性温差（1阶矩）与拱坝设计温度荷载的差异，以及反馈坝段截面实际平均温度（0阶矩）和线性温差（1阶矩）达到稳定状态的时间等。

由于拱坝设计温度荷载忽略了非线性温差，而2阶和3阶矩等效温度一定程度考虑了坝段截面温度分布的非线性，通过获得坝体断面实际温度的2阶和3阶矩等效温度，可以更加全面地掌握高拱坝从封拱灌浆到水库正常运行期间坝体温度的调整过程，可为拱坝设计提供有益的补充。

5.6.2 实例分析

为了较好地对溪洛渡特高拱坝混凝土进行通水冷却调控以及获得大坝混凝土的温度状态，选取2个典型河床坝段和2个典型岸坡坝段埋设分布式光纤进行温度监测。截至2014年3月，溪洛渡特高拱坝处于蓄水期，上游水位保持在560.00m左右，尚未达到正常蓄水位600.00m，坝体混凝土温度处于由封拱温度向准稳定温度场的动态调整过程中。以下采用本章提出的矩法对15号

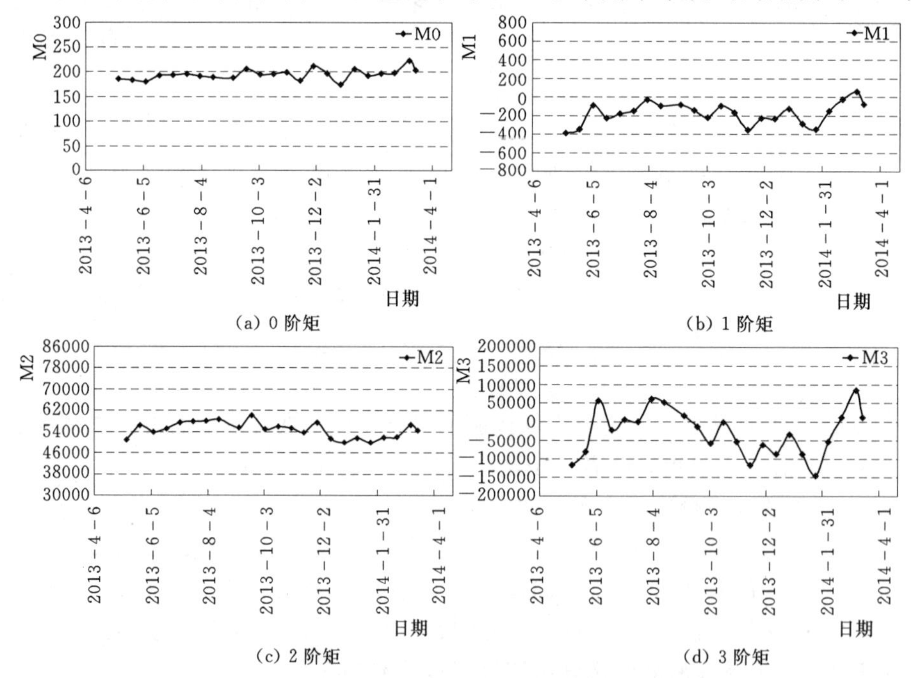

(a) 0阶矩 (b) 1阶矩 (c) 2阶矩 (d) 3阶矩

图5.6.4 实际温度各阶矩过程线

坝段典型 7 号灌区的顺河向温度分布进行反馈，其中，7 号灌区的实际封拱温度为 13.03℃。实际温度的各阶矩随时间的变化过程线见图 5.6.4，实际温度及各阶矩等效温度分布见图 5.6.5。

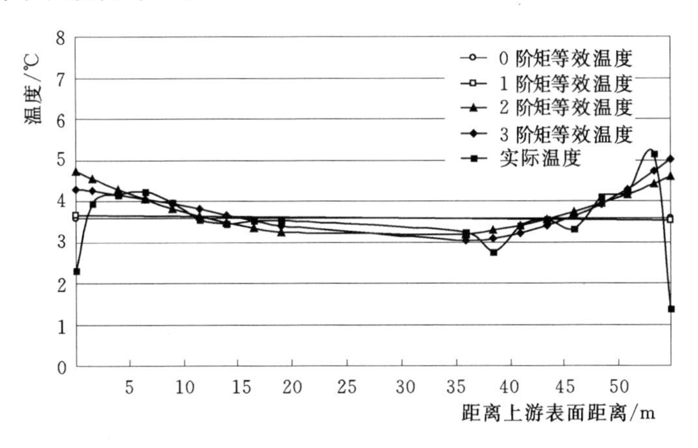

图 5.6.5　实际温度及各阶矩等效温度分布（2014 年 2 月 21 日）

（1）从实际温度的各阶矩历时过程线来看，0 阶矩历时过程线比较平稳，即坝体断面平均温度变化比较平稳；3 阶矩历时过程线波动较大。

（2）从实际温度及各阶矩等效温度分布对比来看，2 阶、3 阶矩等效温度能更好地逼近坝体内部实际温度分布，反映坝体内部温度非线性分布的规律。

5.6.3　小结

结合溪洛渡特高拱坝典型坝段分布式光纤顺河向实测温度，进行高拱坝实际温度荷载反馈，得到以下结论：

（1）分析表明，现有规范采用的全截面线性化等效温度仅是非线性等效温度在一次矩等效时的特例，提出了基于矩法进行实际温度荷载反馈的方法，扩充了当前规范中采用线性化等效温度的概念。

（2）通过 15 号坝段 7 号典型灌区的实例分析，获得了坝体断面实际温度的 2 阶和 3 阶矩等效温度，可以更加全面地掌握溪洛渡特高拱坝从封拱灌浆到水库正常运行期间坝体温度的调整过程。

第 6 章　施工期混凝土坝特殊监控指标拟定

6.1 概　　述

安全监控指标是评估和监测大坝安全的重要指标。例如，容许最高温度、降温速率等温度监控指标对控制施工期高混凝土坝的温度状态取到良好的作用。虽然对大坝混凝土的施工过程进行实时跟踪反馈无疑是控制混凝土浇筑仓最高温度的一条途径，但该温控途径的实施存在计算工作量大、计算边界条件理想化等缺点，这导致工程单位在具体实施温控措施时，仍然存在一定的盲目性。众所周知，采用位移和位移速率双重指标进行安全监控，是岩土工程安全监测预报中经过实践证明且行之有效的位移指标控制方法。类比岩土工程安全监测预报中的警戒界线法，笔者提出了温度双控指标法，并基于实测温度，采用小概率事件法和最大熵法拟定了混凝土浇筑仓温度双控指标。笔者认为抗拉强度和抗压强度是混凝土坝的特殊强度监控指标，由于实际工程问题的复杂性，湿筛混凝土、全级配混凝土的抗拉强度与大坝混凝土实际抗拉强度存在差异，为此，笔者提出基于应变计组实测应力应变估计大坝混凝土实际抗拉强度。

以下对温度双控指标法和混凝土抗拉强度估计进行介绍。

6.2 混凝土浇筑仓温度双控指标拟定的概率事件法

对于特高拱坝，防裂的重点不仅仅局限于强约束区，而是整个坝体。如溪洛渡拱坝规模巨大，混凝土材料抗裂性能一般，从提高施工期混凝土抗裂安全性出发，混凝土最高温度统一按 27℃进行控制。大量工程实践表明，在高温季节浇筑混凝土时，受入仓温度、太阳辐射和通水冷却等外界条件的影响，混凝土浇筑仓温度很难完全控制不超过容许最高温度。与之相反，低温季节浇筑混凝土，由于外界环境气温低等原因使混凝土浇筑仓最高温度较低，以致早龄期混凝土力学性能发展较慢，这对混凝土的早期抗裂不利。另外，低温季节浇筑混凝土的最高温度如果过低，对坝体混凝土横缝的张开也有较大的影响。因此，在低温季节浇筑混凝土时，为了使混凝土材料性能正常发展，必须使混凝土浇筑仓最高温度达到合适的温度，即混凝土浇筑仓的最高温度不能过高，也

不能过低。

对大坝混凝土的施工过程进行实时跟踪反馈无疑是控制混凝土浇筑仓最高温度的一条途径。如基于已有浇筑块的测温数据，反演混凝土的热学参数，对特定环境气温与边界条件下的新浇筑块，按设计院拟定的温控措施，进行新浇筑仓混凝土温度场仿真计算，找到代表点温度峰值，并与容许最高温度比较，由此判断既定温控措施的合理性。如果代表点温度峰值超过容许温度，针对现场具体条件，提出温控措施的修改意见，在修改温控措施的基础上，重新进行仿真计算，直到所有代表点最高温度均在容许温度之内。在新混凝土浇筑前，协同监理，为施工单位下达混凝土温控清单，确保每一浇筑块混凝土温控质量。可是，上述温控途径的实施存在计算工作量大、计算边界条件理想化等缺点，这导致工程单位在具体实施温控措施时，仍然存在一定的盲目性。

6.2.1 混凝土浇筑仓温度双控指标原理

6.2.1.1 温度双控指标的提出

温度监控指标是混凝土大坝温控防裂的重要指标。为了达到温控防裂的目的，需要控制浇筑仓最高温度、日降温速率等。新浇筑混凝土因水泥水化热，温度逐渐升高，经过若干天后达到最高温度，然后逐渐降温。对新浇筑混凝土从收仓开始，至达到最高温度这个过程进行动态控制无疑对控制最高温度更有针对性。对温度过程线进行分析可知（图 6.2.1），如果浇筑仓混凝土最高温度超过（或低于）容许最高温度，那么在混凝土龄期为第 n 天时，混凝土的温度和温度变化率一般应超过（或低于）某个容许值。如果在混凝土龄期为第 n 天时，拟定该龄期对应的容许温度［T_n］和容许温度变化率［$(\partial T/\partial t)_n$］，那

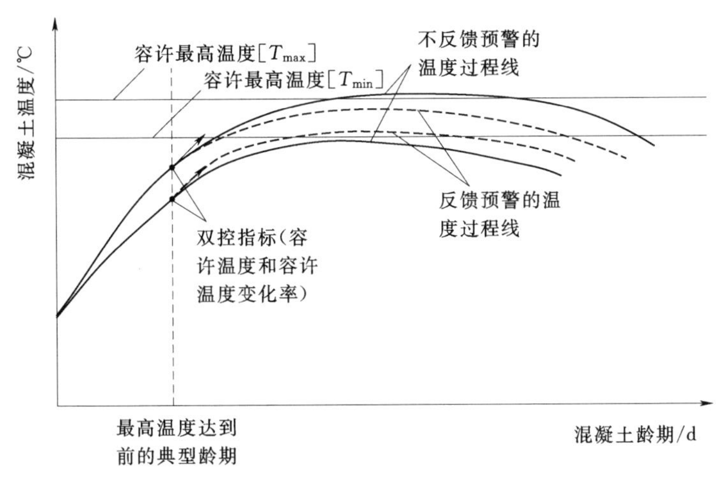

图 6.2.1 温度双控指标预警示意图

么该龄期下的混凝土温度和温度变化率超过（或低于）容许温度 $[T_n]$ 和容许温度变化率 $[(\partial T/\partial t)_n]$ 时，预示着在当前温控措施下，浇筑仓混凝土温度极可能超过（或低于）容许最高温度，必须采取更为有效的温控措施才能避免浇筑仓混凝土温度超过（或低于）容许最高温度。拟定混凝土龄期为第 n 天时的容许温度 $[T_n]$ 和容许温度变化率 $[(\partial T/\partial t)_n]$ 的优点是动态反馈及预警浇筑仓温度，这使得施工单位对温控措施的实施更有针对性。

6.2.1.2　浇筑仓温度双控指标可行性分析

选取溪洛渡特高拱坝混凝土浇筑仓实测温度进行分析。采用周期项作为环境气温因子，两个指数函数累加来考虑水化热温升和通水冷却的影响，初始温度则由常数项来表示，不另选因子，建立浇筑仓混凝土在施工期的温度统计模型为

$$T(t)=b_0+b_1\sin\left(\frac{4\pi}{365}t\right)+b_2\cos\left(\frac{4\pi}{365}t\right)+b_3\sin\left(\frac{2\pi}{365}t\right)+b_4\cos\left(\frac{2\pi}{365}t\right)+b_5(1-e^{-At})+b_6(1-e^{-Bt}) \tag{6.2.1}$$

式中：b_0 为常数项，$b_1\sim b_6$ 分别为回归系数；A 和 B 为待求参数，根据回归经验，取 $A=0.318$，$B=0.295$。

对式（6.2.1）求一阶导数获得温度变化率为

$$\frac{\partial T}{\partial t}=b_1\frac{4\pi}{365}\cos\left(\frac{4\pi}{365}t\right)-b_2\frac{4\pi}{365}\sin\left(\frac{4\pi}{365}t\right)+b_3\frac{2\pi}{365}\cos\left(\frac{2\pi}{365}t\right)-b_4\frac{2\pi}{365}\sin\left(\frac{2\pi}{365}t\right)+b_5Ae^{-At}+b_6Be^{-Bt} \tag{6.2.2}$$

根据式（6.2.1），结合典型混凝土浇筑仓实测温度资料，采用逐步回归分析方法进行回归获得各系数，绘制混凝土温度过程线和温度变化率见图 6.2.2。

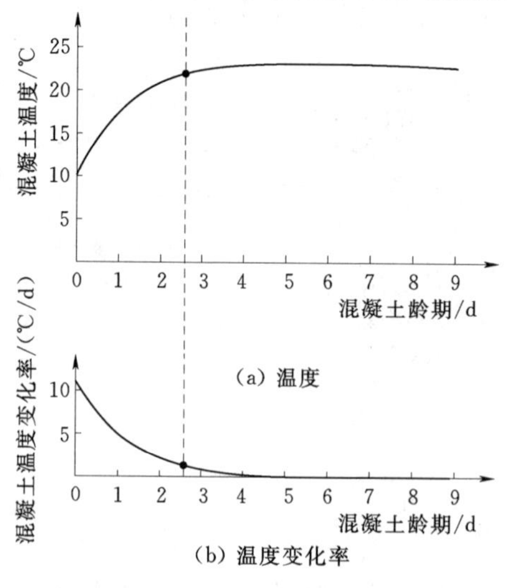

图 6.2.2　典型混凝土浇筑仓温度及温度变化率过程线

由图 6.2.2 可见，新浇筑混凝土因水泥水化热，温度逐渐升高，经过若干天后达到最高温度，然后降温。与之相对，温度变化率在初期大，后期逐渐减小，达到最高温度后开始降温，温度变化率由正值转为负值。显然，如果浇筑仓混凝土最高温度超过容许最高温度，那么在混凝土龄期为第 n 天时（见图 6.2.1 中虚线），混凝土的温度和温度变化率一般应超过某个容许值。由此可见，拟定达到最高温度前典型龄期的容许温度和温度变化率是可行的。

6.2.1.3 温度双控指标拟定的概率法

从实测资料中，选择不利温控组合情况下的监测效应量 X_{mi}，例如高温季节浇筑的混凝土浇筑仓最高温度以及典型龄期下的温度和温度变化率等，则 X_{mi} 为随机变量。由监测资料系列可得到一个子样数为 n 的样本空间

$$\boldsymbol{X}=\{X_{m1},X_{m2},\cdots,X_{mn}\} \tag{6.2.3}$$

可用下列两式估计其统计特征值：

$$\overline{X}=\frac{1}{n}\sum_{i=1}^{n}X_{mi} \tag{6.2.4}$$

$$\sigma_X=\sqrt{\frac{1}{n-1}\left(\sum_{i=1}^{n}X_{mi}^2-n\overline{X}^2\right)} \tag{6.2.5}$$

然后，用统计检验方法（如 A－D 法、K－S 法等）对其进行分布检验，确定其概率密度函数 $f(x)$ 和分布函数 $F(x)$（如正态分布、对数正态分布和极值 I 型分布等）。

如图 6.2.3，令 X_m 为典型龄期下混凝土温度和温度变化率的容许值，当该典型龄期下混凝土温度 $X>X_m$ 时，混凝土浇筑仓将出现超过容许最高温度，其概率为

$$P(X>X_m)=P_\alpha=\int_{X_m}^{+\infty}f(x)\mathrm{d}x \tag{6.2.6}$$

求出 X_m 的分布后，估计 X_m 的主要问题是确定超温概率 P_α（简称 α）。根据混凝土已浇筑仓温度资料样本，假设典型龄期的温度和温度变化率大于典型龄期的容许温度和容许温度变化率的概率与浇筑仓最高温度高于合适最高温度的概率相同，采用概率法拟定混凝土浇筑仓温度双控指标。设浇筑仓最高温度高于合适最高温度的概率为 α，采用式（6.2.7）可以求得典型龄期容许温度和温度变化率。

$$X_m=F^{-1}(\overline{X},\sigma_X,\alpha) \tag{6.2.7}$$

如图 6.2.3 所示，当选择低温季节浇筑的混凝土浇筑仓最高温度以及典型

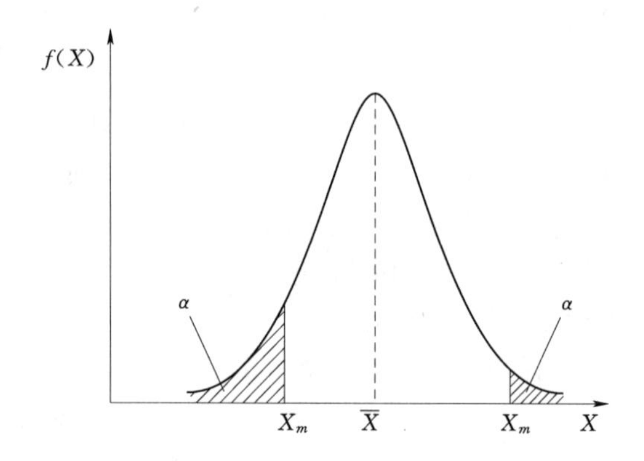

图 6.2.3　随机变量 X 的分布图和特性值

龄期下的温度和温度变化率作为样本时，与高温季节拟定典型龄期下的温度双控指标相反，假设典型龄期的温度和温度变化率小于典型龄期的容许温度和容许温度变化率的概率与浇筑仓最高温度低于合适最高温度的概率相同，采用概率法拟定混凝土浇筑仓温度双控指标。

6.2.1.4　基于温度双控指标拟定的预警机制

基于上述拟定的高温季节和低温季节下混凝土典型龄期的温度双控指标，采用以下温度预警模式来控制高温季节混凝土浇筑仓最高温度过高和低温季节混凝土温度过低的现象。

1. 高温季节的混凝土浇筑仓

(1) 当 $\begin{cases} T_n \geqslant [T_n] \\ (\partial T/\partial t)_n \geqslant [(\partial T/\partial t)_n] \end{cases}$ 时，重点关注并采取更有效的温控措施。

(2) 当 $\begin{cases} T_n \geqslant [T_n] \\ (\partial T/\partial t)_n < [(\partial T/\partial t)_n] \end{cases}$ 时，关注并采取更有效的温控措施。

(3) 当 $\begin{cases} T_n < [T_n] \\ (\partial T/\partial t)_n \geqslant [(\partial T/\partial t)_n] \end{cases}$ 时，温度跟踪监测。

(4) 当 $\begin{cases} T_n < [T_n] \\ (\partial T/\partial t)_n < [(\partial T/\partial t)_n] \end{cases}$ 时，正常，按现有的温控措施执行。

2. 低温季节的混凝土浇筑仓

(1) 当 $\begin{cases} T_n \leqslant [T_n] \\ (\partial T/\partial t)_n \leqslant [(\partial T/\partial t)_n] \end{cases}$ 时，重点关注并采取更有效的温控措施。

(2) 当 $\begin{cases} T_n \leqslant [T_n] \\ (\partial T/\partial t)_n > [(\partial T/\partial t)_n] \end{cases}$ 时，关注并采取更有效的温控措施。

(3) 当 $\begin{cases} T_n > [T_n] \\ (\partial T/\partial t)_n \leqslant [(\partial T/\partial t)_n] \end{cases}$ 时，温度跟踪监测。

(4) 当 $\begin{cases} T_n > [T_n] \\ (\partial T/\partial t)_n > [(\partial T/\partial t)_n] \end{cases}$ 时，正常，按现有的温控措施执行。

式中：T_n 和$(\partial T/\partial t)_n$ 分别是混凝土龄期为 n（n=2d 或 n=2.5d 或 n=3d）时的温度及温度变化率；$[T_n]$ 和 $[(\partial T/\partial t)_n]$ 分别是混凝土龄期为 n 时，拟定的容许温度和容许温度变化率。

在进行温度预警时，一般应采用式（6.2.1）对混凝土浇筑仓温度测值系列进行拟合，然后按式（6.2.1）和式（6.2.2）计算典型龄期的温度和温度变化率。在条件不允许时，温度变化率可近似采用下式计算：

$$\partial T/\partial t = \Delta T/\Delta t$$

式中：Δt 为相邻两个时间间隔，不宜大于 0.2d；ΔT 为相邻两个时间间隔相应的温差。

6.2.2 溪洛渡大坝工程实例分析

6.2.2.1 分区分时段温度双控指标的拟定

溪洛渡特高拱坝位于四川省雷波县和云南省永善县接壤的金沙江峡谷段，拦河大坝为混凝土双曲拱坝，坝顶高程 610.00m，最大坝高 285.5m，大坝共 31 个坝段，为达到温控防裂的目的，在混凝土浇筑仓埋设常规温度计，并且在典型坝段埋设分布式光纤进行温度监测工作。由于该拱坝规模巨大，混凝土材料抗裂性能一般，从提高施工期混凝土抗裂安全性出发，混凝土最高温度统一按 27℃进行控制。为防止混凝土浇筑仓最高温度过低影响混凝土早期材料性能的正常发展等，混凝土浇筑仓最高温度不宜低于 23℃。

根据溪洛渡拱坝的应力和变形特性，大坝混凝土共分 3 个区：靠近坝基的混凝土强度等级为 $C_{180}40$（记为大坝 A 区），河床坝段底部和顶部的混凝土强度等级均为 $C_{180}40$，坝体中间部位混凝土强度等级一般为 $C_{180}35$（记为大坝 B 区），部分岸坡坝段顶部的混凝土强度等级为 $C_{180}30$（记为大坝 C 区）。

为此，分区（分河床坝段、岸坡坝段以及分大坝 A 区、大坝 B 区、大坝 C 区）分时段（高温季节和低温季节）拟定混凝土温度双控指标。分区分时段温度双控指标拟定流程图见图 6.2.4。高温季节指 5—9 月，低温季节指 10 月至次年 4 月。

笔者等统计了溪洛渡特高拱坝自主体坝段浇筑以来至 2011 年 9 月的不包含底孔和深孔部位的 781 个混凝土浇筑仓实测温度过程线，统计分析表明高温季节实测最高温度一般在混凝土龄期的 5.6d 时达到，而低温季节实测最高温度一般在混凝土龄期的 4.37d 时达到。按上述温度双控指标拟定的原理，首先分区分时段获得已浇筑仓最高温度样本，以及采用式（6.2.1）建立这些已浇筑仓实测温度过程线前 9d 的温度统计模型，并采用逐步回归分析获得统计模

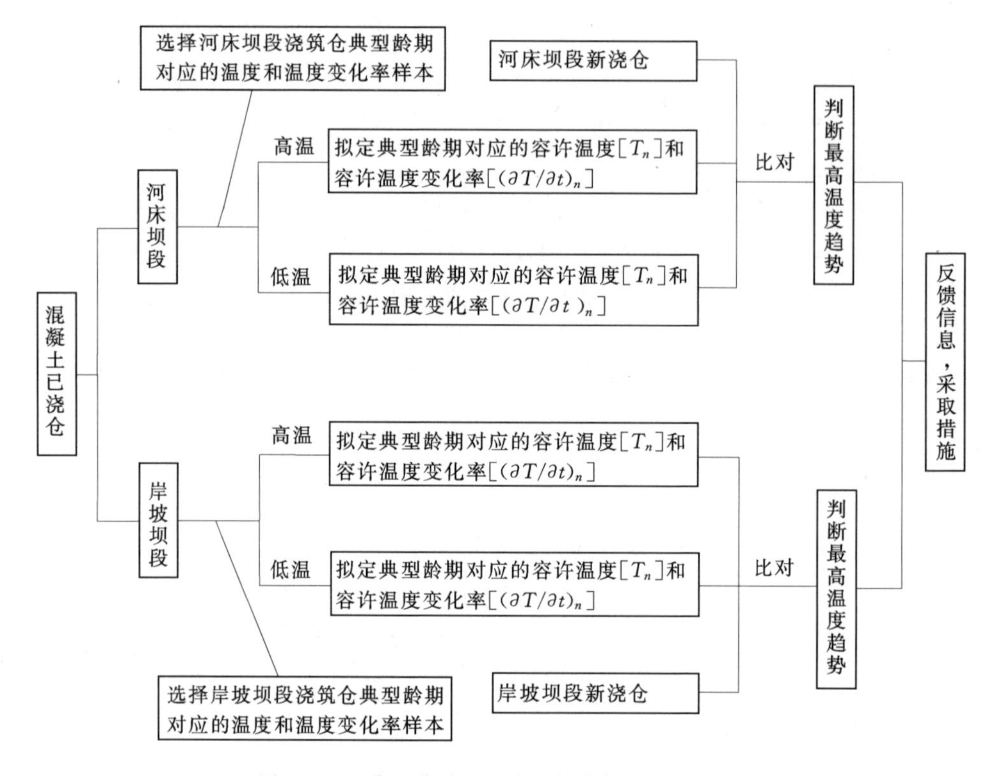

图 6.2.4 分区分时段温度双控指标拟定流程图

型中的各系数，然后采用式（6.2.1）和式（6.2.2）计算各浇筑仓典型龄期的温度和温度变化率。参考高温季节和低温季节最高温度达到的龄期的统计分析，选取混凝土龄期为2d、2.5d和3d作为典型龄期，分别计算了这些典型龄期的温度和温度变化率。由K－S法进行统计检验可知，分区分时段的已浇筑仓最高温度样本、典型龄期温度和温度变化率样本均基本满足正态分布，由此计算典型龄期为2d、2.5d和3d时的温度样本特征量，分区分时段的典型龄期温度样本和温度变化率样本的均值和标准差，以及已浇筑仓最高温度高于（或低于）合适最高温度的概率见表6.2.1和表6.2.2。

假设典型龄期的温度和温度变化率大于（或小于）典型龄期的容许温度和容许温度变化率的概率与浇筑仓最高温度高于（或低于）合适最高温度的概率相同，采用概率法拟定混凝土龄期为2d、2.5d和3d时的容许温度和容许温度变化率，见表6.2.1和表6.2.2。当某区某时段浇筑仓最高温度高于（或低于）合适最高温度的概率小于10%时，为保证预警的可靠性，取概率为10%。某区某时段的样本数过少时，未进行温度双控指标的拟定。

表 6.2.1　　高温季节混凝土浇筑仓温度双控指标

分区 \ 指标		混凝土龄期第 2d		混凝土龄期第 2.5d		混凝土龄期第 3d		P(X≥27℃)
		容许温度/℃	容许温度变化率/(℃/d)	容许温度/℃	容许温度变化率/(℃/d)	容许温度/℃	容许温度变化率/(℃/d)	
岸坡A区	均值	22.609	2.538	23.659	1.708	24.355	1.108	15.54%
	标准差	1.895	0.831	1.720	0.680	1.611	0.533	
	容许值	24.750	3.478	25.603	2.476	26.176	1.710	
河床A区	均值	22.004	3.077	23.306	2.169	24.211	1.483	24.27%
	标准差	2.483	0.777	2.352	0.714	2.215	0.634	
	容许值	23.738	3.619	24.947	2.668	25.757	1.926	
河床B区	均值	20.593	2.782	21.791	2.037	22.657	1.455	10%
	标准差	2.294	1.151	2.254	1.003	2.232	0.808	
	容许值	23.542	4.260	24.687	3.327	25.525	2.492	

表 6.2.2　　低温季节混凝土浇筑仓温度双控指标

分区 \ 指标		混凝土龄期第 2d		混凝土龄期第 2.5d		混凝土龄期第 3d		P(X≤23℃)
		容许温度/℃	容许温度变化率/(℃/d)	容许温度/℃	容许温度变化率/(℃/d)	容许温度/℃	容许温度变化率/(℃/d)	
河床A区	均值	21.341	2.722	22.466	1.820	23.200	1.150	23.94%
	标准差	2.266	0.816	2.083	0.803	1.934	0.726	
	容许值	19.744	2.146	20.997	1.254	21.836	0.638	
河床B区	均值	20.870	2.603	21.961	1.798	22.703	1.199	19.19%
	标准差	1.652	0.526	1.530	0.490	1.421	0.437	
	容许值	19.431	2.145	20.628	1.372	21.465	0.818	

由统计分析可知，由于目前低温季节已浇筑的岸坡A区和岸坡B区混凝土浇筑仓实测温度样本较少，对于这些区域的混凝土浇筑仓的温度控制，可分别参考河床A区和河床B区的温度双控指标进行温控预警。当该区该时段的混凝土浇筑仓的实测温度样本足够多时，拟定其温度双控指标。

6.2.2.2 基于温度双控指标的预警

基于上述拟定的高温季节和低温季节下混凝土典型龄期的温度双控指标，采用6.2.1.4小节的温度预警模式来控制高温季节混凝土浇筑仓最高温度过高和低温季节混凝土温度过低的现象，典型浇筑仓预警效果见表6.2.3。

表6.2.3　　基于温度双控指标预警效果

仓号	开仓时间（年-月-日　时：分）	收仓时间（年-月-日　时：分）	混凝土龄期第2d		实测最高温度/℃
			实测温度/℃	实测温度变化率/(℃/d)	
河床B区浇筑仓20号-33	2010-12-11 17：30	2010-12-12 22：30	19.149	2.296	22.62
河床A区浇筑仓6号-15	2011-7-1 2：10	2011-7-2 10：40	25.541	2.607	28.27

由表可见，河床B区浇筑仓20号-33，在典型龄期第2d时，温度19.149℃小于容许温度19.431℃，由于没有关注并采取更有效的温控措施，所以在5.73d时达到的最高温度22.62℃，低于容许最高温度23℃。河床A区浇筑仓6号-15，在典型龄期第2d时，温度25.541℃大于容许温度23.738℃，由于没有关注并采取更有效的温控措施，所以在第4.97d时达到的最高温度28.27℃，超过容许最高温度27℃。

由此可见，采用笔者等提出和拟定典型混凝土龄期的容许温度和容许温度变化率指导现场混凝土浇筑仓的温控措施，可以取到动态预警作用。

6.2.3　小结

为了控制混凝土浇筑仓最高温度，从动态预警的角度，对混凝土浇筑仓温度过程线进行了分析，得到以下结论：

（1）提出了温度双控指标，即选取混凝土浇筑仓达到最高温度前的典型龄期，拟定该龄期下容许温度和容许温度变化率。

（2）结合建设中的溪洛渡特高拱坝混凝土浇筑仓实测温度，建立了各浇筑仓实测温度过程线的统计模型，并采用逐步回归分析法获得温度统计模型各系数，然后计算获得典型龄期的温度和温度变化率；假设典型龄期的温度和温度变化率大于（或小于）典型龄期的容许温度和容许温度变化率的概率与浇筑仓最高温度高于（或低于）合适最高温度的概率相同，采用概率法拟定混凝土浇筑仓温度双控指标，并建立了基于温度双控指标的预警机制。实践表明，基于温度双控指标的预警机制可以取到动态预警作用，可以使工程单位对最高温度的控制具有针对性和可操作性。

（3）温度双控指标是一个动态变化的指标，随着混凝土浇筑仓温度样本信息的增加，需要不断反馈完善温度双控指标，以更好地指导现场施工。

6.3　混凝土浇筑仓温度双控指标拟定的最大熵法

在上一节中，介绍了采用小概率法拟定了混凝土浇筑仓温度双控指标。小

概率事件法需要将监测效应量作为随机变量，根据典型监测量的小子样分布情况来识别母体的分布类型，由此获得监测量的概率密度函数。由于实际监测量的小子样分布类型可能并不完全符合典型的分布函数（如正态分布、对数正态分布和极值Ⅰ型分布等），这导致基于统计检验确定的分布函数来估计大坝混凝土抗拉强度误差可能较大。

近年来，最大熵理论在结构可靠性分析、岩土工程反分析、岩石力学参数概率分布、大坝安全监控指标的拟定以及岩体结构加速流变破坏分析等许多方面的应用取得了较好的效果。最大熵法不需要事先假设分布类型，直接根据各基本随机变量的数字特征值进行计算，这样就可以得到精度较高的概率分布密度函数，进而求出混凝土浇筑仓温度双控指标。为此，笔者结合西南某建设中的混凝土特高拱坝高温季节浇筑的混凝土浇筑仓实测温度，采用最大熵法拟定典型混凝土龄期的容许温度和容许温度变化率，以指导现场混凝土浇筑。

6.3.1 最大熵法拟定温度双控指标原理

6.3.1.1 信息熵的定义

1948年Shannon在创立信息论时，引入了信息熵的概念来研究信息的不确定性

$$H(x)=-\sum_{i=1}^{n}p_i\ln p_i \tag{6.3.1}$$

式中：p_i是信息源中信号x_i出现的概率；$\ln p_i$是它带来的信息量；$H(x)$表示信息量的大小，它是一个系统状态不确定的量度。

对于连续型随机变量，信息熵定义为

$$H(x)=-\int_R f(x)\ln f(x)\mathrm{d}x \tag{6.3.2}$$

式中：$f(x)$是连续型随机变量x的概率分布密度函数。

式（6.3.1）和式（6.3.2）包含两个方面的含义：如果已知信息出现的概率，就可以通过式（6.3.1）或式（6.3.2）计算其熵值；可以把$H(x)$看成是分布概率p_i［或概率密度函数$f(x)$］的泛函，当p_i［或概率密度函数$f(x)$］发生变化时，$H(x)$也随着相应地改变。因此，在信息给定的条件下，在所有可能的概率分布中，存在一个使信息熵取得极大值的分布。

6.3.1.2 最大熵密度函数

由最大熵原理可知，最小偏差的概率分布是使熵$H(x)$在根据已知样本信息而施加的一些约束条件下达到最大值的分布，即

$$\max H(x)=-\int_R f(x)\ln f(x)\mathrm{d}x \tag{6.3.3}$$

Subject to
$$\int_R f(x)\mathrm{d}x = 1 \tag{6.3.4}$$

$$\int_R x^i f(x)\mathrm{d}x = \mu_i (i = 1,2,\cdots,N) \tag{6.3.5}$$

其中
$$\mu_i = \frac{1}{n}\sum_{j=1}^{n} x_j^i$$

式中：R 为积分空间；$\mu_i(i=1,2,\cdots,N)$ 为第 i 阶原点矩；x_j 为第 j 个样本值；n 为样本数；N 为所用矩的阶数。

事实上，随机变量的特性基本上可以用它的前 4 阶矩来描述；1 阶矩即平均值刻画随机变量的取值“中心”；2 阶矩或方差刻画随机变量围绕均值的离散程度；3 阶矩（或偏度系数）刻画随机变量的对称性（偏倚程度）；4 阶矩（或峰度系数）刻画随机变量的集中和分散程度（尖平程度）。

可以调整 $f(x)$ 来使熵 $H(x)$ 达到最大值，具体可采用拉格朗日乘子法来分析这个问题。假设建立的拉格朗日函数为

$$L = H(x) + (\lambda_0 + 1)\left[\int_R f(x)\mathrm{d}x - 1\right] + \sum_{i=1}^{N}\lambda_i\left[\int_R x^i f(x)\mathrm{d}x - \mu_i\right] \tag{6.3.6}$$

令$\partial L/\partial f(x)=0$，可得

$$f(x) = \exp\left(\lambda_0 + \sum_{i=1}^{N}\lambda_i x^i\right) \tag{6.3.7}$$

式（6.3.7）为最大熵概率密度函数的解析形式。

将式（6.3.7）代入式（6.3.4），有

$$\int_R \exp\left(\lambda_0 + \sum_{i=1}^{N}\lambda_i x^i\right)\mathrm{d}x = 1 \tag{6.3.8}$$

整理后可得

$$\lambda_0 = -\ln\left[\int_R \exp\left(\sum_{i=1}^{N}\lambda_i x^i\right)\mathrm{d}x\right] \tag{6.3.9}$$

将式（6.3.7）和式（6.3.9）代入式（6.3.5），有

$$\int_R x^i f(x)\mathrm{d}x = \int_R x^i \exp\left(\lambda_0 + \sum_{j=1}^{N}\lambda_j x^j\right)\mathrm{d}x = \frac{\int_R x^i \exp\left(\sum_{j=1}^{N}\lambda_j x^j\right)\mathrm{d}x}{\int_R \exp\left(\sum_{j=1}^{N}\lambda_j x^j\right)\mathrm{d}x} = \mu_i \tag{6.3.10}$$

为便于求解拉格朗日乘子系数，将式（6.3.10）改为

$$r_i = 1 - \frac{\int_R x^i \exp\left(\sum_{j=1}^{N}\lambda_j x^j\right)\mathrm{d}x}{\mu_i \int_R \exp\left(\sum_{j=1}^{N}\lambda_j x^j\right)\mathrm{d}x} \tag{6.3.11}$$

令
$$r=\min\left(\sum_{i=1}^{N} r_i^2\right) \tag{6.3.12}$$

式中：r_i 为残差。

可用优化算法来求式（6.3.12）表示的残差平方和的最小值。当 $r<\varepsilon$ 时，即认为该式收敛，从而解得（λ_1，λ_2，…，λ_N）。这里积分区域 R 可近似取 $[\overline{x}-5\sigma，\overline{x}+5\sigma]$，$\overline{x}$ 和 σ 分别为样本均值和标准差。

6.3.1.3 粒子群算法

为了获得高精度的最大熵概率密度函数，本章采用粒子群算法来优化求解拉格朗日乘子系数。粒子群算法（Particle Swarm Optimzation，PSO）是 Kennedy 等在 1995 年提出的一种智能计算方法。粒子群算法较其他进化算法具有简单易实现、参数少、较强的全局收敛能力和鲁棒性等优势。标准 PSO，粒子的速度和位置的更新公式为

$$v(t+1)=\omega v(t)+c_1 rand[P_{best}(t)-x(t)]+c_2 rand[G_{best}(t)-x(t)] \tag{6.3.13}$$

$$x(t+1)=x(t)+v(t) \tag{6.3.14}$$

式中：ω 为惯性权重；c_1、c_2 为加速常数，通常取 $c_1=c_2=2$；$rand$ 为（0，1）随机数；P_{best} 局部最好位置；G_{best} 为全局最好位置。

6.3.1.4 温度双控指标的拟定

由上述方法确定出随机变量 x 的最大熵概率密度函数 $f(x)$。令 x_m 为监测效应量的容许值，当 $x>x_m$ 时，混凝土浇筑仓将出现超过容许最高温度，其概率为

$$P(x>x_m)=P_\alpha=\int_{x_m}^{\infty} f(x)\mathrm{d}x \tag{6.3.15}$$

求出 x 的最大熵概率密度函数 $f(x)$ 后，估计 x_m 的主要问题是确定失效概率 P_α，其值根据大坝重要性来确定，对于西南某特高拱坝，浇筑仓温度超过容许最高温度的概率较小，取 $\alpha=5\%$，此时

$$x_m=F^{-1}(x,\alpha) \tag{6.3.16}$$

分别获得混凝土浇筑仓达到最高温度前的典型龄期对应的温度和温度变化率样本，然后由式（6.3.7）求出最大熵密度函数 $f(x)$，最后采用式（6.3.16）计算典型龄期对应的容许温度和容许温度变化率。

6.3.2 实例分析

西南某建设中的特高拱坝位于四川省雷波县和云南省永善县接壤的金沙江峡谷段，拦河大坝为混凝土双曲拱坝，坝顶高程 610.00m，最大坝高 285.5m，大坝共 31 个坝段，为达到温控防裂的目的，在混凝土浇筑仓埋设常规温度计，

并且在典型坝段埋设分布式光纤进行温度监测工作。由于该拱坝规模巨大，混凝土材料抗裂性能一般，从提高施工期混凝土抗裂安全性出发，混凝土最高温度统一按 27℃进行控制。

本章统计了该拱坝 5～25 号坝段在高温季节浇筑（5—9 月）的 97 仓混凝土实测温度过程线，统计分析表明实测最高温度一般在混凝土龄期的 5.6d 时达到。由此选取混凝土龄期为 2.5d 和 3d 时的温度和温度变化率作为样本进行分析，温度样本以及温度变化率样本的均值和标准差见表 6.3.1。

表 6.3.1　统计样本均值和标准差

项　目	混凝土龄期第 2.5d		混凝土龄期第 3d	
	温度 /℃	温度变化率 /(℃/d)	温度 /℃	温度变化率 /(℃/d)
均值	23.294	1.003	23.713	0.699
标准差	1.272	0.360	1.213	0.291

在计算混凝土龄期为 2.5d 和 3d 时的温度和温度变化率对应的最大熵概率密度函数时，为防止粒子群算法在寻优过程中陷入局部最优解，令 $\omega=0.9-\dfrac{0.5k}{Max-step}$，其中 $Max-step$ 为最大迭代步取 1000，k 为当前迭代次数；$c_1=c_2=2$；粒子数 N 取 30；由于随机变量的特性基本上可以用它的前 4 阶矩来描述，所以仅计算（λ_1、λ_2、λ_3、λ_4），即空间 D 为 4 维。为提高计算收敛速度和精度，在计算温度样本对应的最大熵概率密度函数时，将式（6.3.7）略作转化为 $f(x)=\exp\left[\lambda_0+\sum_{i=1}^{N}\lambda_i\left(\dfrac{x-\mu_1}{\sigma}\right)^i\right]$，其中，$\mu_1$ 和 σ 分别为均值和标准差。各阶原点矩及拉格朗日乘子系数见表 6.3.2，温度及变化率对应概率密度函数见图 6.3.1。

表 6.3.2　样本原点距及优化的拉格朗日系数

项　目	混凝土龄期第 2.5d		混凝土龄期第 3d	
	温度	温度变化率	温度	温度变化率
1 阶原点矩	8.69399×10^{-5}	1.0025	−0.00015	0.6989
2 阶原点矩	0.989738584	1.1047	0.989689	0.5722
3 阶原点矩	−0.02949834	1.3278	0.005076	0.5067
4 阶原点矩	3.023339288	1.3278	3.000896	0.4752
λ_0	−0.9039	−3.3	−0.90618	−2.1
λ_1	0.0138	6.21	−0.00278	6.67
λ_2	−0.5247	−3.5	−0.52037	−8.8
λ_3	−0.00451	1.37	0.000867	9.72
λ_4	0.00318	−0.7	0.002503	−5.4

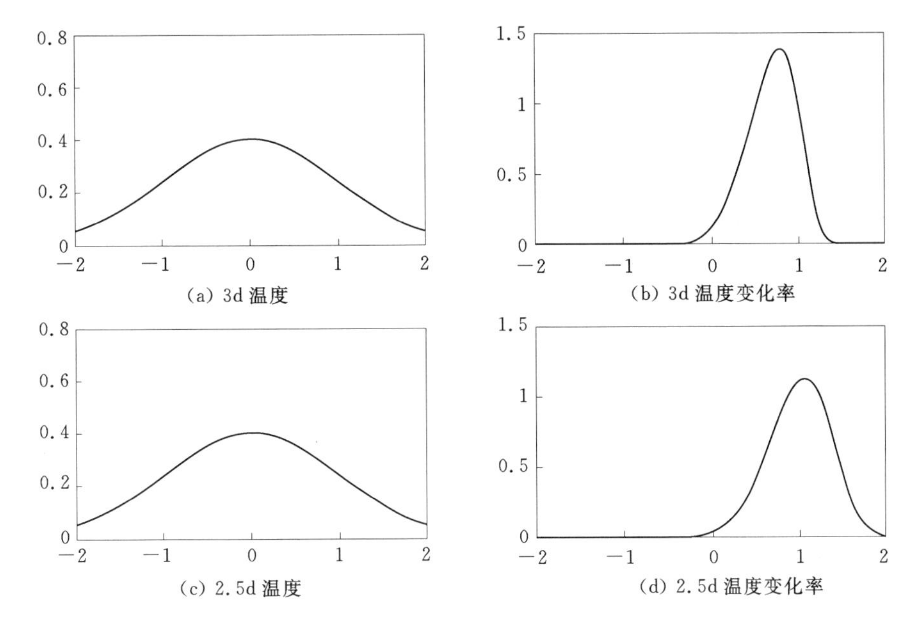

图 6.3.1 概率密度函数

假设超温概率 $\alpha=5\%$时，采用式（6.3.16）计算获得混凝土龄期为 2.5d 和 3d 时的容许温度和容许温度变化率，见表 6.3.3。

表 6.3.3 典型龄期下容许温度和容许温度变化率

超温概率	混凝土龄期第 2.5d		混凝土龄期第 3d	
	容许温度 /℃	容许温度变化率 /(℃/d)	容许温度 /℃	容许温度变化率 /(℃/d)
$\alpha=5\%$	25.376	1.554	25.684	1.126

新浇筑混凝土因水泥水化热，温度逐渐升高，经过若干天后达到最高温度，然后降温。与之相对，温度变化率在初期大，后期逐渐减小，达到最高温度后开始降温，温度变化率由正值转为负值。显然，如果浇筑仓混凝土最高温度超过容许最高温度，那么在混凝土龄期为第 n 天（$n=2.5$d 或 $n=3$d）时，混凝土的温度和温度变化率一般应超过某个容许值。因此，基于上述拟定的混凝土典型龄期的温度双控指标，采用以下方式对高温季节浇筑的混凝土浇筑仓温度进行预警。

（1）当$\begin{cases} T_n \geqslant [T_n] \\ (\partial T/\partial t)_n \geqslant [(\partial T/\partial t)_n] \end{cases}$时，重点关注并采取更有效的温控措施。

（2）当$\begin{cases} T_n \geqslant [T_n] \\ (\partial T/\partial t)_n < [(\partial T/\partial t)_n] \end{cases}$时，关注并采取更有效的温控措施。

(3) 当$\begin{cases} T_n < [T_n] \\ (\partial T/\partial t)_n \geqslant [(\partial T/\partial t)_n] \end{cases}$时，温度跟踪监测。

(4) 当$\begin{cases} T_n < [T_n] \\ (\partial T/\partial t)_n < [(\partial T/\partial t)_n] \end{cases}$时，正常，按现有的温控措施执行。

式中：T_n和$(\partial T/\partial t)_n$分别是混凝土龄期为$n$d（$n$=2.5d或$n$=3d）时的温度及温度变化率；$[T_n]$和$[(\partial T/\partial t)_n]$分别是混凝土龄期为$n$d时，拟定的容许温度和容许温度变化率。

6.3.3　小结

将最大熵法应用于混凝土浇筑仓温度双控指标的拟定，得到以下结论：

(1) 结合西南某建设中的混凝土特高拱坝高温季节浇筑仓实测温度，采用最大熵法拟定了混凝土浇筑仓温度双控指标，即混凝土浇筑仓达到最高温度前典型龄期对应的容许温度和容许温度变化率。最大熵法不需要事先假设样本分布类型，直接根据各基本随机变量的数字特征值进行计算，就可以得到精度较高的概率分布密度函数，由此求出的温度双控指标是可行的。

(2) 为了获得高精度的最大熵概率密度函数，采用粒子群算法来优化求解拉格朗日乘子系数，工程实例分析表明，采用粒子群算法来优化求解拉格朗日乘子系数具有简单易实现、参数少、较强的全局收敛能力和鲁棒性等优势。

6.4　混凝土抗拉强度估计的小概率法和最大熵法

对于混凝土而言，抗拉强度是一个重要的力学参数。目前，混凝土抗拉强度一般通过室内试验获得。由于室内试验的局限性，如试件尺寸效应，大量的试验结果表明，混凝土的强度随着试件尺寸的加大而降低；湿筛效应，由于室内试件在成型剔除了大骨料，导致室内试件的配合比与设计配合比有一定的差别；另外，室内试验一般采用20℃标准养护，与实际情况存在较大差异，也影响到混凝土的材料性质等，因此室内试验值与实际情况存在较大差异。在实际混凝土工程中，一般都埋设应变计组和无应力计对大坝混凝土应力应变状态进行监测。这些应变计组和无应力计的实测值真实反映了大坝混凝土实际性态，显然，基于混凝土内埋设的这些应变计组和无应力计实测应力应变来估计混凝土抗拉强度无疑更符合实际情况。

基于监测资料反演大坝混凝土的综合弹性模量和地基变形模量已有大量的报道，而基于监测资料反演大坝混凝土断裂韧度也有一些报道，如林见等(1988)提出利用原型观测资料，采用小概率分析法来反演坝体混凝土的断裂韧度，丛培江等(2008)探讨了利用最大熵原理反演坝体混凝土的断裂韧度。

为此，笔者探讨采用实测应力应变估计大坝混凝土的抗拉强度。

6.4.1 应变计组测值转化为实际应力原理

采用变形法（或称叠加法）将应变计组实测应变转化为实际应力的计算原理在储海宁（1989）和吴中如（2003）等专著有较详细的介绍，笔者分析了这组转化公式，认为这组转化公式在考虑泊松比效应，计算三维空间应力状态时不够完善。现介绍如下：

由于混凝土是徐变体材料，每一时刻的应力增量都将引起该时段为加荷龄期的瞬时弹性变形和徐变变形，两者之和对以后各时段的应变值都产生影响，计算各个时段的应变增量时都应加以考虑，即某一时刻的实测应变，不仅有该时刻弹性应力增量引起的弹性应变，而且包含在此之前所有应力引起的总变形，为此，需要计算时段之前的“承前应变”。在实际计算时，对于一维应力状态，时段 $\tau_{n-1}\sim\tau_n$ 之前的承前应变 ε_h 为

$$\varepsilon_h = \sum_{i=0}^{n-1}\Delta\sigma_i\left[\frac{1}{E(\tau_i)} + c(\overline{\tau}_n,\tau_i)\right] \tag{6.4.1}$$

式中：$\Delta\sigma_i$ 为各计算时段的应力增量；$E(\tau_i)$ 为混凝土龄期 τ_i 时刻的弹性模量；$c(\overline{\tau}_n,\tau_i)$ 为以龄期 τ_i 为加荷龄期，单位应力持续作用到 $\overline{\tau}_n$ 的徐变；$\overline{\tau}_n=\dfrac{\tau_{n-1}+\tau_n}{2}$ 为时段中点的龄期。

于是得到在龄期 $\overline{\tau}_n$ 的应力增量为

$$\Delta\sigma_n = E_s(\overline{\tau}_n,\tau_{n-1})\left\{\varepsilon_n(\overline{\tau}_n) - \sum_{i=0}^{n-1}\Delta\sigma_i\left[\frac{1}{E(\tau_i)} + c(\overline{\tau}_n,\tau_i)\right]\right\} \tag{6.4.2}$$

其中
$$E_s(\overline{\tau}_n,\tau_{n-1}) = \frac{E(\tau_{n-1})}{1+c(\overline{\tau}_n,\tau_{n-1})E(\tau_{n-1})}$$

式中：$E_s(\overline{\tau}_n,\tau_{n-1})$ 为以 τ_{n-1} 为加荷龄期，单位应力持续作用到 $\overline{\tau}_n$ 的总变形的倒数，即 $\overline{\tau}_n$ 时刻的有效弹性模量；$\varepsilon_n(\overline{\tau}_n)$ 为在一维应变过程线上，$t=\overline{\tau}_n$ 时刻的应变值，该值为扣除自由体积变形的测值。

在 $\overline{\tau}_n$ 时刻的混凝土实际应力为

$$\sigma_n = \sum_{i=0}^{n-1}\Delta\sigma_i + \Delta\sigma_n = \sum_{i=0}^{n}\Delta\sigma_i \tag{6.4.3}$$

将一维应力状态下的转化公式（6.4.2）推广到三维应力状态，引入泊松比矩阵有

$$\begin{aligned}\Delta\boldsymbol{\sigma}_n &= E_s(\overline{\tau}_n,\tau_{n-1})\boldsymbol{M}^{-1}\Delta\boldsymbol{\varepsilon}_n^e(\overline{\tau}_n)\\ &= E_s(\overline{\tau}_n,\tau_{n-1})\boldsymbol{M}^{-1}\left\{\boldsymbol{\varepsilon}_n(\overline{\tau}_n) - \sum_{i=0}^{n-1}\boldsymbol{M}\Delta\boldsymbol{\sigma}_i\left[\frac{1}{E(\tau_i)} + c(\overline{\tau}_n,\tau_i)\right]\right\}\end{aligned}$$

$$= E_s(\overline{\tau}_n, \tau_{n-1})\left\{\boldsymbol{M}^{-1}\boldsymbol{\varepsilon}_n(\overline{\tau}_n) - \sum_{i=0}^{n-1}\Delta\boldsymbol{\sigma}_i\left[\frac{1}{E(\tau_i)} + c(\overline{\tau}_n, \tau_i)\right]\right\} \quad (6.4.4)$$

其中

$$\boldsymbol{M}^{-1} = \frac{1-\mu}{(1+\mu)(1-2\mu)}\begin{bmatrix} 1 & \frac{\mu}{1-\mu} & \frac{\mu}{1-\mu} & & & \\ \frac{\mu}{1-\mu} & 1 & \frac{\mu}{1-\mu} & & & \\ \frac{\mu}{1-\mu} & \frac{\mu}{1-\mu} & 1 & & & \\ & & & \frac{1-2\mu}{2(1-\mu)} & & \\ & & & & \frac{1-2\mu}{2(1-\mu)} & \\ & & & & & \frac{1-2\mu}{2(1-\mu)} \end{bmatrix}$$

$$\boldsymbol{M} = \begin{bmatrix} 1 & -\mu & -\mu & 0 & 0 & 0 \\ -\mu & 1 & -\mu & 0 & 0 & 0 \\ -\mu & -\mu & 1 & 0 & 0 & 0 \\ 0 & 0 & 0 & 2(1+\mu) & 0 & 0 \\ 0 & 0 & 0 & 0 & 2(1+\mu) & 0 \\ 0 & 0 & 0 & 0 & 0 & 2(1+\mu) \end{bmatrix}$$

式中：$\Delta\boldsymbol{\sigma}_i(i=0,n)$ 为 $t=\overline{\tau}_i$ 时刻的三维应力增量；$\Delta\boldsymbol{\varepsilon}_n^e(\overline{\tau}_n)$为 $t=\overline{\tau}_n$ 时刻的三维弹性应变增量；$\boldsymbol{\varepsilon}_n(\overline{\tau}_n)$为 $t=\overline{\tau}_n$ 时刻的三维应变值，该应变扣除了自由体积应变。

在储海宁（1989）和吴中如（2003）等专著中，计算三维应力状态下的实际应力的公式为

$$\Delta\boldsymbol{\sigma}_n = E_s(\overline{\tau}_n, \tau_{n-1})\left\{\boldsymbol{\varepsilon}'_n(\overline{\tau}_n) - \sum_{i=0}^{n-1}\Delta\boldsymbol{\sigma}_i\left[\frac{1}{E(\tau_i)} + c(\overline{\tau}_n, \tau_i)\right]\right\} \quad (6.4.5)$$

式中：$\boldsymbol{\varepsilon}'_n(\overline{\tau}_n)$ 为考虑泊松比效应的单轴应变。

对比式（6.4.4）和式（6.4.5）可知，$\boldsymbol{\varepsilon}'_n(\overline{\tau}_n)$ 为考虑泊松比效应的单轴应变，是三维应变 $\boldsymbol{\varepsilon}_n$（$\overline{\tau}_n$）考虑泊松比的矩阵，即 $\boldsymbol{\varepsilon}'_n(\overline{\tau}_n)=\boldsymbol{M}^{-1}\boldsymbol{\varepsilon}_n(\overline{\tau}_n)$，但式（6.4.5）从理论上来说不够严谨。参考朱伯芳（2003）给出三维弹性徐变仿真计算公式

$$\Delta\boldsymbol{\sigma}_n = \overline{\boldsymbol{D}}_n(\Delta\boldsymbol{\varepsilon}_n - \boldsymbol{\eta}_n - \Delta\boldsymbol{\varepsilon}_n^T - \Delta\boldsymbol{\varepsilon}_n^0 - \Delta\boldsymbol{\varepsilon}_n^s) \quad (6.4.6)$$

其中

$$\overline{\boldsymbol{D}}_n = \overline{E}_n\boldsymbol{M}^{-1}$$

式中：$\overline{E}_n$ 同前述的 $E_s(\overline{\tau}_n, \tau_{n-1})$；$\boldsymbol{\eta}_n$ 为徐变分量；$\Delta\boldsymbol{\varepsilon}_n^T$、$\Delta\boldsymbol{\varepsilon}_n^0$、$\Delta\boldsymbol{\varepsilon}_n^s$ 分别为自由体积变形中的温度分量、自生体积变形和湿度变形。

由式（6.4.6）可知，相对式（6.4.5）来说，应变计组实测值转化为实际应力的计算式采用式（6.4.4）理论严谨。

混凝土实测应力计算步骤归纳如下：

（1）以混凝土已有足够强度能够带动应变计共同变形等原则，选择基准时间和基准值。

（2）由选定的基准时间和基准值计算无应力计的应变，以及由电阻值计算温度，分析无应力计资料的系统误差并加以修正或删除，然后用无应力应变和温度相关线求得混凝土热膨胀系数以及分离出自生体积变形，分析无应力的可靠性。

（3）由选定的基准时间和基准值计算应变计组的应变，分析应变计组资料的系统误差并加以修正或删除，然后计算应变计组的不平衡量，进行平差，并对平差后的应变过程线修匀。

（4）对比无应力计温度和应变计组温度，如两者温度差异较大，基于无应力计测值修正应变计组测值，获得扣除无应力计测值（自由体积变形）的应变计组测值。

（5）利用应变计组和无应力计附近的混凝土徐变资料和弹性模量等，用前述的变形法［式（6.4.4）］计算实际应力。

按上述原理，本章采用 Visual Fortran 语言研制了相关的转化计算程序。

6.4.2 小概率事件法的混凝土抗拉强度估计

在实际混凝土大坝中通过埋设应变计组和无应力计来监测混凝土的应力应变状态。可以采用 6 向（四面体）、7 向或 9 向应变计组及附近的无应力计测值系列，利用 6.4.1 节的原理转化为实际应力系列，然后根据 6 个实际应力分量，通过计算洛德角、应力第一不变量、应力偏量第二和第三不变量等来计算 3 个主应力随时间变化的系列。

从应变计组实测值获得的主应力数据系列中，选择不利荷载组合情况下的监测效应量，例如选取每个应变计组实测值获得的主应力数据系列中最大的主拉应力，则 X_{mi} 为随机变量。由监测资料系列可得到一个子样数为 n 的样本空间

$$\boldsymbol{X}=\{X_{m1},X_{m2},\cdots,X_{mn}\} \tag{6.4.7}$$

其统计量可用下列两式估计其统计特征值：

$$\overline{X}=\frac{1}{n}\sum_{i=1}^{n}X_{mi} \tag{6.4.8}$$

$$\sigma_X=\sqrt{\frac{1}{n-1}\left(\sum_{i=1}^{n}X_{mi}^2-n\overline{X}^2\right)} \tag{6.4.9}$$

然后，用统计检验方法（如A－D法、K－S法等）对其进行分布检验，确定其概率密度函数 $f(x)$ 和分布函数 $F(x)$（如正态分布、对数正态分布和极值Ⅰ型分布等）。

令 X_m 为混凝土大坝实际抗拉强度，当 $X>X_m$ 时，混凝土大坝将因主拉应力过大而开裂，其概率为

$$P(X>X_m)=P_\alpha=\int_{X_m}^{+\infty}f(x)\mathrm{d}x \tag{6.4.10}$$

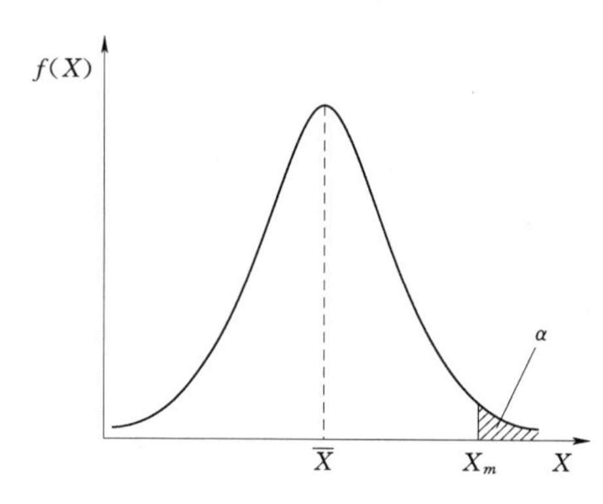

图6.4.1　随机变量 X 的分布图和特性值

求出 X 的分布后，估计 X_m 的主要问题是确定开裂概率 P_α（简称 α），考虑到应变计组处的混凝土开裂或压碎时，一般应变计组的测值规律将不再满足力学变化规律，因此，满足力学变化规律的应变计组测值一般表明该处混凝土尚未开裂或压碎，否则该混凝土处的应变计组测值将出现异常，因此，满足力学变化规律的应变计组测值出现异常（即开裂）的概率很小，取 $\alpha=1\%$，见图6.4.1，确定 α 后，X_m 由分布函数直接求出：

$$X_m=F^{-1}(\overline{X},\sigma_X,\alpha) \tag{6.4.11}$$

分别获得每个应变计组计算的主应力数据系列中最大的主拉应力，然后用统计检验方法确定其分布，并求出概率密度函数 $f(x)$，最后采用式（6.4.11）估计混凝土实际抗拉强度。

6.4.3　最大熵法的混凝土抗拉强度估计

如前所述，小概率事件法需要将监测效应量作为随机变量，根据典型监测量的小子样分布情况来识别母体的分布类型，由此获得监测量的概率密度函数。由于实际监测量的小子样分布类型可能并不完全符合典型的分布函数（如正态分布、对数正态分布和极值Ⅰ型分布等），这导致用基于统计检验确定的分布函数来估计大坝混凝土抗拉强度误差可能较大。最大熵法不需要事先假设分布类型，直接根据各基本随机变量的数字特征值进行计算，这样就可以得到精度较高的概率分布密度函数，进而求出混凝土实际抗拉强度。为此，以下根据实测应力应变，基于最大熵法探讨大坝混凝土的抗拉强度的估计。

在6.3.1节介绍了最大熵法原理。由最大熵原理可知，熵是概率密度函数 $f(X)$ 的泛函，最小偏差的概率分布是使熵在根据已知样本信息而施加的一些约束条件下达到最大值的分布。由此可知，以最大熵法进行抗拉强度估计的实

质是获得使熵达到最大值时的抗拉强度概率密度函数。

(1) 获得抗拉强度样本信息集合 $\boldsymbol{X}=\{X_{m1},X_{m2},\cdots,X_{mn}\}$，计算抗拉强度样本的原点矩，然后采用拉格朗日乘子法求解熵 H (X) 的最大值，于是得到最大熵概率密度函数解析形式为

$$f(X)=\exp\left(\lambda_0+\sum_{i=1}^{N}\lambda_i X^i\right) \tag{6.4.12}$$

式中：λ_0 和 $\lambda_i(i=1,2,\cdots,N)$ 为拉格朗日乘子系数。

假设最大熵概率密度函数计算的各阶原点矩和样本信息计算的各阶原点矩相等，可求解各拉格朗日乘子系数值。

(2) 令 X_m 为混凝土大坝实际抗拉强度，当 $X>X_m$ 时，混凝土大坝将因主拉应力过大而开裂，其概率为

$$P(X>X_m)=P_\alpha=\int_{X_m}^{+\infty}f(X)\mathrm{d}X \tag{6.4.13}$$

基于满足力学变化规律的应变计组测值出现异常（即开裂）的概率很小，取 $\alpha=1\%$，采用优化算法，容易计算获得混凝土实际抗拉强度。

6.4.4 实例分析

西南某建设中的特高拱坝位于四川省雷波县和云南省永善县接壤的金沙江峡谷段，拦河大坝为混凝土双曲拱坝，坝顶高程 610.00m，最大坝高 285.5m，大坝共 31 个坝段。为了对大坝混凝土的应力应变进行监测，在坝体混凝土里埋设了差阻式应变计组和无应力计进行监测。

6.4.4.1 基于应变计组实测应变转换应力

该大坝埋设的应变计组为四面体 6 向应变计组，根据应变计布置的不同，分四面体 a 型和四面体 b 型应变计组，见图 6.4.2，X 轴为拱向，Y 轴为顺河向，Z 轴为垂直向。

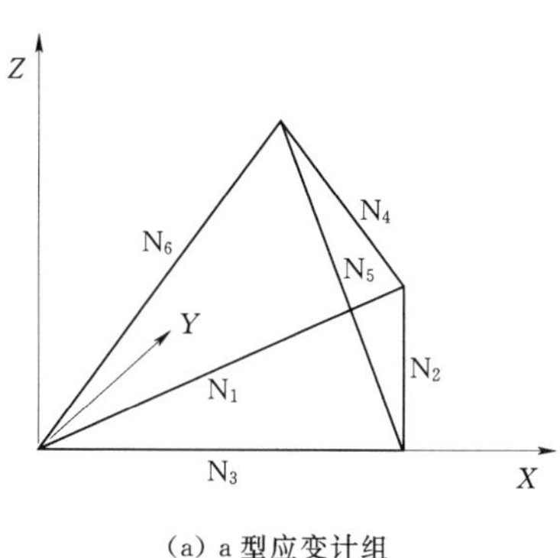

(a) a 型应变计组

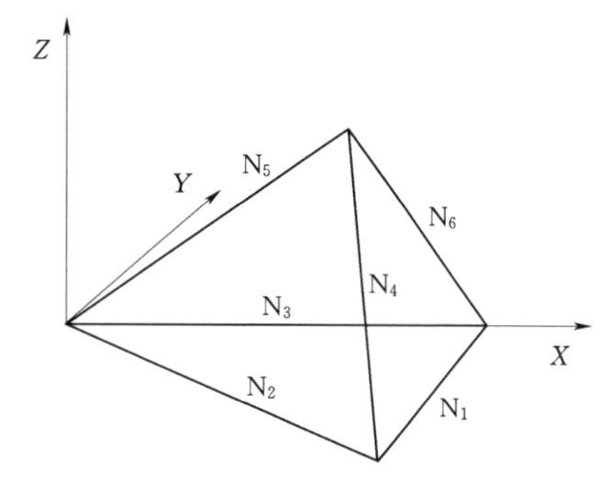

(b) b 型应变计组

图 6.4.2 应变计组示意图

如图 6.4.2 所示，$\boldsymbol{\varepsilon}_N=\boldsymbol{A\varepsilon}$，$\boldsymbol{\varepsilon}=\boldsymbol{A}^{-1}\boldsymbol{\varepsilon}_N$，其中，$\boldsymbol{\varepsilon}_N=[\varepsilon_{N_1}\quad\varepsilon_{N_2}\quad\varepsilon_{N_3}\quad\varepsilon_{N_4}\quad\varepsilon_{N_5}\quad\varepsilon_{N_6}]^T$，$\boldsymbol{\varepsilon}=[\varepsilon_x\quad\varepsilon_y\quad\varepsilon_z\quad\varepsilon_{xy}\quad\varepsilon_{yz}\quad\varepsilon_{zx}]^T$，即通过分别引入一个转化矩阵，即可方便地将四面体 6 向实测应变获得 6 个实测应变分量。

对于 a 型应变计组，转化矩阵 $\boldsymbol{A}$ 为

$$\boldsymbol{A}=\begin{bmatrix}1/4 & 3/4 & 0 & \sqrt{3}/4 & 0 & 0\\1/4 & 3/4 & 0 & -\sqrt{3}/4 & 0 & 0\\1 & 0 & 0 & 0 & 0 & 0\\0 & 1/3 & 2/3 & 0 & -\sqrt{2}/3 & 0\\1/4 & 1/12 & 2/3 & -\sqrt{3}/12 & \sqrt{2}/6 & -\sqrt{6}/6\\1/4 & 1/12 & 2/3 & \sqrt{3}/12 & \sqrt{2}/6 & \sqrt{6}/6\end{bmatrix}$$

对于 b 型应变计组，转化矩阵 $\boldsymbol{A}$ 为

$$\boldsymbol{A}=\begin{bmatrix}1/4 & 3/4 & 0 & \sqrt{3}/4 & 0 & 0\\1/4 & 3/4 & 0 & -\sqrt{3}/4 & 0 & 0\\1 & 0 & 0 & 0 & 0 & 0\\0 & 1/3 & 2/3 & 0 & \sqrt{2}/3 & 0\\1/4 & 1/12 & 2/3 & -\sqrt{3}/12 & -\sqrt{2}/6 & \sqrt{6}/6\\1/4 & 1/12 & 2/3 & \sqrt{3}/12 & -\sqrt{2}/6 & -\sqrt{6}/6\end{bmatrix}$$

结合应变计组附近的无应力计测值以及应变计组的温度测值，对温度分量做适当修正，然后采用 6.4.1 节的应变计组测值转化为实际应力的计算公式进行计算，同时计算获得随时间变化的 3 个主应力分量，其中在转化计算时，混凝土弹性模量及徐变度参考设计值和试验值选取，混凝土弹性模量为 $E(\tau_1)=42.5(1-e^{-0.1\tau_1})$(GPa)，$\tau_1$ 为混凝土龄期，徐变度为 $C(t,\tau)=(0.0016+62.6833\tau^{-0.6294})[1-e^{-0.3615(t-\tau)}]+(2.3562+51.8810\tau^{-0.6036})[1-e^{-0.0134(t-\tau)}]\times10^{-6}/$(MPa)，$t$ 为时间，τ 为加载龄期。由各应变计组获得的主应力系列中最大拉应力及对应混凝土龄期见表 6.4.1。根据该拱坝的应力和变形特性，该坝混凝土共分 3 个区：大坝 A 区、大坝 B 区和大坝 C 区，其中，靠近坝基的混凝土强度等级为 $C_{180}40$（记为大坝 A 区），河床坝段底部和顶部的混凝土强度等级均为 $C_{180}40$；坝体中间部位混凝土强度等级一般为 $C_{180}35$（记为大坝 B 区）；部分岸坡坝段顶部的混凝土强度等级为 $C_{180}30$（记为大坝 C 区）。由应变计组埋设的位置可知，表 6.4.1 中的应变计组均在 A 区混凝土内。表 6.4.1 中对应的拉伸应变为最大拉应力除以混凝土对应龄期的弹性模量。

表 6.4.1　　　各应变计组获得的最大拉应力及对应混凝土龄期

应变计组序号	最大拉应力/MPa	最大拉应力对应的龄期/d	对应的拉伸变形/($\times 10^{-6}$)
1	1.515	110.2	35.648
2	1.138	110.0	26.777
3	1.178	173.2	27.718
4	1.897	186.2	44.635
5	1.462	204.2	34.400
6	2.273	88.1	53.490
7	1.434	95.0	33.744
8	1.745	123.1	41.059
9	1.133	109.1	26.659
10	1.148	140.5	27.012
11	1.262	126.5	29.694
12	1.168	140.6	27.482
13	1.851	105.6	43.554
14	2.001	127.0	47.082
15	1.139	157.3	26.800

6.4.4.2　基于小概率法估计大坝混凝土抗拉强度

由 K－S 法进行统计检验可知，由每个应变计组获得的主应力数据系列中的最大主拉应力和拉伸变形样本基本满足正态分布，由此计算最大主拉应力样本的均值$\overline{X}$和标准差 σ_X 分别为 1.4896MPa、0.3765MPa，拉伸变形样本的均值和标准差分别为 35.050×10^{-6}、8.859×10^{-6}，即 $X-N$（$\overline{X}$，σ_X^2），X 的概率分布函数为

$$F(X)=\int_{-\infty}^{\frac{X-\overline{X}}{\sigma_X}}\frac{1}{\sqrt{2\pi}}\mathrm{e}^{-t^2/2}\mathrm{d}t=\Phi\left(\frac{X-\overline{X}}{\sigma_X}\right) \tag{6.4.14}$$

假设开裂概率 $\alpha=1\%$，那么由式（6.4.11）估计该大坝混凝土的抗拉强度 X_m 为 2.365MPa，极限拉伸变形为 55.649×10^{-6}。

由表 6.4.1 可见，应变计组所在混凝土的龄期一般在 90～180d，且这些应变计组绝大部分处于已经接缝灌浆的混凝土区域，即已经经历过二期冷却降温，考虑到混凝土抗拉强度随龄期增长初期快、后期缓慢的规律，同时由应力场仿真计算可知，在进行二冷降温期间，混凝土的弹性模量已经很高，二冷期间的降温将引起较大的拉应力，但实践表明，表 6.4.1 中的应变计组测值均满足力学变化规律，未出现异常，即该坝在二冷期间未出现不利应力状态而产生裂缝。本章根据混凝土坝体已经抵御经历过拉应力的能力，来评估和预测抵御可能发生抗拉强度的能力，假设开裂概率 $\alpha=1\%$，由此估计该大坝龄期 90～180d 的混凝土的抗拉强度为 2.365MPa 是比较可信的。由室内试验知，大坝 A 区混凝土在龄期 120d 时的轴拉强度不低于 3.2MPa，由此可见，大坝混凝土实际抗拉强度比室内试验值低 0.835MPa 以上。

6.4.4.3　基于最大熵法估计大坝混凝土抗拉强度

根据表 6.4.1 的样本信息，结合最大熵法估计大坝 A 区抗拉强度和极限拉伸变形值。首先计算最大拉应力的前 4 阶原点矩 $\mu_1=1.4896$、$\mu_2=2.3512$、$\mu_3=3.9297$、$\mu_4=6.9213$；然后根据最大熵概率密度函数原理，得到残差表达式 $r_i=1-\dfrac{\int_R x^i\exp\left(\sum_{j=1}^{N}\lambda_j x^j\right)\mathrm{d}x}{\mu_i\int_R \exp\left(\sum_{j=1}^{N}\lambda_j x^j\right)\mathrm{d}x}$，采用单纯形法计算残差平方和的最小值，认为残差平方和小于 0.0005 时收敛，由此求解得到拉格朗日乘子系数值（λ_1，λ_2，λ_3，λ_4，λ_0），于是得到最大拉应力的最大熵概率密度函数为

$$f(X)=\exp(-3.4088+1.2248X+0.06139X^2+1.7735X^3-0.88566X^4) \tag{6.4.15}$$

由于拉伸变形的原点矩比较大，将表 6.4.1 中拉伸变形样本 x 转化为 $\dfrac{x-\mu_1}{\sigma}$形式，其中 μ_1 和 σ 分别为拉伸变形样本均值和标准差，采用上述同样的原理，计算拉伸应变的最大熵概率密度函数为

$$f(x)=\exp\left[-1.1361-0.4716\frac{x-\mu_1}{\sigma}+0.02686\left(\frac{x-\mu_1}{\sigma}\right)^2+0.2291\left(\frac{x-\mu_1}{\sigma}\right)^3-0.1463\left(\frac{x-\mu_1}{\sigma}\right)^4\right] \tag{6.4.16}$$

假设开裂概率 $\alpha=1\%$，采用一维搜索的对分法，估计该大坝混凝土的抗拉强度 X_m 为 2.201MPa，极限拉伸变形为 54.861×10^{-6}。由室内试验得知大坝 A 区混凝土在龄期 120d 时的轴拉强度不低于 3.2MPa，由此可见，大坝混凝土实际抗拉强度比室内试验值低 1.0MPa。这与杨成球和李金玉等给出的全级配大试件对湿筛小试件轴拉强度比为 0.60～0.62 的试验结果较一致。

6.4.4.4　对比分析

最大拉应力和拉伸应变的 K－S 检验概率密度分布函数和最大熵概率密度函数分布对比图见图 6.4.3 和图 6.4.4。

由图 6.4.3 和图 6.4.4 可见，通过最大熵法计算得到的最大熵密度函数与 K－S 统计检验法得到的概率密度函数略有一定差异，由此估计的抗拉强度和

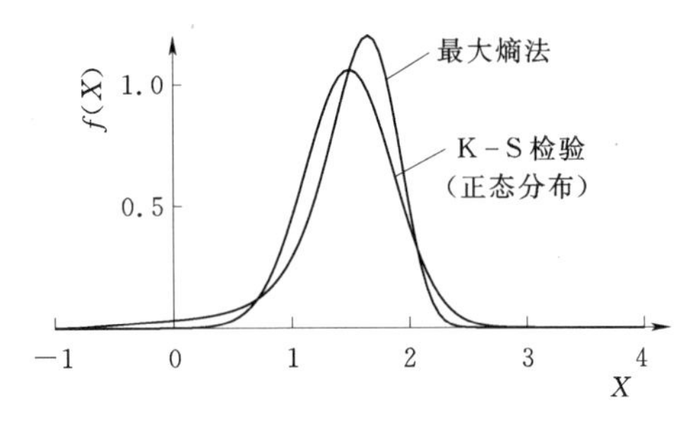

图 6.4.3　最大拉应力概率密度函数

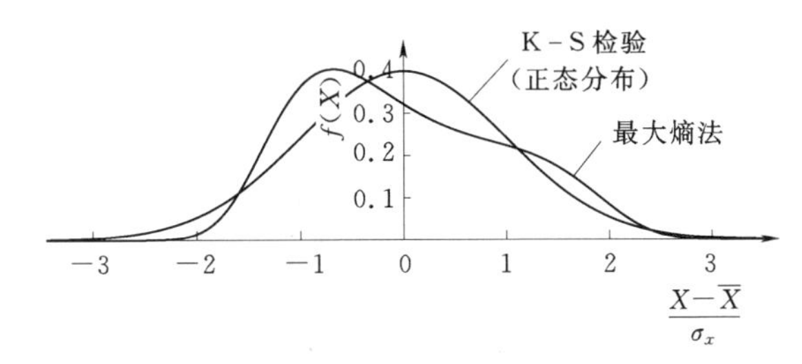

图 6.4.4　拉伸应变概率密度函数

极限拉伸变形也有一定的差异。其中，由于拉伸应变由最大拉应力除以相应的龄期获得，所以拉伸应变的最大熵法分布与正态分布差异略大。由于最大熵密度函数是直接根据样本的数字特征值进行计算，而不是事先假设为典型的概率分布函数，因此最大熵密度函数包含的主观成分最少，由此估计的混凝土抗拉强度和极限拉伸变形更可信。

6.4.5　小结

采用小概率事件法，结合混凝土大坝埋设的应变计组和无应力计实测值，初步探讨了大坝混凝土的实际抗拉强度的估计，得到以下结论：

（1）结合三维弹性徐变仿真计算公式分析了应变计组实测值转化为实际应力的计算公式，认为目前采用的应变计组实测值转化为实际应力的公式不够完善，给出了理论严谨的应变计组测值转化为三维空间实际应力计算公式。

（2）提出了基于小概率事件法估计混凝土实际抗拉强度，当获得应变计组长时间测值系列，以及获得较多的应变计组的测值样本后，基于小概率事件法不断反馈修正混凝土的实际抗拉强度，可以得到更加符合该大坝混凝土实际情况的抗拉强度。

（3）结合西南某建设中的高拱坝的应变计组实测值，基于小概率法事件，假设开裂概率 $\alpha=1\%$，由此估计该大坝龄期 90～180d 的混凝土的抗拉强度为 2.365MPa，该值较室内试验值低 0.835MPa 以上，极限拉伸变形约为 55.649×10^{-6}。

第7章　施工期通水冷却的控制论法

7.1　概　　述

温控防裂是一个与温控措施和混凝土热力学参数相关的复杂多因素问题，必须进行细致分析及多方案比选。严格来说，对不同（可行域内的）温控措施，应采用优化算法来寻找最优解。对于准大体积混凝土，由于其规模不大，笔者等（2014）进行了准大体积混凝土温控防裂措施优选研究。对于大体积混凝土，尤其是高混凝土坝，由于其规模很大且计算时间长，导致在寻优的过程中存在计算工作量很大的问题。即，要进行有效地温控措施寻优，必须要采用一种计算工作量小的先验性模型进行快速的温度预测，有了温度预测，接下来就可以基于设计温度过程线进行通水措施的调控，从而达到优化通水措施的目的。受隧洞衬砌支护中"新奥法"的启示——实时监测，动态调控，寻找最优支护时机，笔者基于"实时监测，动态调控，寻找最优的措施"的思路，探讨了施工期混凝土坝通水冷却的动态调控。水管冷却是大体积混凝土温度控制的重要措施。由于水管冷却有限元法和水管冷却等效热传导法的相关性，以及水管冷却等效热传导法中的初温的计算，不同的专家还存在一些疑惑。为此，以下首先澄清水管冷却模拟计算中存在的一些疑惑，然后介绍准大体积混凝土温控防裂措施优选方法；最后介绍大体积混凝土通水冷却的控制论法。

7.2　施工期通水冷却热传导计算模型认识

水管冷却是大体积混凝土温度控制的重要措施。采用有限元法分析水管冷却效果，可以得到比较准确的温度场。由于水管附近的温度梯度很大，必须布置密集的网格，如果只计算温度场，问题是不大的，如果要同时计算温度场和应力场，则计算精度和计算效率之间的矛盾十分突出。朱伯芳等（1991、1999、2003）把冷却水管看成热汇，在平均意义上考虑水管冷却的效果。目前工程上常采用等效的方式处理冷却水管的问题。笔者等（2009）对水管冷却有限元法和水管等效热传导法两种计算模型的相关性进行了探讨，认为水管冷却等效热传导法与拱坝温度荷载的线性等效温度的思想是一致的：即等效线性温度并非真实的温度，而是虚拟的温度，但其力学作用与真实温度等效，换句话

说，总的温度作用等效，但不一定引起相近的效应量（温度、位移和应力等）。关于这一点，不同的专家存在不同的看法。此外，目前进行含冷却水管的混凝土浇筑仓温度场仿真计算时，水管冷却等效热传导方程中的混凝土初温的计算也存在不同的认识。混凝土初温是采用该混凝土浇筑仓开始通水时刻的浇筑仓平均温度，还是采用通水冷却期间的浇筑仓单元高斯点温度，抑或是采用每个时间步都变化的浇筑仓平均温度等，看法不一。另外，从能量的角度来分析基于水管冷却有限元法和水管冷却等效热传导法计算的徐变应力场也为工程科技人员所关注。为此，本章采用水管冷却有限元法和水管冷却等效热传导法，对含冷却水管的混凝土棱柱体进行温度场和徐变应力场对比分析，研究水管冷却等效热传导法中混凝土初始温度的计算方法，以及研究两种不同水管冷却热传导法计算的混凝土浇筑仓平均温度和应变能的相关性。

7.2.1 水管冷却模拟计算基本原理

目前，混凝土工程上对水管冷却效果的分析主要有两种计算模型：水管冷却有限元法和水管冷却等效热传导法。水管有限元法是在水管附近布置密集的有限元网格，以反映水管附近很大的温度梯度，采用迭代法计算水管水温与混凝土进行热交换而导致的沿程水温逐渐增大，从而获得温度场；水管冷却等效热传导法是把冷却水管看成热汇，在平均意义上考虑水管冷却的效果，其不需要在水管附近布置密度的有限元网格，采用通常的网格即可获得温度场。水管冷却有限元法的计算原理和水管冷却等效热传导法计算原理在文献（朱伯芳，1999）中有详细的叙述，以下仅对混凝土初温不同的计算方法以及混凝土浇筑仓平均温度和应变能的计算进行介绍。

7.2.1.1 混凝土初温计算方法

水管冷却等效热传导方程为（朱伯芳，1999）

$$\frac{\partial T}{\partial t}=a\nabla^2 T+(T_0-T_w)\frac{\partial \phi}{\partial t}+\theta_0\frac{\partial \Psi}{\partial t} \tag{7.2.1}$$

式中：T 为混凝土温度；t 为时间；a 为混凝土导温系数；T_0 为混凝土初温；T_w 为水管进口水温；θ_0 为最终绝热温升；ϕ、Ψ 为水管冷却效果的函数。

对于含冷却水管的混凝土浇筑仓，混凝土初温 T_0 的计算存在不同的算法。

算法1：采用该混凝土浇筑仓通水开始时刻的浇筑仓平均温度。设 t 时刻，该混凝土浇筑仓开始通水冷却，混凝土初温 $(T_0)_t$ 为

$$(T_0)_t=\sum_e\Big[\sum_g(T_g)_t V_g\Big]\Big/\sum_e\Big(\sum_g V_g\Big) \tag{7.2.2}$$

式中：$(T_g)_t$ 为 t 时刻单元高斯点温度；V_g 为单元高斯点占有体积，可采用该高斯点的雅可比行列式 $|J|$ 计算得到；$\sum\limits_g$ 为单元高斯点累加；$\sum\limits_e$ 为浇筑仓

单元累加；$\sum_e\left(\sum_g V_g\right)$ 为除去水管所占体积的混凝土浇筑仓体积。

算法2：采用通水冷却期间的浇筑仓单元高斯点温度 T_g，该温度随通水时间的变化而不断变化。

7.2.1.2　混凝土浇筑仓平均温度和应变能计算

设 t 时刻，混凝土浇筑仓在通水冷却时的弹性应变能和黏性应变能分别为

$$(U^e)_t=\sum_e\left\{\sum_g\left[\left(\frac{1}{2}\boldsymbol{\sigma}_{ij}\boldsymbol{\varepsilon}_{ij}^e\right)_g\right]_t V_g\right\} \tag{7.2.3}$$

$$(U^c)_t=\sum_e\left\{\sum_g\left[(\boldsymbol{\sigma}_{ij}\boldsymbol{\varepsilon}_{ij}^c)_g\right]_t V_g\right\} \tag{7.2.4}$$

式中：$\boldsymbol{\sigma}_{ij}$ 为应力分量；$\boldsymbol{\varepsilon}_{ij}^e$ 为弹性应变分量；$\boldsymbol{\varepsilon}_{ij}^c$ 为黏性应变分量。

7.2.2　算例分析

据已有工程经验，混凝土坝中埋设的水管间距通常为1.0～3.0m。为分析问题方便，现假设水管间距为2.0m建立分析模型。设混凝土棱柱体长 $L=100$m，宽×高=2m×2m，在混凝土棱柱体横截面的正中心方向布置了一根外径 $\phi=32$mm的冷却水管，混凝土棱柱体顶面散热，其他面为绝热边界。环境温度为 $T_a=17.5+10.8\cos\dfrac{2\pi}{365}(t-61)$，$t$ 的单位为天，冷却水入口温度为10℃，混凝土浇筑温度为10℃，混凝土绝热温升表达式为 $\theta(\tau)=25.3(1-e^{-0.315\tau})$，混凝土的导热系数 $\lambda=8.49$kJ/(m·h·℃)，比热 $c=0.955$kJ/(kg·℃)，密度 $\rho=2400$kg/m^3；混凝土的表面放热系数 $\beta=27.73$kJ/(m^2·h·℃)，水流流量 $q_w=24$m^3/d，比热 $c_w=4.187$kJ/(kg·℃)，密度 $\rho_w=1000$kg/m^3。混凝土弹性模量 $45.33\tau/(4.12+\tau)$GPa，τ 为混凝土龄期，徐变度为 $C(t,\tau)=(34.6+2.56\tau^{-1.13})[1-e^{-0.335(t-\tau)}]+(2.61+9.12\tau^{-0.44})[1-e^{-0.335(t-\tau)}]\times10^{-6}$(MPa)，线膨胀系数为 1×10^{-5}（℃），仅考虑变温荷载，不考虑自重，混凝土棱柱体侧面

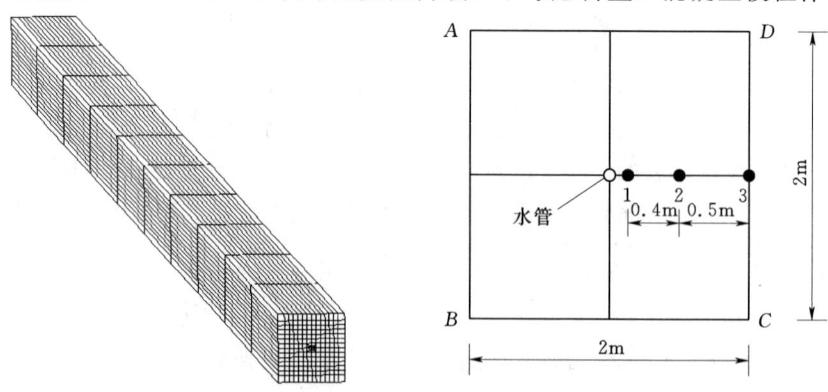

图7.2.1　有限元网格及典型结点示意图

和底面为完全位移约束。有限元网格及典型结点示意图见图 7.2.1，结点选在棱柱体中间 50m 所在剖面。

采用同一套含水管的有限元网格，记为 M，分别采用水管冷却有限元法和水管冷却等效传导法对比分析。

7.2.2.1 混凝土初温计算算法分析

对比分析了以下工况。

工况 1：采用水管冷却精细有限元法，对比了 3 种不同的开始通水时间，通水开始时间分别为 0d、0.5d、1d，连续通水 10d，这 3 组工况分别记为工况 11、工况 12、工况 13。

工况 2：采用水管冷却等效热传导法，混凝土初温采用 7.2.1 节基本原理中的算法 1，对比了 3 种不同的开始通水时间，通水开始时间分别为 0d、0.5d、1d，连续通水 10d，这 3 组工况分别记为工况 21、工况 22、工况 23。该工况需要采用式（7.2.2）分别计算 0d、0.5d、1d 时，混凝土棱柱体的平均温度作为式（7.2.1）中的初始温度，其中，通水开始时间为 0d 时，式（7.2.1）中的混凝土初温即为浇筑温度。

工况 3：采用水管冷却等效热传导法，混凝土初温采用 7.2.1 节基本原理中的算法 2，对比了 3 种不同的开始通水时间，通水开始时间分别为 0d、0.5d、1d，连续通水 10d，这 3 组工况分别记为工况 31、工况 32、工况 33。

与此同时，对上述 3 组工况，对比了 2 种不同的浇筑温度，浇筑温度分别为 10℃和 23℃。另外，本章还对水管附近的网格进行加密以及将棱柱体长度取为 50m，分别采用水管冷却精细有限元法和水管冷却等效法进行了对比。

浇筑温度 10℃时，不同计算工况下混凝土棱柱体平均温度对比见图 7.2.2；浇筑温度 23℃时，开始通水时间为 0.5d 时不同计算工况下典型测点温度过程线对比见图 7.2.3。

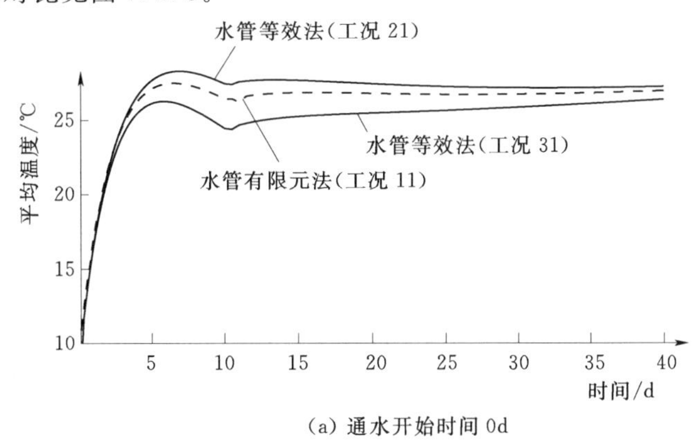

(a) 通水开始时间 0d

图 7.2.2（一） 浇筑温度 10℃时，不同计算工况下平均温度对比

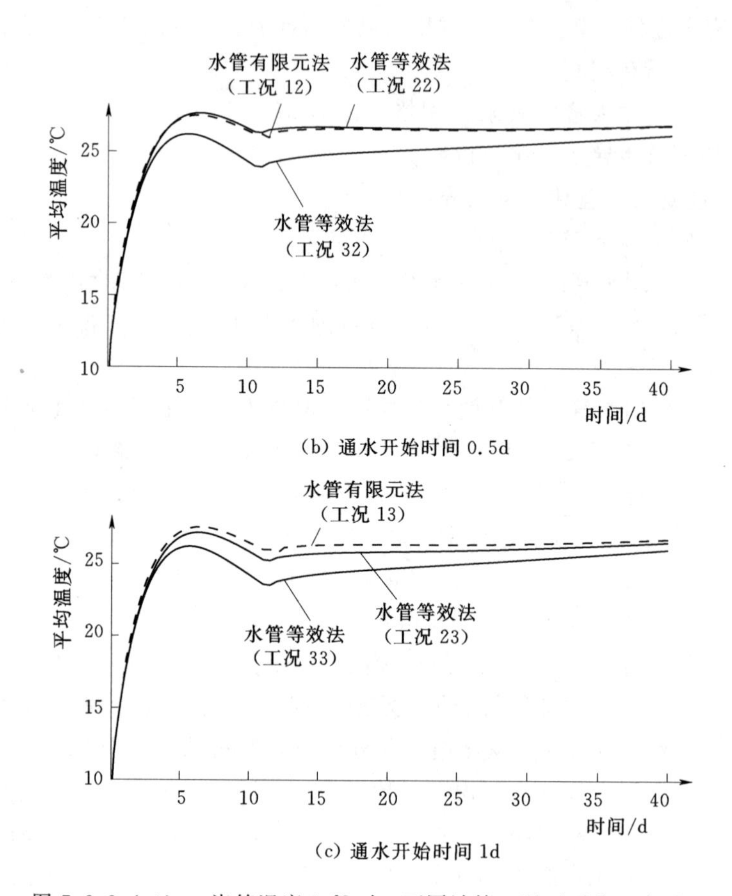

(b) 通水开始时间 0.5d

(c) 通水开始时间 1d

图 7.2.2（二）　浇筑温度 10℃时，不同计算工况下平均温度对比

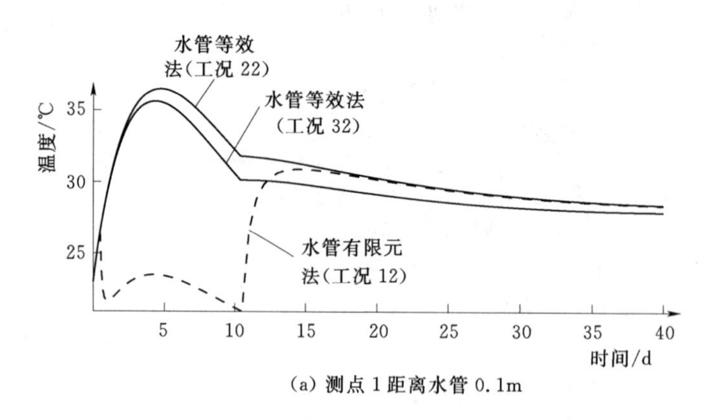

(a) 测点 1 距离水管 0.1m

图 7.2.3（一）　浇筑温度 23℃时，开始通水时间为 0.5d 时不同计算工况下温度过程线对比

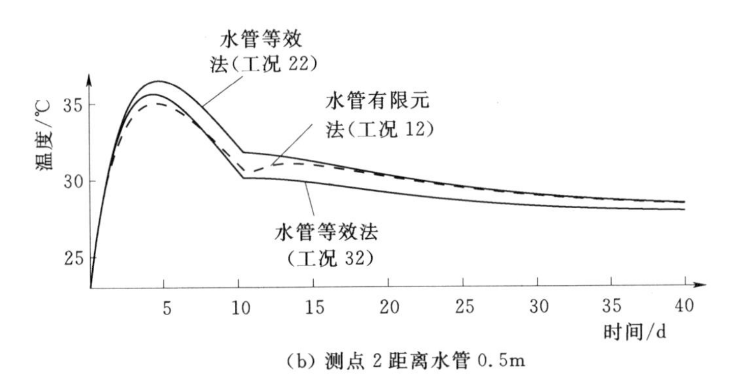

(b) 测点 2 距离水管 0.5m

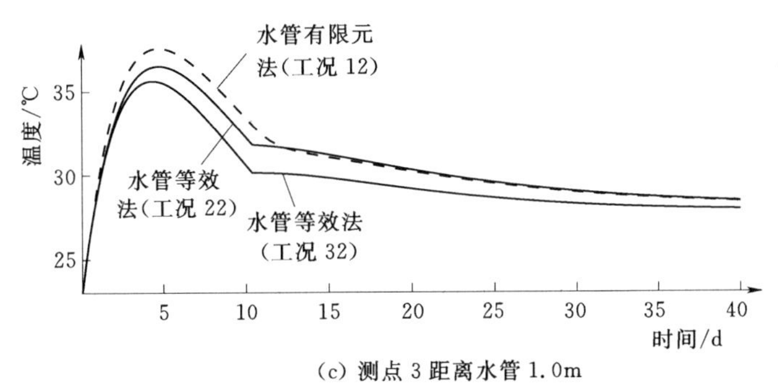

(c) 测点 3 距离水管 1.0m

图 7.2.3（二）　浇筑温度 23℃时，开始通水时间为 0.5d 时
不同计算工况下温度过程线对比

（1）由图 7.2.2 可知，浇筑温度 10℃时，水管冷却等效热传导法的混凝土初温采用开始通水时刻的混凝土平均温度（工况 2），计算的混凝土棱柱体平均温度，相对水管冷却等效热传导法的混凝土初温采用高斯点温度（工况 3），计算的平均温度更接近水管冷却精细有限元法计算的混凝土棱柱体平均温度。开始通水时间为 0.5d 和 1d 时，工况 2 计算的平均温度与水管冷却精细有限元法计算的平均温度吻合较好，开始通水时间为 0d 时，吻合得差一点，但工况 2 的吻合效果比工况 3 的吻合效果好。计算还表明，浇筑温度为 23℃时，计算规律与浇筑温度 10℃时基本一致。

（2）由图 7.2.3 可知，浇筑温度 23℃时，开始通水时间为 0.5d 时，虽然工况 1 和工况 2 计算的混凝土棱柱体的平均温度吻合程度好，但距离水管不同距离处的温度差异较大。在通水期间，随着距离水管的距离增大，先水管冷却精细有限元法计算的节点温度低于水管冷却等效热传导法，然后水管冷却精细有限元法计算的节点温度高于水管冷却等效热传导法。当停止通水一段时间后，工况 1 和工况 2 计算的节点温度过程线吻合的好。

（3）由图 7.2.2 和图 7.2.3 可知，水管冷却等效热传导法中的混凝土初始采用高斯点温度，且该高斯点温度随时间变化，由本算例分析表明，其计算的混凝土棱柱体平均温度相对水管冷却精细有限元法计算的平均温度低，且差异较大。建议水管冷却等效热传导方程中的混凝土初温采用含冷却水管的混凝土棱柱体在通水开始时刻的混凝土平均温度。

（4）水管冷却等效热传导法计算的混凝土平均温度与水管冷却精细有限元法计算的平均温度接近，前者是后者的等效平均，但前者和后者的同一节点温度不一样，且它们的差异有时还比较大。

（5）对水管附近的网格进行加密以及将棱柱体长度取为50m，分别采用水管冷却精细有限元法和水管冷却等效热传导法进行了对比，计算规律与上述结论基本一致。

7.2.2.2　混凝土浇筑仓平均温度和应变能分析

对比分析了以下工况：

工况11：采用水管冷却有限元法，通水开始时间为0d，连续通水10d，仿真计算温度场后，接着进行徐变应力场仿真分析，温度场和徐变应力场仿真计算的有限元网格均为M。

工况12：采用水管冷却有限元法，通水开始时间为0.5d，连续通水10d，仿真计算温度场后，接着进行徐变应力场仿真分析，温度场和徐变应力场仿真计算的有限元网格均为M。

工况13：采用水管冷却有限元法，通水开始时间为1d，连续通水10d，仿真计算温度场后，接着进行徐变应力场仿真分析，温度场和徐变应力场仿真计算的有限元网格均为M。

工况21：采用水管冷却等效热传导法，通水开始时间为0d，连续通水10d，仿真计算温度场后，接着进行徐变应力场仿真分析，温度场和徐变应力场仿真计算的有限元网格均为M。

工况22：采用水管冷却等效热传导法，通水开始时间为0.5d，连续通水10d，仿真计算温度场后，接着进行徐变应力场仿真分析，温度场和徐变应力场仿真计算的有限元网格均为M。

工况23：采用水管冷却等效热传导法，通水开始时间为1d，连续通水10d，仿真计算温度场后，接着进行徐变应力场仿真分析，温度场和徐变应力场仿真计算的有限元网格均为M。

其中，水管冷却等效热传导法需要采用式（7.2.2）分别计算0d、0.5d、1d时，混凝土棱柱体的平均温度作为水管冷却等效热传导方程中的初始温度，如通水开始时间为0d时，水管冷却等效热传导方程中的混凝土初温即为浇筑温度。

不同计算工况下混凝土棱柱体应变能对比见图7.2.4；开始通水时间为

0.5d时不同计算工况下典型测点第一主应力过程线对比见图7.2.5。

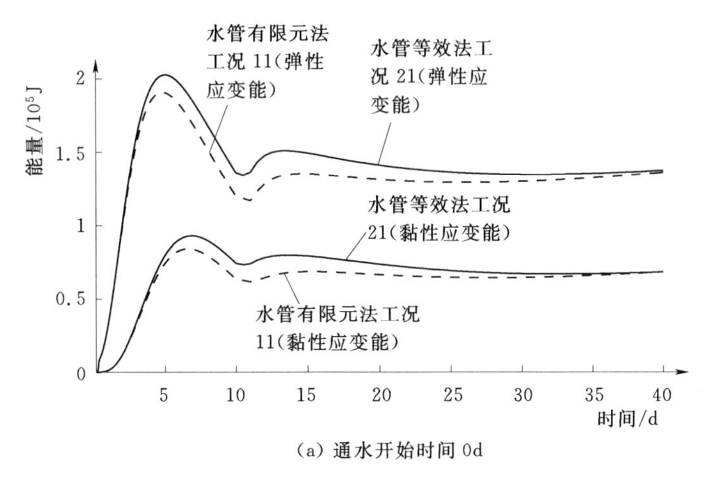

(a) 通水开始时间0d

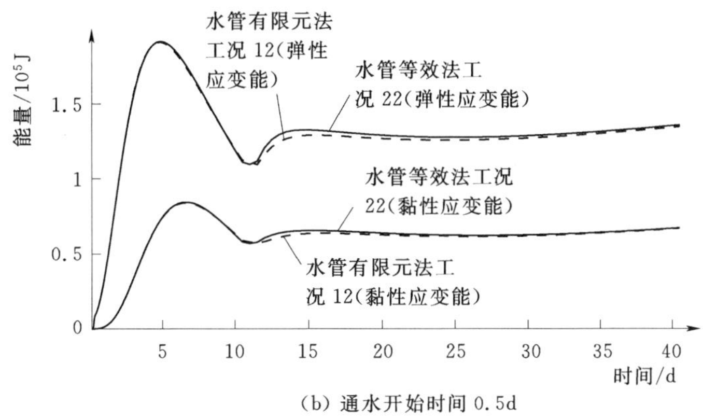

(b) 通水开始时间0.5d

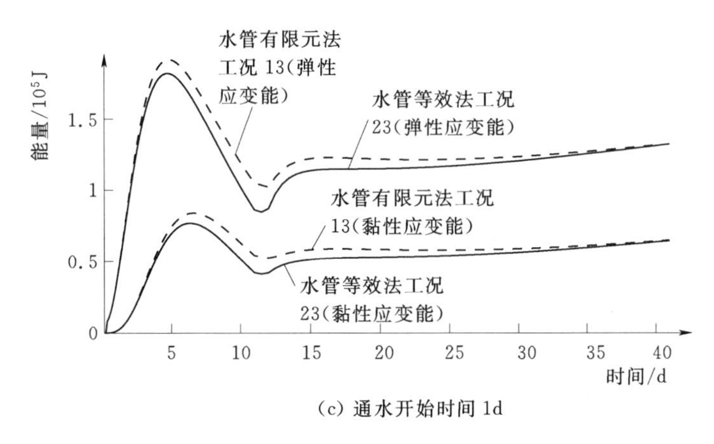

(c) 通水开始时间1d

图7.2.4 不同计算工况下应变能对比

(1) 由图7.2.4可知，由于水管冷却等效热传导法计算的混凝土棱柱体平

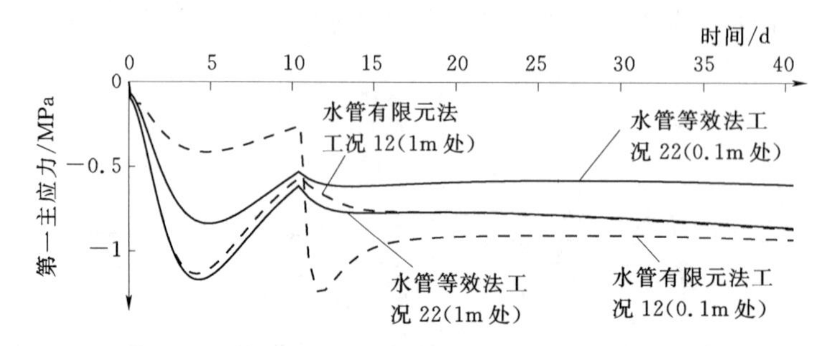

图 7.2.5 开始通水时间为 0.5d 时不同计算工况下
第一主应力过程线对比

均温度，和水管冷却有限元法计算的混凝土棱柱体平均温度接近，这两种不同的水管冷却计算模型计算的弹性应变能和黏性应变能也接近，且应变能接近的程度正比于平均温度接近的程度。

（2）由图 7.2.5 可知，开始通水时间为 0.5d 时，虽然工况 1 和工况 2 计算的混凝土棱柱体的弹性应变能和黏性应变能吻合程度好，但距离水管不同距离处的第一主应力差异较大。

（3）综上可见，水管冷却等效热传导法计算的混凝土平均温度与水管冷却有限元法计算的平均温度接近，前者是后者的等效平均，但前者和后者的同一节点温度不一样，且它们的差异有时还比较大，由于前者是后者温度的等效平均，所以前者和后者的弹性应变能和黏性应变能接近，但前者和后者的同一节点的应力不一样，且它们的差异有时还比较大，即等效线性温度并非真实的温度，而是虚拟的温度，但其力学作用与真实温度等效，换句话说，总的温度作用等效，但不一定引起相近的效应量（温度、位移和应力等）。

7.2.3 小结

研究了水管冷却等效热传导法中混凝土初始温度的计算方法，然后从能量角度对水管冷却有限元法和水管冷却等效热传导法的相关性进行了分析，得到以下结论：

（1）水管冷却等效热传导方程中的混凝土初温应是含冷却水管的混凝土棱柱体在通水开始时刻的混凝土平均温度，该平均温度可由混凝土棱柱体单元高斯点温度与高斯点所占体积的乘积除于混凝土棱柱体单元体积获得。

（2）水管冷却等效热传导法计算的混凝土平均温度与水管冷却有限元法计算的平均温度接近，前者是后者的等效平均，但前者和后者的同一节点温度不一样，且它们的差异有时还比较大。

（3）由于水管冷却有限元法和水管冷却等效热传导法计算的温度等效平

均，所以前者和后者的弹性应变能和黏性应变能接近，且应变能接近的程度正比于平均温度接近的程度，但前者和后者的同一节点的应力不一样，且它们的差异有时还比较大。

(4) 等效线性温度并非真实的温度，而是虚拟的温度，但其力学作用与真实温度等效，即总的温度作用等效，但不一定引起相近的效应量（温度、位移和应力等）。

7.3 施工期准大体积混凝土结构温控防裂措施优选方法

大量工程实践表明，水闸闸墩、渡槽槽壁、泄洪洞衬砌混凝土等准大体积混凝土在施工期经常会出现裂缝。为此，工程单位采用改善混凝土抗裂性能、预冷骨料、表面保温和养护、通水冷却等措施进行温控防裂。研究表明，对于准大体积混凝土，如果初期保温效果过强，在拆模时，受环境气温影响的冷击现象明显；如果采取通水冷却来减小内外温差，虽然能降低混凝土内部的温度，但降温速率过快，同样会引起严重裂缝；针对大体积混凝土，朱伯芳（2009）提出了“小温差、早冷却、缓冷却”的通水理念，但对准大体积混凝土来说，通水冷却主要目的是控制最高温度，因此小温差、早冷却、缓冷却的通水理念有时并不适用。朱伯芳（2008）提出了一个改善混凝土抗裂能力的新理念：混凝土的半熟龄期，即混凝土绝热温升、强度等达到其最终值一半时的龄期，它代表绝热温升和强度增长的速度。分析表明，如果混凝土绝热温升的半熟龄期太小，内部温度上升太快，以致天然散热和人工冷却还没有来得及充分发挥作用时，混凝土温度已上升到最高，随后将产生较大的降温幅度和温度应力。由于很多准大体积混凝土结构采用泵送混凝土，而泵送混凝土放热量和放热速率一般较常态混凝土大，即泵送混凝土的半熟龄期一般较小，这导致试图加大通水流量和降低通水温度等措施来控制最高温度的效果不很明显。其实，准大体积混凝土温控防裂取决于浇筑温度、环境气温、表面保温、水管间距、通水水温、通水流量、通水时间等温控措施，同时还取决于绝热温升、弹性模量、强度参数和徐变度等材料参数的增长速率，它是一个复杂得多因素系统优选问题。但目前报道的准大体积混凝土温控防裂文献多是单个温控因素的敏感性分析，少有多个温控因素的优选分析，为此，本章初步探讨基于均匀设计的神经网络模型优选温控因素。

7.3.1 温控措施智能优选原理

7.3.1.1 温度场和徐变应力场仿真分析原理

对于诸如水闸等准大体积混凝土结构，采用水管冷却有限元法仿真计算的温度场更符合实际情况。获得含冷却水管的准大体积混凝土结构的温度场计算结果后，然后进行徐变应力场仿真分析。混凝土结构徐变应力场仿真分析原理在朱伯芳（2003）专著中有详细的叙述，本章不再赘述。笔者采用 Visual Fortran 语言编制了混凝土结构徐变应力场仿真分析程序。

7.3.1.2　基于均匀设计的神经网络模型优选准大体积混凝土温控措施

关于均匀设计和神经网络模型的基本原理在方开泰等（2001）和冯夏庭（2000）等专著有较详细的阐述，本章不再赘述。

准大体积混凝土温控防裂取决于浇筑温度、环境气温、表面保温、水管间距、通水水温、通水流量、通水时间等温控措施，同时还取决于绝热温升、弹性模量、强度参数和徐变度等材料参数，它是一个复杂得多因素系统优选问题。由于过多的因素进行联合优选难度很大，本章尝试在已知混凝土热力学材料参数情况下的温控措施优选。考虑到混凝土开裂与否间接取决于最高温度和降温速率等，而直接取决于混凝土结构的主拉应力，本章主要分析准大体积混凝土结构的主拉应力历时曲线和抗拉强度的增长曲线的关系。以下介绍基于均匀设计的神经网络模型优选温控防裂措施的思路。其主要步骤分以下 3 步：

（1）利用数值方法产生神经网络的学习样本，即首先设置待优选浇筑温度、表面保温效果、通水水温、通水流量、通水时间等温控措施的取值水平，利用均匀设计方法在待优选参数 $\boldsymbol{x}=\{x_1,x_2,\cdots,x_n\}$ 的可能取值空间中构造参数取值组合，形成待优选参数若干个取值集合。然后，分别建立准大体积混凝土温度场和徐变度应力场仿真分析有限元模型，把每一个待优选参数的取值集合输入准大体积混凝土温度场仿真计算模型，进行温度场仿真计算，然后进行徐变应力场仿真计算，并获得准大体积混凝土结构内部和表面关键点的第一主应力过程线，由此获得内部和表面主拉应力历时曲线和抗拉强度的增长曲线的关系的最小值$\left[\dfrac{[\sigma_1]_\tau-(\sigma_{1\tau})_{in}}{[\sigma_1]_\tau}\right]_{min}$、$\left[\dfrac{[\sigma_1]_\tau-(\sigma_{1\tau})_{out}}{[\sigma_1]_\tau}\right]_{min}$，其中，$[\sigma_1]_\tau$ 为随龄期增长的抗拉强度，$(\sigma_{1\tau})_{in}$ 为内部主拉应力历时曲线，$(\sigma_{1\tau})_{out}$ 为表面主拉应力历时曲线。最后，将准大体积混凝土关键点的 $\left[\dfrac{[\sigma_1]_\tau-(\sigma_{1\tau})_{in}}{[\sigma_1]_\tau}\right]_{min}$、$\left[\dfrac{[\sigma_1]_\tau-(\sigma_{1\tau})_{out}}{[\sigma_1]_\tau}\right]_{min}$ 作为输入，待优选参数 $\boldsymbol{x}=\{x_1,x_2,\cdots,x_n\}$ 可能的取值作为输出，组成学习样本。

（2）利用该样本集对神经网络进行训练，获得较为合理的神经网络模型。基于均匀设计原理的神经网络模型见图 7.3.1。

（3）根据设计要求和工程经验确定合适的内部和表面主拉应力历时曲线和抗拉强度的增长曲线的关系的最小值$\left[\dfrac{[\sigma_1]_\tau-(\sigma_{1\tau})_{in}}{[\sigma_1]_\tau}\right]_{min}^{opt}$、$\left[\dfrac{[\sigma_1]_\tau-(\sigma_{1\tau})_{out}}{[\sigma_1]_\tau}\right]_{min}^{opt}$，

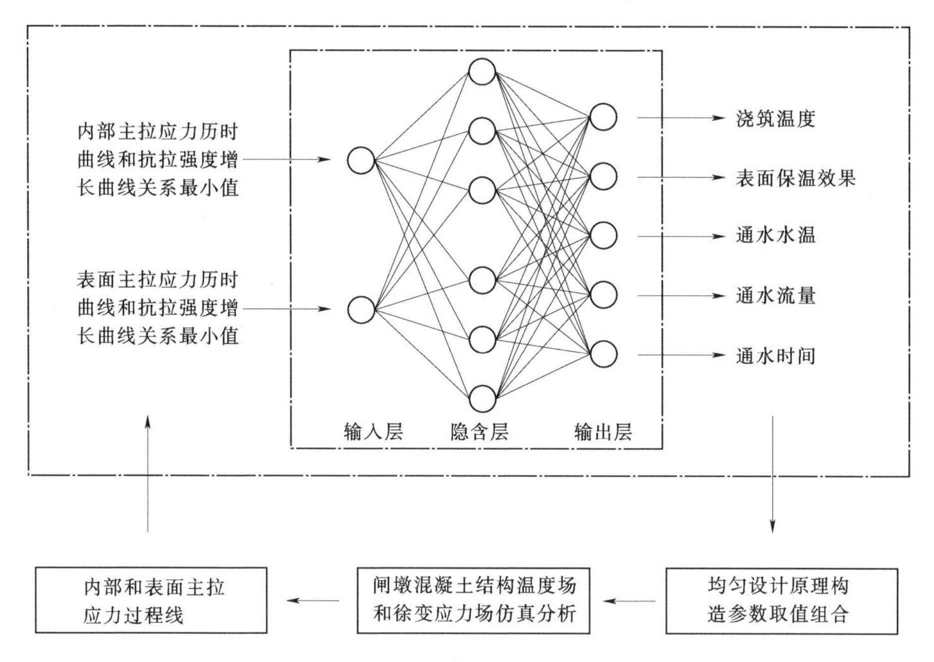

图 7.3.1 基于均匀设计原理的神经网络模型

然后，将确定的合适值输入训练好的神经网络模型，即能优选出合理的浇筑温度、表面保温效果、通水水温、通水流量、通水时间等温控措施。最后，根据工程实际情况以及工程经验等，对优选出的温控措施略作调整，然后指导实际温控防裂。

7.3.2 工程实例

淮河干流某进（退）洪闸工程共有 5 孔，单孔净宽 8m，闸墩高 8.5m，闸室顺水流方向长 15.50m，中墩厚 1.2m，底板厚 1.4m，采用泵送混凝土。闸体混凝土浇筑时间集中在 2—4 月。

7.3.2.1 优选因素的确定

由于闸墩混凝土温控防裂是一个复杂的多因素系统优选问题，而过多的因素进行联合优选难度很大，本章尝试已知混凝土热力学材料参数情况下的温控措施优选，并假设闸墩立模时间为 7d，在闸墩混凝土拆模后，间歇 1d 覆盖表面保温材料，在闸墩正中间布设冷却水管（钢管）进行通水冷却，水管垂直间距为 1m。由于泵送混凝土绝热温升半熟龄期较小，其半熟龄期仅为 1.5d，以致水管通水流量对闸墩混凝土的温度和应力相对不敏感，根据工程经验，通水流量取为 $24m^3/d$。经综合分析，拟对闸墩立模 7d 内的保温效果、浇筑温度、通水水温、通水时间共 4 个温控因素进行优选。

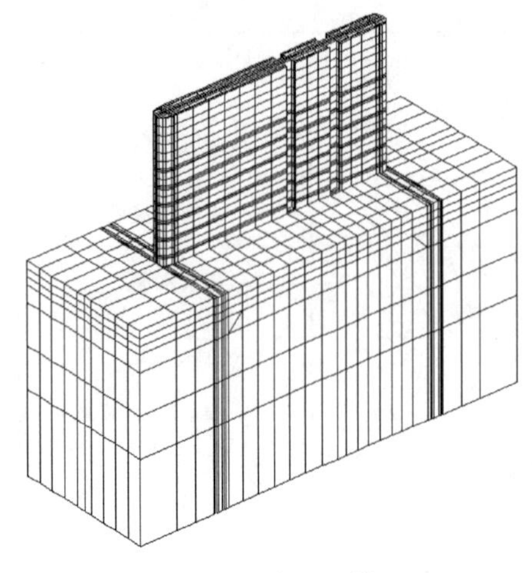
图 7.3.2　有限元模型

7.3.2.2　有限元模型

采用水管冷却有限元法模拟水管冷却效果，即在冷却水管周围布置密集的网格，采用空间六面体8结点等参单元，对典型中闸墩、冷却水管、闸底板及计算域进行网格剖分，共剖分单元11860个，结点14321个，有限元模型见图7.3.2。

7.3.2.3　计算荷载及参数

对闸底板和闸墩进行施工期温度场仿真分析时，混凝土绝热温升为 $\theta(\tau)=51.6\tau/(1.5+\tau)$，其余热学参数则参考室内和该工程周边同类水闸工程给定；环境气温采用该水闸工程所在地区的多年月平均气温；对闸底板和闸墩进行施工期应力场仿真分析时，考虑自重、温度荷载以及徐变等，混凝土弹性模量 $E(\tau)=40400\tau/(3.5+\tau)$MPa，热膨胀系数 $\alpha=1\times10^{-5}$(℃)，抗拉强度为 $\sigma_0(\tau)=3.8\tau/(4.7+\tau)$MPa，混凝土8参数徐变度为

$$C(t,\tau)=(0.0016+62.6833\tau^{-0.6294})[1-e^{-0.3615(t-\tau)}] \\ +(2.3562+51.881\tau^{-0.6036})[1-e^{-0.0134(t-\tau)}]10^{-6}(\text{MPa})$$

7.3.2.4　温控参数取值范围

根据水闸施工的工程经验及该工程实际条件，选定通水水温取值范围为12～18℃，通水时间取值范围为3～6d，闸墩立模7d内的表面放热系数取值范围为5～60.5kJ/(m^2·h·℃)，浇筑温度取值范围为15～21℃；采用均匀设计方法对这4个温控因素进行组合，温控参数水平数均取4，即通水水温取12℃、14℃、16℃、18℃，通水时间取3d、4d、5d、6d，表面放热系数取5kJ/(m^2·h·℃)、23.5kJ/(m^2·h·℃)、42kJ/(m^2·h·℃)、60.5kJ/(m^2·h·℃)，浇筑温度取15℃、18℃、21℃、24℃；依据均匀设计原理，给出了16组不同组合。

7.3.2.5　学习样本准备

结合均匀设计方法组合的温控参数，先采用水管冷却有限元法进行闸底板和闸墩施工期温度场仿真分析，然后进行徐变应力场仿真分析。其中，底板浇筑后间歇20d开始闸墩混凝土浇筑，闸墩混凝土浇筑后，仿真分析30d，初期计算时间步长为0.25d，后期计算时间步长0.5d。由此获得闸墩内部和表面主拉应力历时曲线和抗拉强度的增长曲线的关系的最小值 $\left[\frac{[\sigma_1]_\tau-(\sigma_{1\tau})_{in}}{[\sigma_1]_\tau}\right]_{min}$、

$\left[\frac{[\sigma_1]_\tau-(\sigma_{1\tau})_{out}}{[\sigma_1]_\tau}\right]_{min}$，共获得 16 个学习样本，见表 7.3.1。由分析可见，表面保温效果强，拆模时，将在表面产生较大的拉应力，该拉应力甚至大于同龄期下的抗拉强度。

表 7.3.1　　　学　习　样　本

序号	通水水温/℃	通水时间/d	表面放热系数/[kJ/(m² · h · ℃)]	浇筑温度/℃	$\left[\frac{[\sigma_1]_\tau-(\sigma_{1\tau})_{in}}{[\sigma_1]_\tau}\right]_{min}$	$\left[\frac{[\sigma_1]_\tau-(\sigma_{1\tau})_{out}}{[\sigma_1]_\tau}\right]_{min}$
1	12	3	5	21	0.153	−0.574
2	12	4	42	15	0.321	0.257
3	12	5	23.5	18	0.235	0.528
4	12	6	60.5	24	0.034	0.24
5	14	3	60.5	18	0.239	0.195
6	14	4	23.5	24	0.092	0.147
7	14	5	42	21	0.15	0.215
8	14	6	5	15	0.301	−0.281
9	16	3	23.5	15	0.312	0.576
10	16	4	60.5	21	0.161	0.158
11	16	5	5	24	0.08	−0.611
12	16	6	42	18	0.238	0.177
13	18	3	42	24	0.075	0.135
14	18	4	5	18	0.198	−0.504
15	18	5	60.5	15	0.307	0.113
16	18	6	23.5	21	0.149	0.292

7.3.2.6 神经网络模型训练

将表 7.3.1 中 $\left[\frac{[\sigma_1]_\tau-(\sigma_{1\tau})_{in}}{[\sigma_1]_\tau}\right]_{min}$、$\left[\frac{[\sigma_1]_\tau-(\sigma_{1\tau})_{out}}{[\sigma_1]_\tau}\right]_{min}$ 作为输入，通水水温、通水时间、表面放热系数和浇筑温度作为输出，建立神经网络模型。为防止计算过程出现“过拟合”等问题，在进行网络训练前，对数据进行了“归一化”处理。采用 3 层 BP 神经网络进行训练，其中隐含层神经元数目采用 10 个，经过 2000 次学习训练后，自动结束并获得网络模型。

7.3.2.7 温控措施智能优选

根据水闸工程经验，确定合适的内部和表面主拉应力历时曲线和抗拉强度的增长曲线的关系的最小值分别为 $\left[\frac{[\sigma_1]_\tau-(\sigma_{1\tau})_{in}}{[\sigma_1]_\tau}\right]_{min}^{opt}=0.3$、$\left[\frac{[\sigma_1]_\tau-(\sigma_{1\tau})_{out}}{[\sigma_1]_\tau}\right]_{min}^{opt}=0.5$；

将其代入训练好的网络模型，优选出的温控参数“反归一化”处理后分别为15.12℃、3.71d、17.93kJ/(m²·h·℃)、14.99℃，再根据工程实际情况以及工程经验等，对优选出的温控措施略作调整，确定的温控措施为采用15℃左右的通水水温，连续通水时间为4d左右，表面保温后放热系数为20kJ/(m²·h·℃)左右，浇筑温度控制在15℃左右。由此可见，通水水温并非越低越好，而通水时间也并非越长越好；表面保温宜适中，过强的表面保温将在拆模时引起很大的拉应力，而较弱的表面保温将在初期的表面主拉应力历时曲线和抗拉强度的增长曲线的关系值较小，易引起早龄期开裂；由于泵送混凝土绝热温升半熟龄期较小，适当降低浇筑温度对控制混凝土拉应力有利。

7.3.3　小结

（1）准大体积混凝土温控防裂是一个复杂得多因素系统优选问题，考虑到过多的因素进行联合优选难度很大，本章尝试已知混凝土热力学材料参数情况下的温控措施优选，即将准大体积混凝土结构内部和表面主拉应力历时曲线和抗拉强度的增长曲线的关系的最小值作为输入，闸墩表面保温效果、浇筑温度、通水水温、通水时间作为输出，建立了温控措施优选的神经网络模型，给出了基于均匀设计的神经网络模型优选温控措施的步骤。

（2）结合某水闸工程，展示了建立的温控措施优选神经网络模型，将合适的内部和表面主拉应力历时曲线和抗拉强度的增长曲线的关系的最小值输入训练好的网络，可自动优选出合理的温控防裂措施。分析表明，对于准大体积混凝土，通水水温并非越低越好，而通水时间也并非越长越好；表面保温宜适中，过强的表面保温将在拆模时引起很大的拉应力，而较弱的表面保温将在初期的表面主拉应力历时曲线和抗拉强度的增长曲线的关系值较小，易引起早龄期开裂；由于泵送混凝土绝热温升半熟龄期较小，适当降低浇筑温度对控制混凝土拉应力有利。

7.4　施工期混凝土坝通水冷却控制论法

将通水冷却阶段的混凝土坝作为控制系统，采用现代控制理论建立混凝土坝通水措施最优调控模型，实时指导现场混凝土坝温控防裂。笔者设计的关于施工期混凝土坝通水冷却控制论法的研究思路为：首先将受控对象数学状态方程和优化布置的观测器有机耦合，建立高效、准确且计算工作量小的受控对象数学状态模型；接着深入研究状态变量和控制变量的完备约束条件，同时设计合理的性能指标泛函，从而建立混凝土坝通水措施最优调控模型；然后采用受控对象数学状态模型动态超前预测未来若干天的温度轨线，采用状态变量的约

束条件进行预警，以动态预测温度轨线和设计标准温度轨线设计性能指标泛函，引入优化算法，从控制域空间中，优选获得当前最优通水措施，实时调控未来若干天的通水冷却。若干天后，由观测器的输出，采用自校正算法动态校正受控对象数学状态模型，再次动态预测-预警-优化调控，实现混凝土坝温控防裂目的。施工期混凝土坝通水冷却控制论法框图见图 7.4.1。

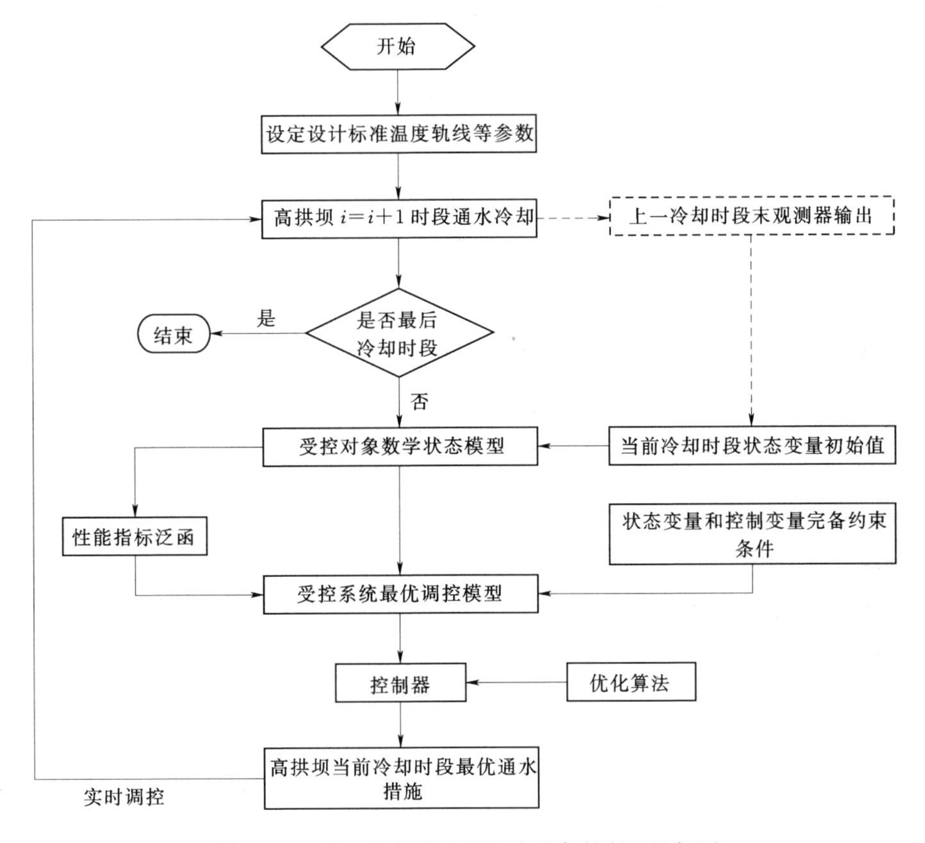

图 7.4.1　施工期混凝土坝通水冷却控制论法框图

以下对施工期混凝土坝通水冷却控制论法的几个关键问题逐一介绍

7.4.1　受控对象数学状态模型

由于笔者以“动态预测温度轨线和设计温度轨线来设计性能指标泛函”，因此，建立快速、准确且计算工作量小的受控对象数学模型是混凝土坝通水冷却能够成功实现实时优化调控的前提。通水冷却期间的混凝土坝可以抽象为两个要元组成：①受控对象数学状态方程。②定解条件：边界条件、初始条件。以往由于没有将受控对象数学状态方程与观测器有机耦合，导致受控对象数学状态方程一般为偏微分方程，不得不采用数值方法进行求解，这导致计算工作量大，难以实现实时优化调控。为此，基于受控对象数学状态方程和观测器有机耦合来建立受控对象数学状态模型。

7.4.1.1　优选受控对象数学状态方程

一般来说，以“有热源水管冷却实用方程、无热源水管冷却实用方程和考虑外界温度影响的水管冷却方程等”作为受控对象数学状态方程。

严格来说，应将通水冷却期间的混凝土坝作为受控对象，将无穷维的分布参数系统离散为有穷维的集中参数系统。结合水管冷却混凝土温度变化规律，对水管冷却温度场有限元方程、水管冷却温度场差分方程、水管冷却温度场复合算法方程、改进的复合算法方程、有热源水管冷却实用方程、无热源水管冷却实用方程、考虑外界温度影响的水管冷却方程、利用进出口水温的温度预测方程等进行比选，依据模拟的简单性、实用性和有效性等优选原则，优选获得受控对象数学状态方程。

关于受控对象数学状态方程中的绝热温升函数和水冷函数等存在计算模型和材料参数不确定性问题，可以基于现场试验观测值，对受控对象数学状态方程进行模型辨识和参数估计。

7.4.1.2　受控对象数学状态方程和观测器输出的耦合研究

由于混凝土坝现场施工条件复杂，受控对象受到外界和内部多种复杂因素耦合影响。例如，中后期冷却阶段的混凝土坝浇筑块，由于上下游表面粘贴了保温苯板，外界气温变化对混凝土浇筑仓内部温度影响有限；又由于混凝土可能高掺粉煤灰，后期存在缓慢放热。为此，从动态预测的角度出发，将受控对象数学状态方程和观测器输出有机耦合，对受控对象数学状态方程设计自校正算法，动态修正上下游表面不是绝热边界以及高掺粉煤灰缓慢放热等引起的误差，从而将“初始条件”和受控对象数学状态方程有机耦合。

对于处于初期冷却阶段的混凝土坝新浇筑仓，由于浇筑仓顶面受外界环境温度影响很大，拟建立水管冷却有限元模型，结合不同月份的外界环境温度，研究受控对象数学状态方程的校正函数，以考虑外界环境温度影响。与此同时，采用前述设计的自校正算法动态修正初期冷却阶段不确定因素引起的误差，从而将“初始条件”、边界条件和受控对象数学状态方程有机耦合。

综合上述研究，建立快速、准确且计算工作量小的受控对象数学状态模型。

7.4.2　受控对象能观性研究及观测器的优化布置

相对于应力应变观测而言，温度观测容易实现且观测精度高，为此，以温

度传感器作为观测器。由于通水冷却期间的混凝土坝的温度场十分复杂，必须埋设足够数量的观测器才能提供足够的信息确定受控系统的状态。

（1）基于受控对象数学状态模型设计的自校正算法，确定观测器需要输出的温度信息；接着针对冷却水管布置在老混凝土顶面或布置在新浇筑仓中间等不同情形，设计观测方案；然后采用水管冷却有限元法进行不同水管间距、不同水管材质、不同冷却阶段（初期冷却、中后期冷却）的混凝土块温度场仿真分析，研究观测器输出和不同冷却阶段的受控对象温度状态之间的关系；进而研究能否由观测器的输出判定不同冷却阶段受控对象温度状态的问题，即能观性问题。

（2）采用水管冷却有限元法进行温度场仿真分析，将观测器埋设位置作为几何位置不确定性问题，以少而精为原则，基于观测器需要输出“足够”的温度信息，采用优化算法研究确定受控对象观测器的埋设布置。

对于实际工程问题，合理设计受控对象数学状态模型和观测器，能观性问题总能自动满足。

7.4.3 通水措施最优调控模型建立

建立混凝土坝通水措施最优调控模型必须研究受控对象数学状态模型、状态变量的初始值、状态变量和控制变量的约束条件以及合理的性能指标泛函等4个组成部分。

7.4.3.1 受控对象数学状态模型

在7.4.1节中，基于受控对象数学状态方程和观测器有机耦合，介绍了混凝土坝通水冷却数学状态模型的建立。

7.4.3.2 状态变量的初始值

由受控对象的数学状态模型的自校正算法结合观测器的输出来校正任意冷却时段起始时刻状态变量的初始值。

7.4.3.3 状态变量和控制变量完备约束条件

选取通水温度、通水流量、通水时间和通水时机等作为控制变量。由于通水冷却期间的混凝土坝的温度场十分复杂，状态变量和控制变量有时相互制约，导致状态变量的选取较复杂，在实际工程中，可以对不同通水阶段（初冷、中后冷）选取不同的温度状态变量。

一般来说，状态变量和控制变量的约束条件可以直接依据设计温控标准和设计温度过程线来确定。

严格来说，应广泛收集不同混凝土坝温控措施中的容许最高温度、降温速率、温度梯度、典型龄期的温度指标、内外容许温差、不同冷却阶段的目标温度、不同冷却阶段混凝土初温和通水水温的控制条件，变换水温差的控制条件，以及冷却区高度控制条件等，研究不同混凝土坝温控措施中的共性和有分歧或不明确的方面；然后针对分歧和不明确的方面，例如，初期冷却阶段混凝土初温和通水水温的控制条件是否可以适当放宽存在一定分歧，中后期冷却阶段，垂直向温度分布采用台阶型、斜线型或折线型也存在一定分歧等，设计不同材料参数、不同环境温度、不同通水措施和不同冷却方式下的高拱坝混凝土块温度场和徐变应力场仿真计算，深入研究状态变量和控制变量的约束条件。

7.4.3.4 合理的性能指标泛函

性能指标泛函的设计既要考虑冷却时间上的温度状态，又要考虑冷却空间上的温度状态。可以依据设计标准温度轨线和合理的垂直向温度梯度分布，基于受控对象数学状态模型动态预测温度轨线，将末值型指标泛函和积分型指标泛函进行组合来设计性能指标泛函。另外，可以将末值型指标泛函和特征值型指标泛函进行组合设计性能指标泛函。

7.4.4 通水措施最优调控模型求解及能控性研究

受控系统最优调控模型的求解方法较多，可以分为不同带约束的最优化方法、均匀设计（或正交设计）、粒子群（或遗传算法）、均匀设计（或正交设计）-演化神经网络-遗传算法（或粒子群）以及均匀设计（或正交设计）-演化支持向量机-遗传算法（或粒子群）等智能优选方法。可以结合实际工程问题，依据模拟的简单性、实用性和有效性等原则研究确定。

与此同时，应研究受控对象数学状态方程随控制变量的增减函数关系，然后基于不同冷却阶段的设计标准温度轨线，确定受控系统冷却时段初始温度状态，输入控制域内的任意控制变量（通水水温、通水流量等），结合受控对象数学状态模型，研究受控系统在冷却时段内，由给定状态可以调控到其他状态的目标集，即进行受控系统的能控性研究。

对于实际工程问题，对受控对象数学状态模型进行能控性研究，可以更充分认识受控对象的冷却工作状态。

7.4.5 通水措施最优调控系统及控制器

笔者等设计的混凝土坝中后期通水冷却最优调控系统，由人机接口、控制电路系统、通水控制回路、大体积混凝土、中后期通水措施优化调控方法5部分组成。观测器测量受控对象（大体积混凝土）的温度状态，动态校正受控对象数学状态模型，再由中后期通水措施优化调控方法获得最优通水控制措施，控制器对最优通水控制措施进行变换、处理和加工，形成控制指令，再施加到受控对象上，使受控对象的温度按控制轨迹变化。

对于实际工程问题的控制器，可以采用单片机执行指令，工控机进行优化

调控。

7.5 受控对象通水冷却数学状态模型研究

水管冷却是混凝土坝施工中温控防裂的重要技术措施，在国内外已广泛采用。坝体混凝土通水冷却一般分为初期、中期、后期3个阶段。初期即一期通水冷却，其作用主要是消减早期混凝土最高温度峰值，高温季节一般采用制冷水，其他季节可采用低温河水。中后期冷却主要是使坝体混凝土温度降低至目标温度或封拱温度。为了及时指导大坝施工现场温控人员进行通水措施的具体实施，有必要进行水管冷却效果的预测。以下分别介绍初期通水冷却数学状态模型和中后期通水冷却数学状态模型。

7.5.1 施工期混凝土坝初期通水冷却数学状态模型

混凝土坝新浇筑仓开始浇筑混凝土时，一般即开始进行初期（一期）通水冷却，因此，混凝土坝的新浇筑仓是一个初期通水冷却和层面共同散热的问题，这个问题在数学处理上十分困难。针对该问题，朱伯芳等（2003、2009）进行了大量的研究工作。水管冷却有限元法计算精度高，但由于需要在水管附近布置密集的网格，前处理量十分巨大，实际工程应用存在很大的困难。水管冷却等效热传导法把冷却水管看成热汇，在平均意义上考虑水管冷却的效果，虽然该方法较广泛应用于混凝土坝设计和科研中，但由于温度场仿真有限元法仍然相对复杂，在实际工程上尚不够简便，难以达到水管冷却效果的实时预测和及时指导。有热源混凝土初期（一期）水管冷却计算式由于隐含假设了等效柱体的外表面为绝热边界，因此，该式没有考虑层面散热效果，预测效果不理想。为此，笔者提出基于有热源水管冷却计算式和实测温度有机耦合解决一冷期间浇筑仓温度预测计算工作量和预测精度协调的问题。

7.5.1.1 混凝土坝初期通水冷却温度预测方法原理

1. 初期通水冷却期间有热源混凝土坝温度快速预测模型

混凝土浇筑仓内埋设冷却水管进行通水冷却，设等效冷却直径为D，长度为L，有热源，混凝土初温为T_0，进口水温为T_w，等效冷却柱体外表面绝热时，则混凝土平均温度可表示为

$$T(t)=T_w+(T_0-T_w)\phi(t)+\theta_0\Psi(t) \tag{7.5.1}$$

$$\phi(t)=e^{-pt} \tag{7.5.2}$$

$$p=dka/D^2 \tag{7.5.3}$$

$$k=2.09-1.35\xi+0.320\xi^2 \tag{7.5.4}$$

$$\xi=\frac{\lambda L}{c_w\rho_w q_w} \tag{7.5.5}$$

对于金属水管

$$d=1.947(\alpha_1 b)^2 \tag{7.5.6a}$$

$$\alpha_1 b=0.926\exp\left[-0.0314\left(\frac{b}{c}-20\right)^{0.48}\right] \quad \left(20\leqslant\frac{b}{c}\leqslant130\right) \tag{7.5.6b}$$

对于塑料水管

$$d=\frac{\ln100}{\ln(b/c)+(\lambda/\lambda_1)\ln(c/r_0)} \tag{7.5.6c}$$

$$D=2b=2\times0.5836\sqrt{s_1 s_2} \tag{7.5.7}$$

式中：t 为冷却时间；a 为导温系数；D、b、c 分别为等效冷却柱体的直径、外半径、内半径；r_0 为聚乙烯水管内半径；λ、λ_1 分别为混凝土及水管的导热系数；s_1、s_2 分别为水管水平和垂直向间距；L 为冷却水管长度；c_w 为冷却水比热；ρ_w 为冷却水密度；q_w 为通水流量；$\Psi(t)$ 为与混凝土绝热温升有关的函数。

混凝土绝热温升表达式有指数型、双曲线型和复合指数型等。由于指数型绝热温升便于进行数学运算，为此，朱伯芳（2003）给出了指数型绝热温升 $\theta(\tau)=\theta_0(1-e^{-m\tau})$ 下的 $\Psi(t)$ 为

$$\Psi(t)=\frac{m}{m-p}(e^{-pt}-e^{-mt}) \tag{7.5.8}$$

进一步分析表明，指数型绝热温升表达式与试验资料不是很吻合，朱伯芳（2011）提出了组合指数式绝热温升表达式，为此，采用组合指数式绝热温升进行函数 $\Psi(t)$ 的推导。

（1）假设已经获得混凝土双曲线型式的绝热温升 $\theta(\tau)=\dfrac{\theta_0\tau}{n+\tau}$，为分析问题方便，将双曲线型绝热温升转换为组合指数型绝热温升

$$\theta(\tau)=\theta_0 s(1-e^{-m_1\tau})+\theta_0(1-s)(1-e^{-m_2\tau}) \tag{7.5.9}$$

其中　　$s=0.6$，$m_1=1.45/n$，$m_2=0.145/n$

（2）假设仅仅已知混凝土绝热温升试验值，则采用优化的方法来确定组合指数式中的 m_1、m_2 和 s。

采用组合指数式绝热温升导出的函数 $\Psi(t)$ 为

$$\Psi(t)=\frac{sm_1}{m_1-p}(e^{-pt}-e^{-m_1 t})+\frac{(1-s)m_2}{m_2-p}(e^{-pt}-e^{-m_2 t}) \tag{7.5.10}$$

如果在一期冷却期间，采用多挡水温进行通水冷却时，则混凝土平均温度为

$$T(t)=T_{wi}+(T_i-T_{wi})\phi_i(t)+\theta_0\Psi(t) \tag{7.5.11}$$

$$\phi_i(t)=e^{-p_i t} \tag{7.5.12}$$

绝热温升采用组合指数式

$$\Psi(t)=\frac{sm_1}{m_1-p_i}[e^{-p_i t-m_1 t_i}-e^{-m_1(t+t_i)}]+\frac{(1-s)m_2}{m_2-p_i}[e^{-p_i t-m_2 t_i}-e^{-m_2(t+t_i)}] \tag{7.5.13}$$

以上式中：T_{wi}为第 i 挡通水温度；T_i 为第 $i-1$ 挡水温通水结束且第 i 挡水温开始通水时的混凝土温度；ϕ_i 为第 i 挡水温通水时的水冷函数；t_i 为改变水温或流量时刻，当改变水温或流量时时间 t 需要从 0 开始。

2. 考虑层面散热的混凝土坝初期冷却期间浇筑仓温度快速预测模型

当采用初期通水冷却期间有热源混凝土坝温度快速预测模型进行新浇筑仓温度预测时，存在以下问题：①有热源水管冷却计算公式隐含了等效冷却直径为 D 的混凝土柱体的外表面为绝热边界，而初期冷却阶段的混凝土新浇筑仓是一个通水冷却和层面共同散热的问题。②在计算函数 ϕ 和 Ψ 时，涉及混凝土导温系数、导热系数、绝热温升参数以及塑料水管导热系数等，由于室内混凝土试验的局限性，大坝现场的材料参数与室内试验参数存在一定差异，导致这些材料参数具有不确定性。③有热源水管冷却计算式预测的温度为浇筑仓等效平均温度，该等效平均温度与混凝土浇筑仓内埋设的点温度计的实测温度有时并不完全一致。④当浇筑仓间歇时间较短时，第 j 仓混凝土仍处于一期通水冷却阶段，而第 $j+1$ 仓的新浇筑混凝土覆盖到第 j 仓混凝土上，新浇筑混凝土将对下层处于一期通水冷却阶段的混凝土存在一定影响。⑤有热源水管冷却计算式中的函数 ϕ 和 Ψ 均为经验拟合函数，与实际温度变化规律存在一定差异。

上述问题导致采用有热源水管冷却计算式（7.5.1）或式（7.5.11）的预测值与实测温度存在差异。

针对上述问题，本章一方面通过在混凝土坝初期通水冷却温度快速预测模型中引入调整项，以反映层面散热的影响；另一方面从动态预测角度出发，将有热源水管冷却计算式和混凝土浇筑仓实测温度相结合，以克服计算中的不确定性引起的预测误差。详细技术方案如下：

（1）在有热源水管冷却计算式中引入调整项反映层面散热的影响。为了反映层面散热的影响，拟在混凝土坝初期通水快速预测式（7.5.1）和式（7.5.11）中引入调整项，即

$$\widetilde{T}(t)=X(t)T(t)=X(t)[T_w+(T_0-T_w)\varphi(t)+\theta_0\Psi(t)] \tag{7.5.14}$$

$$\widetilde{T}(t)=X(t)T(t)=X(t)[T_{wi}+(T_i-T_{wi})\phi_i(t)+\theta_0\Psi(t)] \tag{7.5.15}$$

其中，$X(t)$ 为调整项。计算经验表明，调整项 $X(t)$ 可以采用 t 的一次式，即 $X(t)=At+B$。

（2）动态更新有热源水管冷却计算式克服不确定因素引起误差。由于室内混凝土试验的局限性，混凝土导温系数、导热系数、绝热温升参数以及塑料水管导热系数等与大坝现场混凝土材料参数存在差异，为此，从动态预测角度出发，将有热源水管冷却计算式和混凝土浇筑仓实测温度相结合，基于浇筑仓当前实测温度动态更新式（7.5.15）中的 T_i，然后进行未来 n 天（7～10d）混凝土浇筑仓温度动态预测，以指导现场通水措施，见图7.5.1。

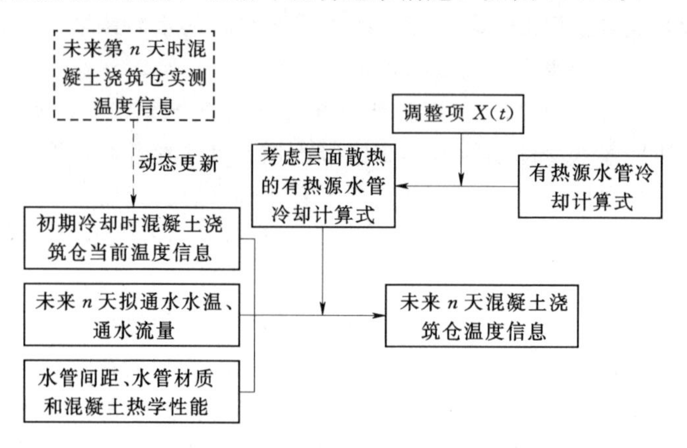

图7.5.1　初期冷却期间混凝土浇筑仓温度动态预测

由图7.5.1可见，在有热源水管冷却计算式中引入调整项反映层面散热的影响，同时基于浇筑仓当前实测温度动态更新式（7.5.15）中的 T_i，可以将浇筑仓层面散热边界、材料参数不确定等引起的误差，通过动态更新 T_i 来动态实时修正误差，从而一定程度克服有热源水管冷却计算式温度预测效果不理想的问题。

7.5.1.2　实例分析

以西南某混凝土坝为例，选取低温季节典型混凝土新浇筑仓进行分析。该典型浇筑仓厚度均为3m，分6个坯层浇筑，采用塑料水管进行通水冷却，水管间距1.5m×1.5m，水管内半径和外半径分别为1.4cm和1.6cm，冷却水管分别布置在第1坯层和第4坯层顶部，在第3坯层内埋设了温度计进行温度监测。

按上述分析预测原理，对该典型混凝土新浇筑仓进行一期通水冷却期间温度预测，该典型浇筑仓的施工信息见表7.5.1。

其中，浇筑仓间歇时间14d，一期控温通水14d；该浇筑仓在2月浇筑，由于2月多年平均月气温为12.4℃，小于20℃，因此，浇筑仓表面覆盖3cm保温苯板，等效表面放热系数为3.98kJ/(m²·h·℃)；混凝土绝热温升采用组合指数式 $\theta(\tau)=15.6(1-e^{-0.592\tau})+10.4(1-e^{-0.059\tau})$；由式（7.5.3）计算

的水冷函数 ϕ 的指数 p。

表 7.5.1　　典型浇筑仓施工信息

浇筑仓	浇筑时间	多年月平均气温/℃	浇筑温度/℃	水管长度/m	一期控温		一期降温	
					平均通水水温/℃	平均通水流量/(L/min)	平均通水水温/℃	平均通水流量/(L/min)
A	2月	12.4	12	300	8	50	14.5	20

(1) 初期通水冷却期间有热源混凝土坝温度计算。采用公式（7.5.1）计算浇筑仓的温度过程线见图 7.5.2。由于绝热温升采用组合指数式，函数 $\Psi(t)$ 采用公式（7.5.10）。

(2) 考虑层面散热的混凝土坝初期冷却期间浇筑仓温度计算式。浇筑仓实测温度过程线见图 7.5.2。

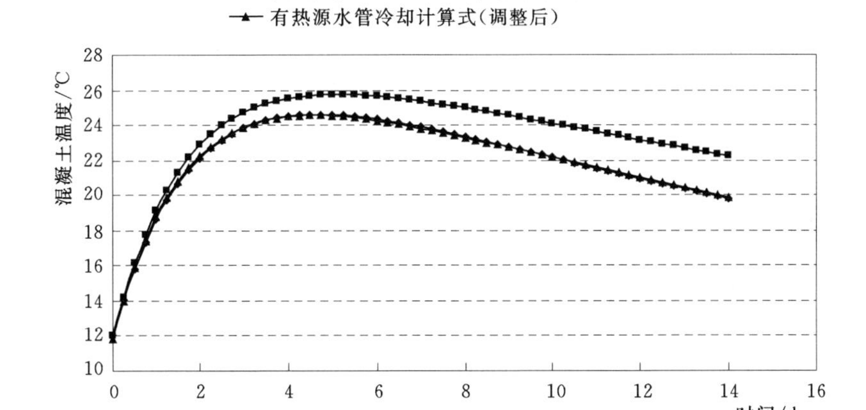

图 7.5.2　浇筑仓初期通水冷却期间温度过程线对比

由图 7.5.2 可见，实测温度与公式（7.5.1）计算温度存在一定差异，这主要是由于式（7.5.1）没有考虑外界气温的缘故。为此，基于 2 月开仓浇筑的混凝土仓实测温度，进行有热源水管冷却计算式（7.5.1）计算的混凝土温度 $T(t)$ 的回归拟合，获得调整项 $X(t)$。回归拟合的 $X_2(t)=-0.0066t+0.9854$；因此，调整后的浇筑仓温度实用计算式为

$$\tilde{T}_2(t)=X_2(t)\cdot T(t)=X_2(t)\cdot[T_w+(T_0-T_w)\phi(t)+\theta_0\Psi(t)]$$

如图 7.5.2 所示，甚至不需要基于实测温度进行动态更新，调整后的浇筑仓温度计算式计算温度与实测温度吻合效果好，这是由于本算例采用的浇筑仓

计算参数与实际参数接近，当浇筑仓的计算参数与实际参数存在差异时，此时，结合实测温度动态更新式（7.5.1）或式（7.5.11）中的重要项，计算效果更好。

（3）利用上述考虑层面散热的混凝土浇筑仓初期通水冷却温度计算式分别进行2月其他混凝土浇筑仓初期水管冷却效果计算，及时指导大坝现场初期通水冷却。

7.5.1.3 小结

（1）当同时考虑层面散热和水管冷却时，直接基于有热源水管冷却计算式进行浇筑仓温度预测效果不理想。

（2）针对混凝土坝初期通水影响因素复杂，在混凝土坝初期通水快速预测模型中引入调整项，以反映层面散热的影响；与此同时，将实测温度有机地融合到有热源水管冷却计算式中，基于实测温度动态更新有热源水管冷却计算式中的重要项，消除边界条件、材料参数和计算模型等不确定性带来的温度预测误差；从而建立了一种快速、准确且计算工作量小的温度动态预测模型。温度动态预测模型的建立为温控措施的快速预测与及时调控的实现提供了可行性。

7.5.2 施工期混凝土坝中后期通水冷却数学状态模型

混凝土坝中后期冷却对温度应力有重要影响，稍有不妥，可能引起裂缝。为了对混凝土坝中后期冷却期间浇筑仓温度进行预测和控制，目前有两种途径：其一为进行全坝全过程温度场仿真分析，给出当时混凝土坝中后期冷却期间的温度场，并预报以后的温度场，如发现问题可及时采取对策；其二为通过数理统计分析或神经网络等智能方法建立定量描述大坝监测值变化规律的数学方程，通过挖掘历史温度信息，预测未来温度信息。对规模较大的混凝土坝工程，进行全坝全过程仿真分析，计算工作量很大，这导致采用该方法进行浇筑仓温度动态预测和智能调控时，实际操作很不方便。而无论是采用数理统计分析方法建立的显式温度预测模型，还是采用神经网络等智能方法建立的隐式温度预测模型，其本质上是一个经验模型，由于随机因素的影响，经验模型的外延预报时间较短，尤其是实际混凝土坝工程，一般要进行一期冷却、中期冷却和二期冷却等多期通水冷却，当通水水温和通水流量突然发生变化时，采用这些温度预测模型等经验模型难以进行准确的外延预测。如何快速、准确地进行混凝土浇筑仓温度预测为工程单位所关注，本章针对中后期冷却期间混凝土浇筑仓的温度预测，建议了一种实时动态温度预测模型。

7.5.2.1 混凝土坝中后期通水冷却温度预测方法原理

1. *无热源水管冷却问题*

混凝土浇筑仓内埋设冷却水管进行通水冷却，设等效冷却直径为D，长度

为 L，无热源，混凝土初温为 T_0，进口水温为 T_w，则混凝土平均温度可表示为

$$T=T_w+(T_0-T_w)\phi \tag{7.5.16}$$

函数 ϕ 有以下两种计算式：

（1）函数 ϕ 计算式 1（朱伯芳，2003）：

$$\phi=\exp(-p_1\tau^s) \tag{7.5.17}$$

其中 $p_1=k_1(a/D^2)^s, k_1=2.08-1.174\xi+0.256\xi^2$

$$s=0.971+0.1485\xi-0.0445\xi^2,$$

$$\xi=\lambda L/(c_w\rho_w q_w)$$

式中：a 为混凝土导温系数；D 为浇筑仓水管等效冷却直径；λ 为混凝土导热系数；L 为冷却水管长度；c_w 为冷却水比热；ρ_w 为冷却水密度；q_w 为通水流量。

（2）函数 ϕ 计算式 2（朱伯芳，2003）：

$$\phi=\exp(-p_2\tau) \tag{7.5.18}$$

其中 $p_2=k_2 a/D^2$，$k_2=2.09-1.35\xi+0.320\xi^2$

式中：a、D 和 ξ 意义同前。

当 $b/c\neq 100$ 时，函数 ϕ 的计算式中的导温系数 a 应采用等效导温系数 a'，对于金属水管，有

$$a'=1.947(\alpha_1 b)^2 a \tag{7.5.19}$$

其中 $\alpha_1 b=0.926\exp\left[-0.0314\left(\frac{b}{c}-20\right)^{0.48}\right] \quad \left(20\leqslant\frac{b}{c}\leqslant 130\right)$

式中：b 为等效冷却半径；c 为金属水管外半径。

对于塑料水管，有（朱伯芳，2003）：

$$a'=\frac{\ln 100}{\ln(b/c)+(\lambda/\lambda_1)\ln(c/r_0)}a \tag{7.5.20}$$

式中：λ_1 为塑料水管的导热系数；c 为塑料水管外半径；r_0 为塑料水管的内半径，其余符号意义同前。

朱伯芳（2003）认为，当冷却时间较大时，最好采用函数 ϕ 计算式 1，但在实际混凝土工程中，函数 ϕ 计算式 2 使用的更多些。

当通水流量不变，采用多挡水温进行冷却时，混凝土的平均温度的计算式为

$$T=T_{wi}+(T_i-T_{wi})\phi_i \tag{7.5.21}$$

式中：T_{wi}为第i挡通水温度；T_i为第$i-1$挡水温通水结束且第i挡水温开始通水时的混凝土温度；ϕ_i为第i挡水温通水时的水冷函数，函数中的时间τ需要从0开始。

当通水水温不变，采用多挡流量进行冷却时，混凝土的平均温度计算式与式（7.5.21）类同，同样的，水冷函数中的时间τ需要从0开始。

2. 混凝土坝中后期冷却期间浇筑仓温度动态预测模型

无热源水管冷却计算公式隐含了等效冷却直径为D的混凝土柱体的外表面为绝热边界，以及假设了混凝土柱体的水化热全部完成，处于无热源状态。由于中后期冷却阶段的混凝土浇筑块即非无热源，又非绝热状态。即直接采用无热源水管冷却计算式（7.5.21）进行中后期冷却期间的混凝土浇筑仓温度预测，效果不理想。考虑到高掺粉煤灰混凝土虽然放热，但放热速率慢；上下游表面粘贴5cm或3cm的保温苯板的混凝土浇筑块，虽然不是绝热边界，但外界气温变化对混凝土浇筑块内部温度影响的范围有限。为此，从动态预测及调控的角度出发，建议将无热源水管冷却计算式和混凝土浇筑仓实测温度相结合，基于浇筑仓当前实测温度动态更新无热源水管冷却计算式中的T_i，然后进行未来n天混凝土浇筑仓温度动态预测，以指导和调控现场通水措施。基于浇筑仓当前实测温度动态更新无热源水管冷却计算式中的T_i，可以将高掺粉煤灰缓慢放热以及上下游表面不是绝热边界等引起的误差，通过动态更新T_i来动态实时修正误差，从而克服无热源水管冷却计算式温度预测效果不理想的问题。基于无热源水管冷却问题的中后期冷却时混凝土浇筑仓温度预测见图7.5.3。

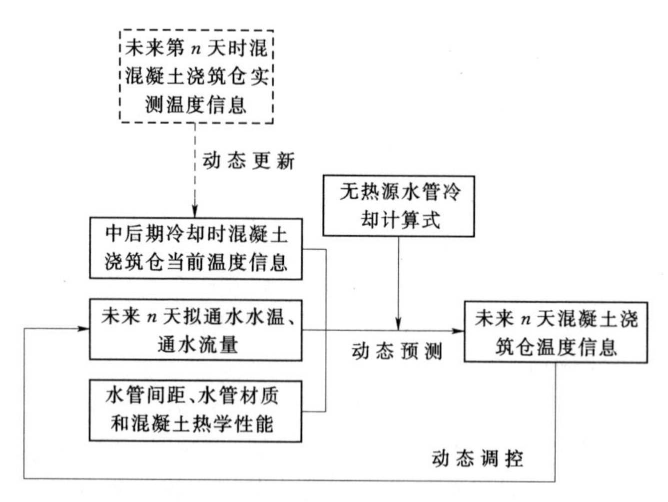

图7.5.3　中后期冷却时混凝土浇筑仓单测点温度动态预测

3. 中后期冷却期间浇筑仓温度动态预测模式问题说明

(1) 由于采用无热源水管冷却计算式动态预测混凝土降温曲线时，需要已知中期冷却或二期冷却时的混凝土浇筑仓温度 T_i，如果混凝土浇筑仓内埋设了温度计，以实测温度作为中期冷却或二期冷却时的混凝土浇筑仓温度 T_i；如果混凝土浇筑仓内没有埋设温度计，则可以通过不定期的闷水测温，来获得中期冷却或二期冷却时的混凝土浇筑仓温度 T_i；如果混凝土浇筑仓内没有埋设温度计，也可以通过挖掘埋设了温度计的同级配混凝土浇筑仓内部温度和进出口水温之间的非线性关系，然后由没有埋设温度计的同级配混凝土浇筑仓进出口水温来推算浇筑仓内部温度 T_i。

(2) 在计算水冷函数 ϕ 时，涉及混凝土导温系数、导热系数以及塑料水管导热系数等，这些参数采用设计值和厂家质检值，或基于实测温度进行参数反演获得；由混凝土浇筑仓实际埋设冷却水管的间距计算水管等效冷却直径。

(3) 由于无热源水管冷却问题计算获得的是混凝土平均温度，当直接采用混凝土浇筑仓内埋设的温度计测值作为中期冷却开始时或二期冷却开始时的混凝土浇筑仓温度 T_i 时，可能由于温度计埋设位置的差异，导致和无热源水管冷却温度要求的混凝土平均温度存在一定差异，无热源水管冷却计算式预测温度和实测温度存在差异，此时，需要一个调整参数 X 对无热源水管冷却计算式进行调整，为

$$\hat{T}=T_{wi}+X(T_i-T_{wi})\phi_i \tag{7.5.22}$$

7.5.2.2 实例分析

溪洛渡特高拱坝，坝顶高程 610.00m，最大坝高 285.5m，大坝共分 31 个坝段。为了将施工期混凝土温度降低至封拱温度，根据拱坝混凝土温控防裂特点，分一期冷却、中期冷却、二期冷却等 3 个时期进行混凝土冷却降温，以达到小温差、缓冷却的效果。为了较好地进行通水冷却控制以及获得大坝混凝土的温度状态，在混凝土浇筑仓埋设点式温度计，并且在典型坝段埋设分布式光纤进行温度监测。按上述温度动态预测原理，选取典型混凝土浇筑仓进行中后期通水冷却期间温度预测，该浇筑仓厚 3m，分 6 个坯层浇筑，采用塑料水管进行通水冷却，水管间距 1.5m×1.5m，冷却水管分别布置在第 1 坯层和第 4 坯层顶部，在第 3 坯层内埋设了点式温度计和分布式光纤进行温度监测。该浇筑仓中后期通水冷却期间实际通水水温和流量变化时刻见表 7.5.2，在表 7.5.2 中同时给出了实际通水水温和流量变化时浇筑仓内分布式光纤的实测温度。采用式 (7.5.21)、式 (7.5.22) 和图 7.5.3 进行浇筑仓温度动态预测，其中混凝土导温系数、导热系数以及塑料水管导热系数等，这些参数采用设计值和厂家质检值，调整系数 X 取 1。该浇筑仓实测温度和预测温度对比见

图 7.5.4。

表 7.5.2　浇筑仓中后期通水冷却期间实际通水水温和流量变化时刻

时间/（年-月-日 时：分）	通水水温/℃	通水流量/(L/min)	浇筑仓当前温度/℃	备　注
2010-11-7 16：31	15.08	15	19.960	中期降温
2010-11-8 12：43	15.18	5	19.780	
2010-11-17 12：10	15.18	5	18.960	
2010-11-24 12：12	15.18	5	18.403	
2010-11-26 04：21～2010-12-31 12：30 期间停水闷温				
2010-12-31 12：30	15.14	20	17.980	
2011-1-3 12：18	15.05	10	17.460	
2011-1-5 12：05	15.07	15	17.350	
2011-1-12 12：30	15.07	15	16.480	
2011-1-18 15：50	15.30	5	16.200	中期二次控温
2011-2-14 11：51	8.48	15	15.387	二期降温
2011-2-20 21：15	8.38	10	14.160	
2011-2-22 12：38	8.49	5	13.896	

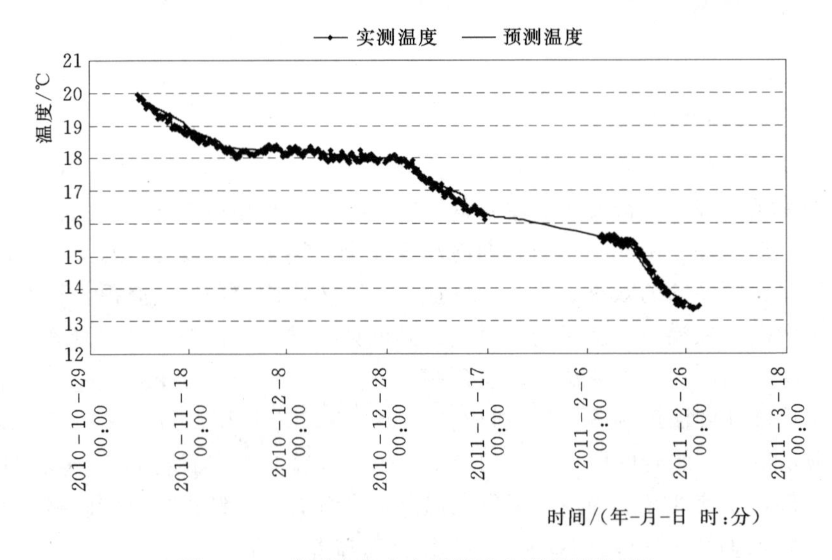

图 7.5.4　典型浇筑仓实测温度和预测温度对比

（1）预测温度和实测温度吻合的效果令人满意，说明采用无热源水管冷却计算式对浇筑仓温度结合浇筑仓实测温度进行动态预测是可行的。

（2）分析还发现，当某阶段较长时间保持恒定的通水水温和通水流量时，

采用式（7.5.21）预测的温度与实测温度有时会出现较大的差异，此时，可按图7.5.3对浇筑仓当前温度 T_i 进行动态更新。表7.5.2中，2010年11月8日12：43至2010年11月26日4：21期间连续通水17.65d，通水水温保持为15.18℃，通水流量保持为5L/min，采用式（7.5.21）进行17.65d的温度预测，预测温度在10d以后逐渐与实测温度出现较大的差异，为此，按图7.5.3对浇筑仓当前温度 T_i 进行动态更新，即通水7～10d时，动态更新一次式（7.5.21）中的 T_i，与此同时，水冷函数 ϕ 中的时间 τ 重新从零开始，这样预测温度和实测温度吻合效果好。

7.5.2.3 小结

（1）进行全坝全过程温度场仿真分析，计算工作量极大，这就导致了基于温度场仿真分析的重大混凝土坝工程的中后期温度预测遇到了很大的困难，而采用数理统计分析方法或神经网络等智能方法建立的温度预测模型外延预报精度差。

（2）由于中后期冷却阶段的混凝土浇筑块即非无热源，又非绝热状态，直接采用无热源水管冷却计算式进行中后期冷却期间的混凝土浇筑仓温度预测，效果不理想。考虑到高掺粉煤灰混凝土后期放热速率缓慢；上下游表面粘贴保温苯板的混凝土浇筑块时，外界气温变化对混凝土浇筑块内部温度影响的范围有限，从动态预测及调控的角度出发，建议了一种混凝土坝中后期冷却期间浇筑仓温度动态预测模型，即采用无热源水管冷却问题的混凝土平均温度计算式，联合实测温度，动态预测浇筑仓降温过程线。

（3）结合溪洛渡特高拱坝工程，展示了建议的中后期通水冷却浇筑仓温度预测模型，预测温度和实测温度吻合的令人满意。建议的中后期通水冷却浇筑仓温度预测模型，可以方便地对未来7～10d的温度状态进行动态预测，为中后期通水冷却浇筑仓温度的智能调控提供及时的参考。

7.6 受控对象观测器的优化布置

对设计院设计温控过程线分析可知，设计温控过程线是混凝土浇筑仓的平均温度历程。显然，为了对混凝土浇筑仓温度进行监控，有必要在混凝土浇筑仓埋设温度计进行温度监测。由于混凝土浇筑仓尺寸较大，厚度1～3m，横河向宽20m左右，顺河向长度20～60m。实际施工时，每个混凝土浇筑仓至多埋设1～2支温度计。在温控实践过程中发现，由于混凝土浇筑仓在通水冷却期间的温度场十分复杂，温度计埋设的位置距离水管近则实测温度偏低，距离水管远则实测温度偏高。如何在混凝土浇筑仓埋设温度计，使实测温度表征混凝土浇筑仓的平均温度为工程建设单位所关注。其实，在混凝土浇筑仓如何埋设温度计是一个温度计几何位置不确定性问题，据此，本章拟采用优化算法和水管冷却有限元法相结合，探讨含冷却水管混凝土中温度计几何位置的分布规律。

7.6.1　观测器优化布置计算原理

由于设计温控过程线是混凝土浇筑仓的平均温度历程，换句话说，首先需要获得含冷却水管的混凝土浇筑仓的平均温度历程，然后在混凝土浇筑仓空间中寻找温度历程与浇筑仓平均温度历程最接近的几何坐标位置（x^*，y^*，z^*）。如果在该几何坐标位置（x^*，y^*，z^*）埋设温度计，实测温度即可以反映混凝土浇筑仓的平均温度状态。即温度计埋设位置是一个几何坐标位置不确定性问题，可以采用优化算法或仿生算法来求解。

（1）混凝土浇筑仓平均温度。设 t 时刻，混凝土浇筑仓在通水冷却时的平均温度 $T_{ave}(t)$ 为

$$T_{ave}(t) = \sum_e \Big(\sum_g T_g(t) V_g \Big) \Big/ \sum_e \Big(\sum_g V_g \Big) \tag{7.6.1}$$

式中：$T_g(t)$ 为 t 时刻单元高斯点温度；V_g 为单元高斯点占有体积，可采用该高斯点的雅可比行列式 $|J|$ 计算得到；$\sum\limits_g$ 为单元高斯点累加；$\sum\limits_e$ 为浇筑仓单元累加；$\sum\limits_e \Big(\sum\limits_g V_g \Big)$ 为除去水管所占体积的混凝土浇筑仓体积。

（2）混凝土浇筑仓内任意点温度

$$T(x,y,z,t) = \sum_i N_i(x,y,z) T_i(t) \tag{7.6.2}$$

式中：$N_i(x,y,z)$ 为形函数；$T_i(t)$ 为 t 时刻节点 i 温度。

（3）温度计几何位置优选数学模型。由混凝土浇筑仓平均温度和混凝土浇筑仓内任意点温度，获得温度计几何位置优选的数学形式描述如下：

求 $\boldsymbol{X} = [x \quad y \quad z]$

使
$$Z = f(\boldsymbol{X}) = \frac{\sum\limits_{j=1}^{Num} \left[T_{ave}(t_j) - T(x,y,z,t_j) \right]^2}{Num}$$

$$= \frac{\sum\limits_{j=1}^{Num} \left[T_{ave}(t_j) - \sum\limits_i N_i(x,y,z) T_i(t_j) \right]^2}{Num} \to \min \tag{7.6.3}$$

满足约束条件：　$\underline{x} \leqslant x \leqslant \overline{x}$，$\underline{y} \leqslant y \leqslant \overline{y}$，$\underline{z} \leqslant z \leqslant \overline{z}$

式中：$\underline{x}$、$\overline{x}$、$\underline{y}$、$\overline{y}$、$\underline{z}$、$\overline{z}$ 分别为坐标 x、y 和 z 的上下限。

（4）温度计几何位置优选求解步骤如下。

步骤 1：混凝土浇筑仓冷却水管一般蛇形布置，见图 7.6.1，沿流水方向

的 AB 面和 CD 面为近似对称面，可以认为该对称面为绝热边界面；建立含冷却水管的混凝土棱柱体模型，见图 7.6.2，采用水管冷却有限元法进行温度场仿真计算，获得含冷却水管的混凝土模型温度场，同时，按式（7.6.1）获得含冷却水管的混凝土模型平均温度历程。

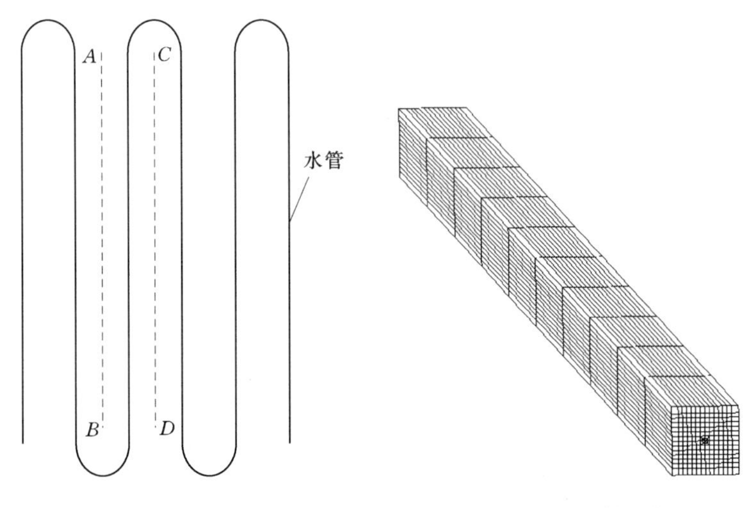

图 7.6.1 蛇形水管模型　　图 7.6.2 水管简化模型

步骤 2：选取含冷却水管混凝土模型典型截面（一般取混凝土棱柱体中间截面），由截面单元节点温度，采用形函数获得截面任意点温度。

步骤 3：由含冷却水管的混凝土模型平均温度历程 $T_{ave}(t)$ 和任意点温度 $T(x,y,z,t)$，按式（7.6.3）建立温度计几何位置优选模型。

步骤 4：采用优化算法求解温度计几何位置优选模型，获得最优的几何位置坐标。

7.6.2 算例分析

据已有工程经验，混凝土坝中埋设的水管间距通常为 1.0～3.0m。混凝土绝热温升表达式为 $\theta(t)=25.3(1-e^{-0.315\tau})$，混凝土导热系数 $\lambda=8.49$kJ/(m·h·℃)，比热 $c=0.955$kJ/(kg·℃)，密度 $\rho=2400$kg/m^3；通水流量 $q_w=24$m^3/d，比热 $c_w=4.187$kJ/(kg·℃)，密度 $\rho_w=1000$kg/m^3。

（1）含冷却水管的混凝土模型建立及仿真计算。将蛇形布置冷却水管的混凝土浇筑仓简化为含冷却水管的混凝土棱柱体。设混凝土棱柱体长 $L=100$m，设计了 4 种不同的棱柱体截面尺寸，分别为宽×高=1m×1m 、1.5m×1.5m 、1m×1.5m 、2m×1.5m，在混凝土棱柱体横截面的正中心方向布置了一根外径 $\phi=32$mm 的冷却水管，即冷却水管水平间距分别为 1m、1.5m、2m，垂直间距分别为 1m 和 1.5m，棱柱体截面有限元网格见图 7.6.3。假设混凝土棱柱体6个表面均为绝热边界，混凝土的初始温度取10℃，冷却水入口温度为10℃。采用水管冷却有限元法进行通水冷却期间的温度场仿真计算，通水开始时间为1d，连续通水10d。按式（7.6.1）计算的混凝土棱柱体平均温度过程线见图7.6.4。

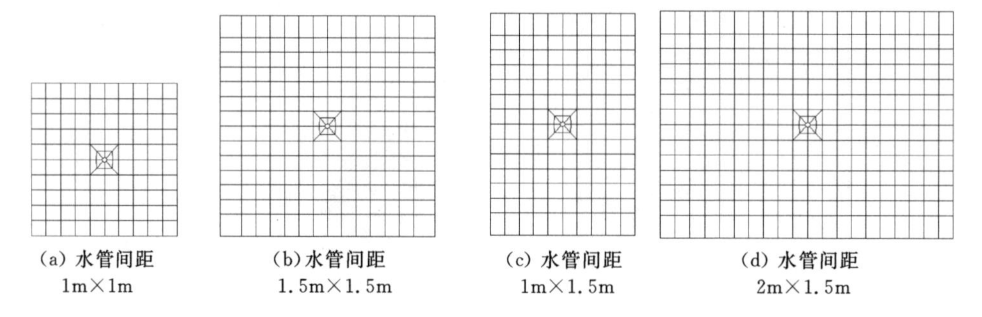

图7.6.3　含冷却水管混凝土棱柱体截面网格

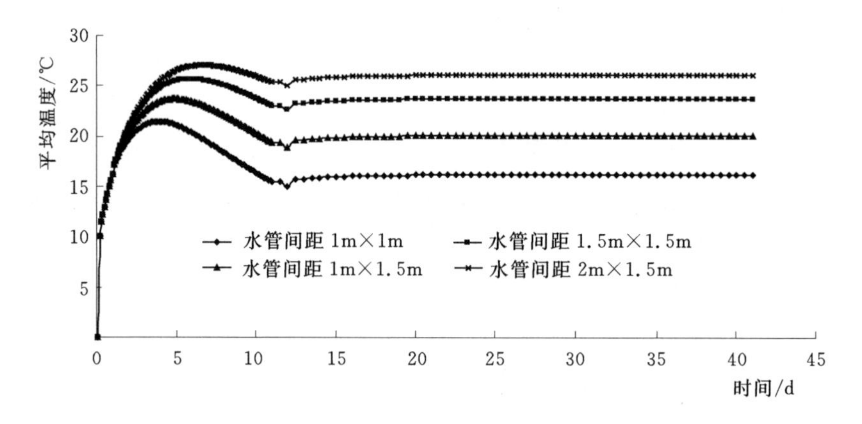

图7.6.4　不同水管间距下混凝土棱柱体平均温度过程线

（2）截面任意点温度计算。选取棱柱体中间50m所在截面进行分析。由于棱柱体6个表面绝热，截面温度场呈对称分布，为此，对1/4截面的温度场进行分析。在进行水管冷却有限元计算时，混凝土棱柱体采用6面体8节点单元，中间截面为为四边形4节点，由式（7.6.2）计算截面任意一点温度不方便。为便于由节点温度获得截面内任意点温度，引入四边形12节点单元，通过四边形12节点等参单元替代四边形4节点等参单元来简化截面内任意点温度计算，见图7.6.5。依据温度场仿真计算结果，给出了四边形12节点单元的上下限，该四边形12节点单元区域包含9个四边形4节点单元。

以图7.6.5（a）为例，采用四边形12节点等参单元形函数计算四边形单元中A、B、C和D 4个点的温度历程，将其与温度场仿真计算的节点温度历程进行对比分析，见图7.6.6。

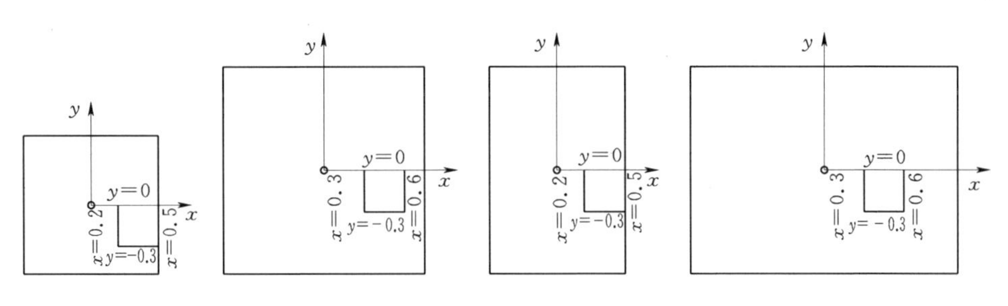

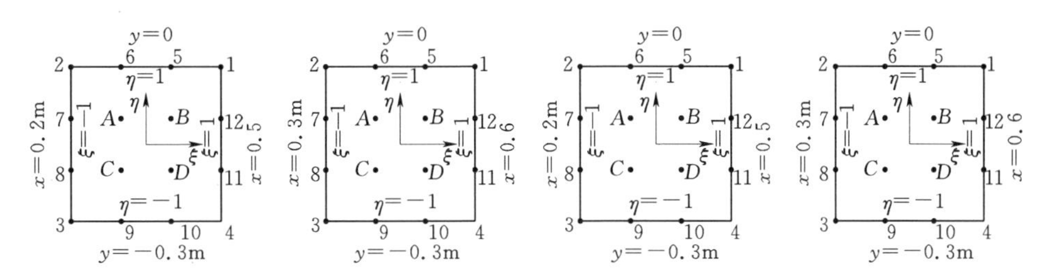

(a) 水管间距 1m×1m (b) 水管间距 1.5m×1.5m (c) 水管间距 1m×1.5m (d) 水管间距 2m×1.5m

图 7.6.5 四边形 12 节点单元

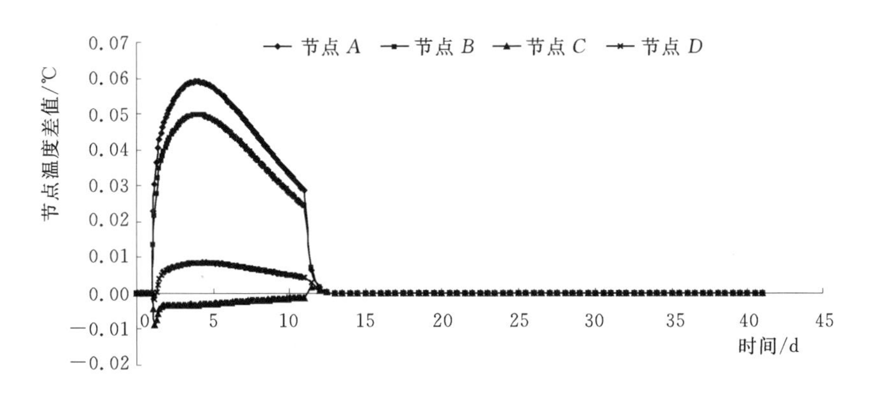

图 7.6.6 四变形 12 节点插值温度和仿真计算节点温度差值对比

由图 7.6.6 可见，宽×高＝1m×1m 截面单元中 A、B、C 和 D 4 个点的差值分布在［－0.01，0.06］范围内，计算误差在 0.03％以内，因此，采用四边形 12 节点等参单元代替四边形 4 节点等参单元来简化截面内任意点温度计算是可行的。

引入四边形 12 节点等参单元获得的截面任意点温度为

$$T(\xi,\eta,t) = \sum_{i=1}^{12} N_i(\xi,\eta) T_i(t) \tag{7.6.4}$$

式中：$T_i(t)$ 为对应节点温度；$N_i(\xi,\eta)$ 为四边形 12 节点等参单元的形函数。

$N_i(\xi,\eta)$ 为

$$\left.\begin{aligned}N_i&=\frac{1}{32}(1+\xi_i\xi)(1+\eta_i\eta)[9(\xi^2+\eta^2)-10] \qquad (i=1,2,3,4)\\N_i&=\frac{9}{32}(1+\eta_i\eta)(1-\xi^2)(1+9\xi_i\xi) \qquad (i=,5,6,9,10)\\N_i&=\frac{9}{32}(1+\xi_i\xi)(1-\eta^2)(1+9\eta_i\eta) \qquad (i=7,8,11,12)\end{aligned}\right\} \tag{7.6.5}$$

(3) 温度计几何位置优选模型建立。温度计几何位置优选分析表明，在截面上存在多个几何位置的温度历程和浇筑仓平均温度历程接近。为此，采用固定 η，即分别取 $\tilde{\eta}=-1$，-0.9，…，-0.1，0，0.1，…，0.9，1.0，然后采用一维优化搜索法对 ξ 进行优选。此时，温度计几何位置优选的数学形式为

求 ξ，使

$$Z=f(\xi)=\sum_{j=1}^{Num}\left[T_{ave}(t_j)-\sum_i N_i(\xi,\tilde{\eta})T_i(t_j)\right]\rightarrow \min \tag{7.6.6}$$

满足约束条件：$-1\leqslant\xi\leqslant1$

其中，Num 由温度场仿真计算的时间步来确定，由于在仿真分析时，前11d的时间步为0.1d，11～41d的时间步为0.5d，因此，本次分析 Num 取170。

由于在固定 $\tilde{\eta}$ 时，不一定存在 ξ 保证 $f(\xi)\rightarrow\min$，本次分析时，采用最小误差和最大优选次数的双重优选控制标准。

(4) 温度计几何位置优选模型求解。采用一维优化搜索法对式 (7.6.6) 进行优选求解，获得温度计几何位置 $\xi-\eta$ 值，然后采用下式获得 $x-y$ 坐标值：

$$x=\sum_{i=1}^{12}N_i(\xi,\eta)x_i,\ y=\sum_{i=1}^{12}N_i(\xi,\eta)y_i \tag{7.6.7}$$

式中：x_i 和 y_i 分别为节点 i 的坐标。

4种典型水管间距优选的温度计几何位置见图7.6.7。

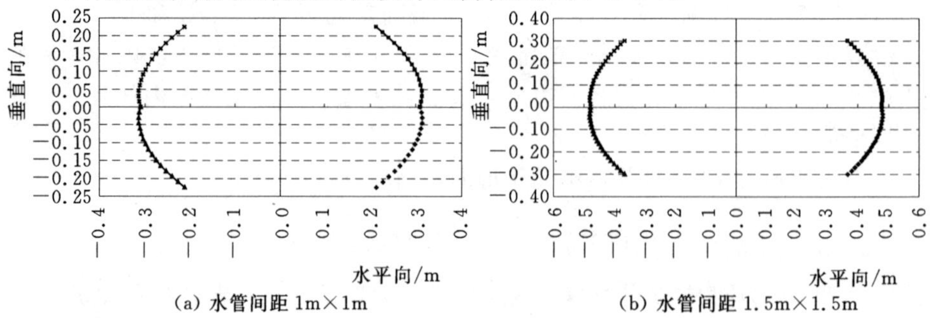

图7.6.7（一）　不同水管间距下温度计几何位置分布

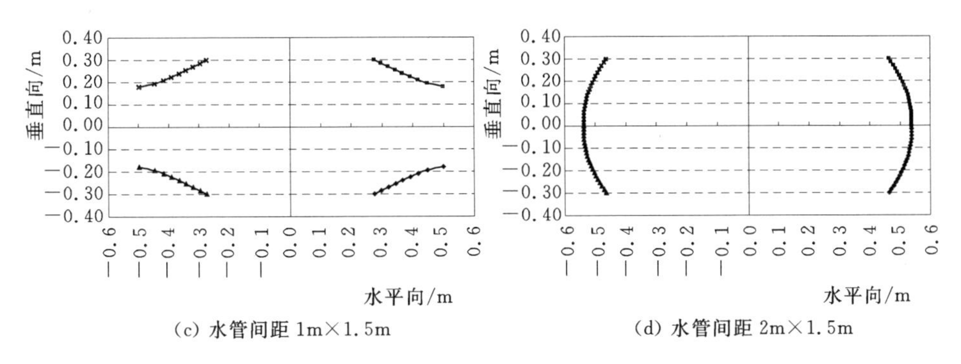

(c) 水管间距 1m×1.5m　　(d) 水管间距 2m×1.5m

图 7.6.7（二）　不同水管间距下温度计几何位置分布

分析表明，1m×1m、1.5m×1.5m、2m×1.5m 截面温度计几何位置分布呈抛物线分布；1m×1.5m 截面温度计几何位置分布近似为线性分布。

7.6.3　小结

针对埋设在混凝土浇筑仓中温度计几何位置不确定问题，建立温度计几何位置优选模型，通过优化算法求解最优的温度计几何位置，分析表明，1m×1m、1.5m×1.5m、2m×1.5m 截面温度计几何位置分布呈抛物线分布；1m×1.5m截面温度计几何位置分布近似为线性分布。选取这些几何位置埋设温度计，实测温度可以表征混凝土浇筑仓平均温度历程，可用于指导温度监控。

7.7　受控对象通水措施最优调控模型

混凝土坝水管中后期冷却问题是一个重要的问题。朱伯芳（2008，2009）建议，对后期水管冷却应进行规划，即考虑冷却区高度、水管间距、冷却分期及水温控制，进行细致分析和多方案比较，从中选择最优方案。严格来说，对于中后期通水冷却规划问题，应结合实测温度进行热学参数反演，然后进行多方案的含冷却水管问题的混凝土坝温度场和徐变应力场仿真分析对比，从中选择最优方案。其实，混凝土坝温控防裂是一个与温控措施和混凝土热力学参数相关的复杂多因素问题，宜采用优化算法来确定最优方案。但对于规模重大的混凝土坝工程，进行较精确的温度场和徐变应力场仿真分析，计算工作量极大（傅少君等，2012），这就导致了基于温度场和徐变应力场仿真分析的重大混凝土坝工程的中后期通水优化控制遇到了很大的困难。如何快速、准确地进行混凝土坝中后期通水优化调控为工程单位所关注，为此，本章初步探讨了混凝土坝中后期通水优化控制。

7.7.1 混凝土坝中后期通水冷却优化调控

由于在进行中后期通水冷却时，水管水平间距和垂直间距、水管材质（金属水管或塑料水管）、混凝土热力学性能等是已知的，即可以认为大坝混凝土的中后期冷却仅是一个与通水水温、通水流量和通水时间等有关的多因素问题。本章基于带约束的优化算法进行中后期通水冷却的优化调控，见图7.7.1。

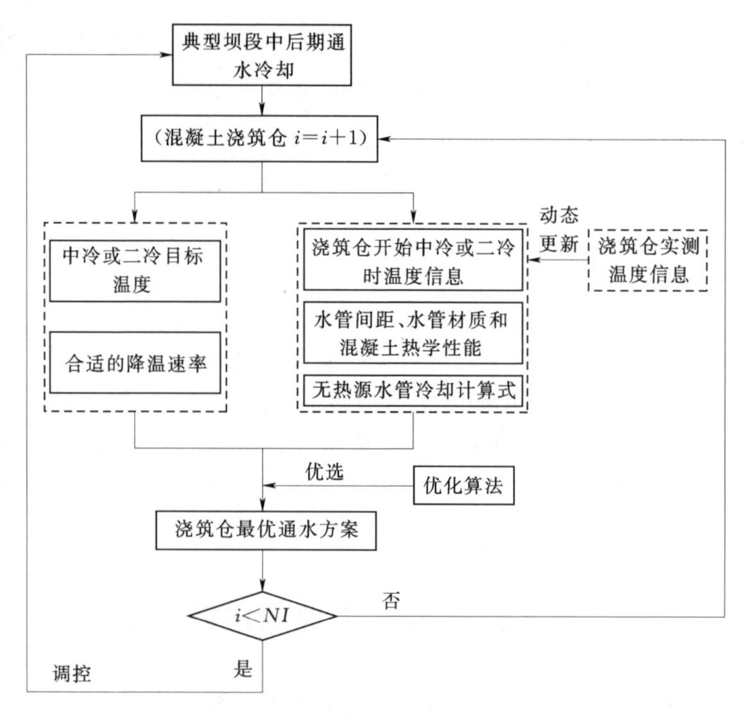

图7.7.1 典型坝段中后期通水冷却优化调控

NI—处于中后期通水阶段的浇筑仓数

对典型坝段处于中后期通水冷却的每一个浇筑仓进行分析。首先获得中期冷却开始时或二期冷却开始时的典型坝段各混凝土浇筑仓温度 T_i；然后根据工程经验，确定通水水温 T_w、通水流量 T_Q 和通水时间 T_t 等通水措施的初始值；接着结合无热源水管冷却计算式，进行混凝土降温曲线的计算，获得各混凝土浇筑仓在通水措施取值组合下的冷却最终温度 T_{iend} 和最大日降温速率 $\dot{T}_{i\max}$，将计算的中冷或二冷下的最终温度和最大日降温速率，与中冷或二冷设计目标温度 T_i^{obj} 和合适的降温速率 $\dot{T}_i^{opt}$ 的残差平方和作为目标函数，由此建立的通水措施优化模型为

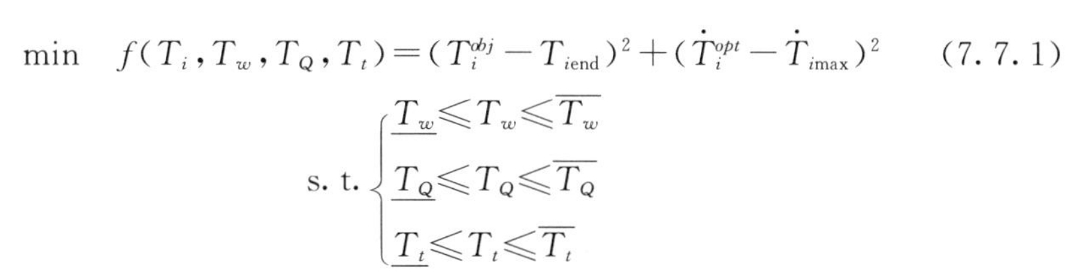

$$\min \quad f(T_i, T_w, T_Q, T_t) = (T_i^{obj} - T_{iend})^2 + (\dot{T}_i^{opt} - \dot{T}_{imax})^2 \qquad (7.7.1)$$

$$\text{s. t.} \begin{cases} \underline{T_w} \leqslant T_w \leqslant \overline{T_w} \\ \underline{T_Q} \leqslant T_Q \leqslant \overline{T_Q} \\ \underline{T_t} \leqslant T_t \leqslant \overline{T_t} \end{cases}$$

式中：$\underline{T_w}$、$\overline{T_w}$分别为通水水温 T_w 的上下限值；$\underline{T_Q}$、$\overline{T_Q}$分别为通水流量 T_Q 的上下限值；$\underline{T_t}$、$\overline{T_t}$分别为通水时间 T_t 的上下限值。

采用带约束的优化算法（如复合型算法）优选获得各仓混凝土最优的通水方案；最后，根据工程实际情况以及工程经验等，对优选出的通水措施略作调整，然后指导中后期通水冷却。

在进行中期冷却或二期冷却时，有时需要多次调节水温或流量进行冷却，此时，基于优化算法进行中后期的通水冷却优化控制的主要步骤类同于中期冷却期间和二期冷却期间采用一种水温和流量进行冷却的步骤，但需要在每次调节水温或流量时，进行调节水温或流量时的混凝土浇筑仓温度的通水方案的优选。由于基于无热源水管冷却计算式的浇筑仓温度动态预测模型计算工作量小，这可保证在每次调节水温或流量时优选通水方案的可行。

7.7.2 实例分析

仍以西南某建设中的高拱坝为例。该拱坝在坝段垂直向设置了已灌区、灌浆区、同冷区、过渡区、盖重区和浇筑区来减小垂直向温度梯度以及控制冷却区高度等。现选取典型坝段 12 个混凝土浇筑仓进行中后期通水冷却优化调控分析，见图 7.7.2。该高拱坝各灌区高 9m，浇筑仓厚 3m，一期冷却目标温度 20℃，中期冷却目标温度 16℃，二期冷却目标温度（封拱温度）12℃。图中实线为各浇筑仓当前温度状态，虚线为各浇筑仓冷却目标温度，按上述混凝土中后期通水优化调控原理进行分析。

（1）优选因素的确定。混凝土坝中后期通水冷却需要对通水水温、通水流量和通水时间 3 个因素进行优选。由于为节省制冷成本，该高拱坝只提供两挡水温：中期冷却时，采用 15～16℃水温，该水温接近中期冷却目标温度；二期冷却时，采用 8～9℃水温，该水温低于封拱温度的水温。因此，对于该实际混凝土工程，本次分析时指定中期冷却时通水水温为 15.2℃，二期通水冷却时通水水温为 8.5℃。仅对通水流量和通水时间两个通水因素进行优选。

（2）通水措施取值范围。根据该混凝土坝工程经验及该工程实际条件，对于中期通水冷却，选定通水流量取值范围为 10～30L/min，通水时间取值范围为 5～45d；对于二期通水冷却，选定通水流量取值范围为 5～25L/min，通水时间取值范围为 5～25d。

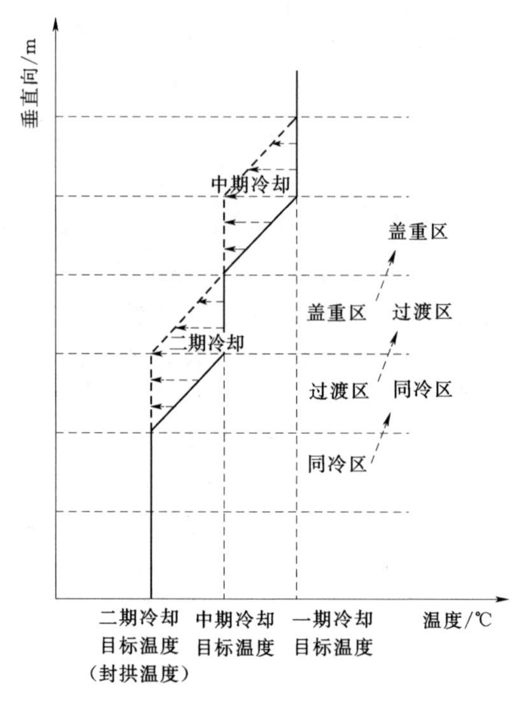

图 7.7.2　典型坝段垂直向温度中后期冷却

（3）通水措施的优化调控。选取典型坝段的 12 个混凝土浇筑仓水管间距均为 1.5m×1.5m，均采用聚乙烯塑料水管，由于该混凝土坝工程在垂直向设置已灌区、灌浆区、同冷区、过渡区、盖重区和浇筑区，可较好地避免混凝土浇筑块垂直向温度梯度过大以及控制冷却区高度。与此同时，该混凝土工程分 3 个时期进行小温差、缓慢冷却。由该混凝土坝工程已经完成中期冷却和二期冷却的混凝土浇筑仓的实测温度统计分析可见，中期和二期通水冷却期间最大日降温速率均满足设计要求，为此，本章主要由浇筑仓中冷或二冷开始时的温度信息以及中冷或二冷目标温度，结合无热源水管冷却计算式，采用优化算法来确定最优的通水流量和通水时间。其中，优化算法采用带约束条件的复合型算法，通水流量和通水时间的约束条件为通水措施取值范围。

处于中后期通水冷却阶段的 12 个混凝土浇筑仓优选出的通水参数见表 7.7.1，再根据工程实际情况以及工程经验等，对优选出的通水措施略作调整，调整时间和调整流量见表 7.7.1。由表 7.7.1 可见，各混凝土浇筑仓通水冷却时间不一样，此时，为保证冷却的均匀性，宜对各混凝土浇筑仓同时开始进行中期冷却降温和二期冷却降温，当某混凝土浇筑仓冷却时间达到优选出的通水时间时，该浇筑仓转为控温阶段。

表 7.7.1　　各浇筑仓优选出的通水措施

浇筑仓序号	开始冷却时温度/℃	冷却目标温度 T_i^{obj}/℃	通水流量/(L/min)	通水时间/d	调整流量/(L/min)	调整时间/d	冷却状态
1	20	19.333	10.350	5.104	10.5	5	中冷
2	20	18	16.687	7.502	16.5	7.5	中冷
3	20	16.667	24.383	24.822	24	25	中冷
4	19.333	16	16.615	44.003	16.5	44	中冷
5	18	16	17.151	25.584	17	25.5	中冷
6	16.667	16	21.432	14.820	21	15	中冷
7	16	15.333	5.134	5.052	5	5	二冷
8	16	14	5.301	14.039	5.5	14	二冷
9	16	12.667	15.007	16.014	15	16	二冷
10	15.333	12	19.327	15.874	19	16	二冷
11	14	12	15.328	11.855	15	12	二冷
12	12.667	12	8.259	6.462	8	6.5	二冷

7.7.3 小结

（1）针对中后期通水冷却问题是一个与通水水温、通水流量和通水时间等相关的复杂多因素问题，建议了一种基于优化算法的混凝土坝中后期通水冷却优化调控方法。将无热源水管冷却计算式和混凝土浇筑仓实测温度相结合预测浇筑仓降温曲线，然后结合中后期冷却的目标温度和合理的降温速率，采用优化算法获得混凝土浇筑仓最优的通水方案。

（2）结合西南某建设中的高拱坝工程，初步展示了本章建议的中后期通水冷却优化调控方法，分析表明，相对于进行混凝土坝温度场和徐变应力场仿真计算来说，由于基于无热源水管冷却计算式的混凝土坝中后期通水冷却温度动态预测模型的计算工作量小，因此，本章建议的混凝土坝中后期通水冷却优化调控是可行的。

（3）由于本次分析的高拱坝在施工期采取了严格的温控措施，导致本章建议的混凝土坝中后期通水优化调控方法未能充分展示。显然，本章建议的混凝土坝中后期通水优化调控方法可快速达到动态调控的目的，可以一定程度节省温控成本。

7.8　受控对象最优调控系统

笔者等设计的混凝土坝中后期通水冷却最优调控系统由人机接口、控制电路系统、通水控制回路、混凝土坝、中后期通水措施优化调控方法5部分组成，见图7.8.1。

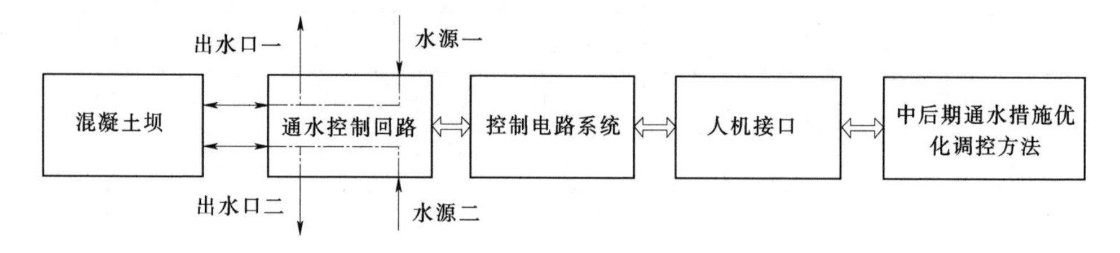

图7.8.1　通水冷却最优调控系统

人机接口为带触摸屏的LCD，用于输入控制参数和回显系统运行状态；控制电路系统是以STM32单片机为核心的采集和隔离输出控制，用于对通水回路实时控制和测量通水回路状态；通水回路包含两个输入水源、两个出水口以及带各种电气执行机构的通水结构；混凝土坝是被冷却对象，内部埋设冷却水管，冷却水管可为塑料水管或金属水管，中后期通水措施优化调控方法用于从通水措施可行域中优选出最优的通水措施。将当前最优的通水措施进行处理和加工，然后形成控制指令，并发给到各个电气执行机构具体执行。研发的人机界面和控制电路系统见图7.8.2和图7.8.3。

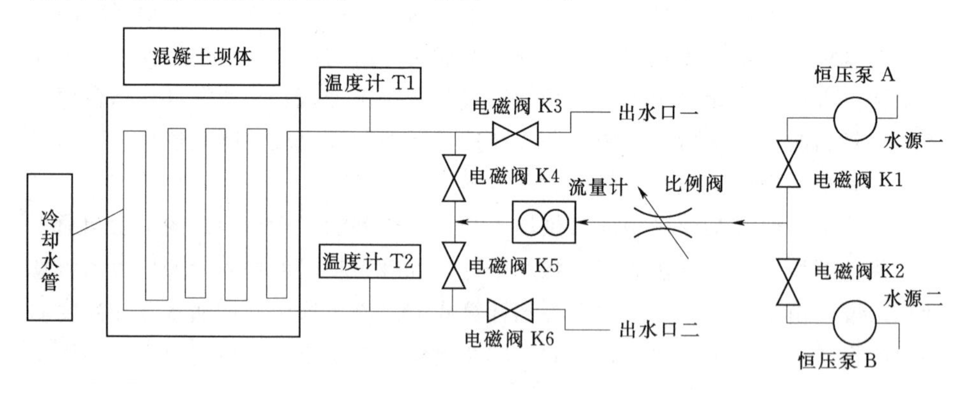

图7.8.2　通水冷却最优调控系统

该混凝土坝中后期通水冷却最优调控系统已申请国家发明专利“一种适用于混凝土坝中后期通水的优化调控系统。知识产权局授权，授权证书号为：

ZL 201410687359.0”并正式获得。

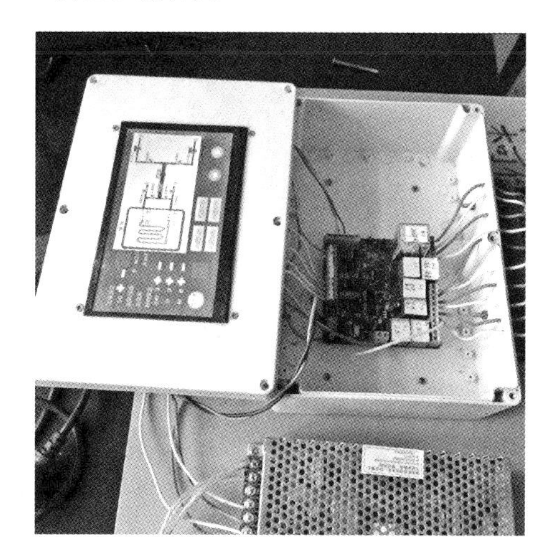

图 7.8.3 人机界面和控制电路系统

第8章　施工期混凝土坝测温辅助决策支持系统

8.1　概　　述

施工期混凝土坝温度监测是现场指导温控防裂的重要依据。随着大坝安全监测技术和水平的提高，温度测点增多（如分布式测温光纤等），采集频率加密，监测数据量也逐步增大。由于施工期工作环境复杂多变，影响大坝混凝土温度测值的因素众多，监测数据中难免会出现粗差、突变、异常等疑点测值。如何有效识别监测数据中的疑点测值，分析疑点测值产生的原因，用准确可靠的温度监测数据指导大坝混凝土的温控防裂和质量控制，一直是坝工界关注的热点和难点。笔者总结和借鉴国内外大坝安全监测项目（位移变形监测、应力应变监测、渗流渗漏监测等）中疑点识别、成因分析以及辅助决策建议的工程经验和研究成果，结合施工期混凝土坝实测温度的分布变化规律，设计了施工期混凝土坝测温辅助决策支持系统，并结合实际工程进行应用。

8.2　施工期混凝土坝测温辅助决策支持系统总体设计

8.2.1　系统“实时分析”的过程

无论传统点式温度计还是分布式测温光纤，都是按照一定采样频率监测得到浇筑仓内多点温度测值，再以不同时刻的监测温度反映该浇筑仓的温度历时过程。由于监测数据随着浇筑仓的增加和监测时间的推移而呈快速增长的趋势，即监测数据是动态增加的，因此辅助决策支持系统也应该具备“实时分析”的功能。

辅助决策支持系统的“实时分析”过程是逐仓进行的，以整个浇筑仓的测值序列为对象，结合日常巡查的结果，用知识库的各类评判准则来识别测值是正常值还是疑点测值，然后运用推理类知识对疑点测值进行疑点成因分析，若是非观测因素引起的疑点则为异常测值，进入外部影响因素（环境量）和内部影响因素（水管冷却、水泥水化热）的成因分析，并提出控制异常影响因素对温控防裂不利影响的辅助决策建议。

8.2.2 系统“实时分析”的网络结构

为了能够实时存储和管理施工期混凝土坝实测温度，实现上述辅助决策支持系统的“实时分析”功能和过程，经过系统研发的需求分析，初步设计了该系统的总体网络结构，见图8.2.1。

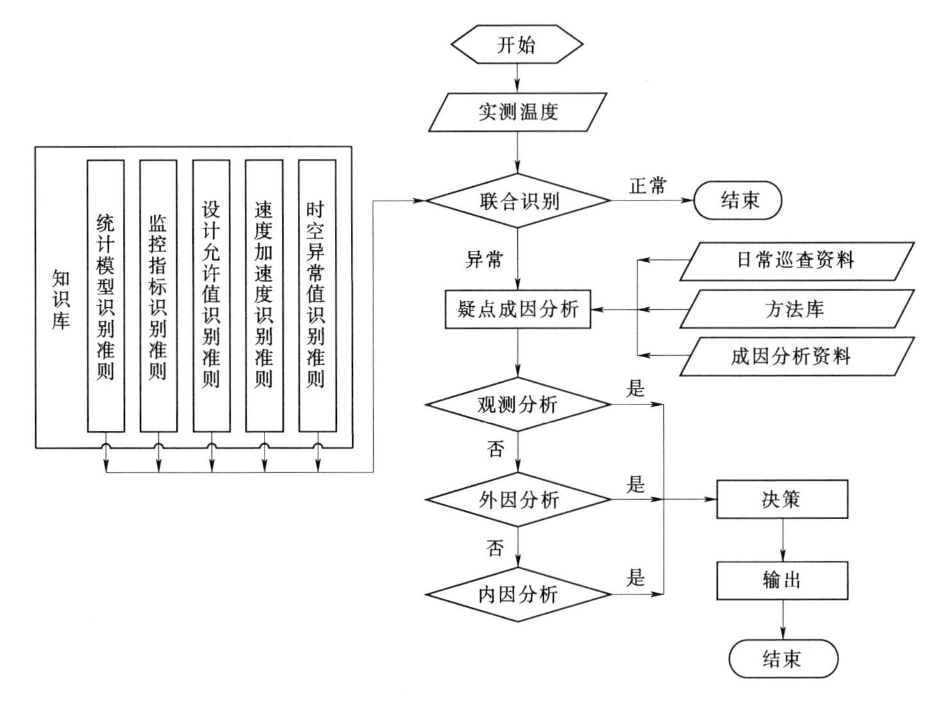

图8.2.1 “实时分析”总体网络结构

辅助决策支持系统的总体网络结构概括起来可以分为工程数据库、方法库和知识库3部分。

（1）工程数据库。工程数据库提供温度测值疑点识别、成因分析以及辅助决策建议所需要的数据资料。根据数据性质，工程数据库一般可分为原始数据库和整编数据库等。原始数据库包括原始温度测值、日常巡查的记录信息、所有可能的疑点成因信息等。整编数据库是经过整理分析后生成的数据库，包括疑点识别后被判别为正常测值的测温数据、识别出的疑点测值、疑点测值的成因以及对应的辅助决策建议等。

（2）方法库。方法库主要是对观测资料进行误差分析、疑点识别、成因分析、辅助决策的各类程序。

（3）知识库。知识库主要包括测值疑点识别的判别类知识和成因分析的推理类知识。

1）疑点测值识别的判别类准则。对于施工期大坝混凝土温度测值的疑点识别判别类准则概括起来有五大类：统计模型识别准则、监控指标识别准则、设计允许值识别准则、速度加速度识别准则、时空异常值识别准则。

a. 统计模型识别准则就是根据温度监测值建立测点的温度统计模型，根据温度实测值是否在统计模型计算值的允许范围之内进行数据性质的判别。

b. 监控指标识别准则是以目标控制温度和允许温度变化速率为依据，采用小概率法或最大熵法来拟定典型龄期的温度监控指标，或采用置信区间法拟定任意龄期的温度监控指标，根据温度实测值是否在拟定的温度监控指标的控制范围之内作为测值数据疑点识别的依据。

c. 设计允许值识别准则是根据设计院对大坝混凝土温度控制施工技术要求的具体规定和说明，根据温度实测值是否在设计规定的允许值控制范围之内作为测值数据疑点识别的依据。

d. 速度加速度识别准则是以大坝混凝土温度历时曲线上相邻两点连线的斜率作为该连线中点温度变化的速度，以速度历时曲线上相邻两点连线的斜率作为该连线中点温度变化的加速度，根据加速度变化幅度大小来进行温度测值序列疑点识别。

e. 时空异常值识别准则是对温度测值序列进行中位数平滑估计，根据温度实测值是否在平滑估计值的控制范围之内作为测值数据疑点识别的依据。

2）成因分析的推理类知识。成因分析的推理类知识是按照首先分析观测因素，然后分析外部影响因素，最后分析内部影响因素的思路来确定疑点测值的成因。

a. 若侧值为正常测值，则输出正常测值；若有测值被识别为疑点测值，则需对该疑点进行观测分析。若是观测因素（监测仪器故障、监测系统故障、监测房环境异常、等）引起的，则给出疑点成因、疑点测值的处理方法以及排除干扰，使监测系统恢复正常工作的决策建议；若是非观测因素引起，则需要进行外因分析。

b. 若是外部因素（环境气温、上游库水温、天气状况、浇筑层厚、间歇时间、混凝土预冷、表面保温、层面散热等）引起的，则给出疑点成因、疑点测值的处理方法以及削弱或消除外部影响因素干扰大坝混凝土温控防裂的决策建议；若是非外部因素引起的，则需要进行内因分析。

c. 若是内部因素（通水水温、通水流量、混凝土配合比、水化热绝热温升、混凝土质量等）引起的，则给出疑点成因、疑点测值的处理方法以及削弱或消除内部影响因素对大坝混凝土温控防裂不利影响的决策建议；若疑点成因仍然未能确定，则有待专家综合分析和类比分析来最终确定疑点测值的性质和成因。

8.2.3 开发工具、配置和功能

8.2.3.1 开发工具

SQL Server 2008 是一个全面的服务器数据库平台，使用集成的商业智能工具提供了企业级的数据管理。ADO.NET（ActiveX Data Objects for .NET）基于微软的最新平台 .NET 架构，是新的高效的数据访问模型，在 .NET 架构中可以访问任何类型的数据。ADO.NET 核心组件类的功能可以简单地概括为：Connection 对象建立与数据库的连接，Commands 对象向数据库发出命令，操作结果以流的形式在连接中返回，可以用 DataRead 快速从数据流中读取数据，也可以通过 DataAdapter 将数据存储在 DataSet 中。Visual Studio 2008 可以提供 .NET Framework 3.5 用于创建具有 Windows 用户界面的应用程序的项目。可以在 SQL Server 2008 中建立测温数据库，将工程数据库中相关资料导入到测温数据库中，在 Visual Studio 2008 中 VB.NET 开发环境里，采用 ADO.NET 数据访问技术和 SQL 语言以及 VB.NET 编程语言实现对测温数据的操作，最终开发出施工期混凝土坝测温辅助决策支持系统。

开发工具就是一台装有 SQL Server 2008、Visual Studio 2008、Microsoft Office 等软件的 Microsoft Windows XP/ Microsoft Windows 7 系统的台式电脑，其配置建议如下：

（1）CPU：2GHz 或更高。

（2）内存：2GB 以上。

（3）显卡：有 WDDM1.0 驱动的支持 DirectX 9 以上级别的独立显卡。

（4）硬盘剩余空间：40GB 以上。

（5）其他设备：DVDR/RW 驱动器或者 U 盘等其他储存介质安装使用。

8.2.3.2 系统配置

（1）Microsoft Windows XP 系统的建议配备要求如下：

1）CPU：300MHz 或更高。

2）内存：128MB。

3）显卡：Super VGA（600×800）或更高分辨率。

4）硬盘剩余空间：1.5GB 以上。

5）其他设备：CD－ROM 以上。

（2）Microsoft Windows 7（32 位处理器）系统的建议配备要求如下：

1）CPU：2GHz 或更高。

2）内存：2GB 以上。

3）显卡：有 WDDM1.0 驱动的支持 DirectX 9 以上级别的独立显卡。

4）硬盘剩余空间：2GB 以上。

5）其他设备：DVDR/RW 驱动器或者 U 盘等其他储存介质安装使用。

8.2.3.3　系统功能

按照上面的研发工具和系统配置，辅助决策支持系统应该能够实现的功能为：随着温度测值的动态增加和更新，该系统能够实时访问原始数据库，实时进行测值疑点识别、成因分析以及辅助决策建议，并将系统“实时分析”的分析成果和结论实时更新保存到整编数据库中。

8.2.4　小结

（1）初步设计了辅助决策支持系统“实时分析”的过程、网络结构以及开发工具、系统配置和该系统应该具备的功能。

（2）施工期混凝土坝测温辅助决策支持系统由工程数据库、方法库和知识库 3 部分组成。工程数据库由原始数据库和整编数据库组成，方法库由各种理论方法的程序代码组成，知识库由五大判别类准则和三大成因分析推理类准则组成，其“实时分析”过程包括疑点识别、成因分析以及辅助决策建议 3 个过程。

8.3　施工期混凝土坝测温辅助决策支持系统知识工程设计

辅助决策支持系统由工程数据库、方法库和知识库三大部分组成，其中知识库是辅助决策支持系统的核心部分。知识库即知识工程，对于施工期混凝土坝测温辅助决策支持系统而言，它的核心内容是“实时分析”评判类知识和推理类知识。以下主要阐述知识工程中涉及的知识的定义、知识的表示、知识的基本内容以及知识的管理。

8.3.1　知识及其应用的基本理论

8.3.1.1　知识的定义和范畴

知识包括专业领域内的专业知识以及在计算机上实施的专门知识。

专业知识是专业领域内所有专家和学者智慧结晶的集合，凭借数据、资料以及工程经验，能够对专业领域的问题做出正确合理科学的判断和推理分析，能够揭露事物的本质面貌和内在规律等的知识。

针对施工期大坝混凝土测温辅助决策支持系统来说，专业知识包括与其相关的法律法规、设计规范、规章制度，大坝混凝土施工过程与质量控制，以及工程施工过程中相关的监测资料分析报告、科研成果、专家知识和经验等。根据辅助决策支持系统的目标和功能，这些专业知识概括起来可分为判别类知识

和推理类知识。判别类的知识就是在“实时分析”中判别温度测值的性质的各类识别准则；推理类知识就是在识别出疑点测值后进行成因分析时应遵循的分析准则。

专门知识是知识工程师从专业知识中提取出的问题识别、求解过程、策略和经验规则，去伪存真，并进行知识的编码和组织，使其成为计算机运行的语言。具体来说，就是将提取的部分专业知识在计算机中编程实现辅助决策支持系统的功能所涉及的知识。

8.3.1.2 知识的表示

监测物理量被动接受未知疑点成因的影响作用变为疑点测值，通过疑点测值成因分析关联到可能的疑点成因，通过对可能疑点成因的分析，监测物理量主动接受温控措施的调整而削弱先前未知疑点成因的影响作用并最终返回到可控状态的正常测值。

大坝混凝土温度测值产生疑点是一种不透明的映射，辅助决策支持系统所进行的疑点识别、成因分析以及辅助决策建议都是一种透明的映射。从不透明的映射到透明映射的关联需要专家的参与，也就是辅助决策支持系统实现功能的过程中会出现人机交互的界面，通过人工的输入和选择来矫正从不透明映射到透明映射的关联中可能发生的偏差。知识库中知识的表示实际上就是将这种不透明的映射关系透明化。

所有温度测值经过判别准则映射到测值性质的状态数组，状态数组为布尔类型，取值“0”表示“false”，取值“1”表示“true”。对疑点测值进行成因分析映射到成因状态数组，通过辅助决策建议映射到辅助决策建议状态数组，通过 if... then... else 语句来实现辅助决策支持系统相应的功能。

8.3.2 判别类的知识

“实时分析”具有判别温度测值是否为疑点测值的功能。因此，其知识主要依据工程经验、规范规定、监测设计、安全监测数据处理相关理论、监测物理量的内在规律、已取得的分析报告和科研成果等。

吴中如等（2003）提出了大坝安全监控（主要是位移变形、应力应变、渗流渗漏等监测项目）疑点判别的六大准则：时空评判准则、力学规律评判准则、数控模型评判准则、监控指标评判准则、日常巡查判别准则、关键问题评判准则。南京水利科学研究院的郦能惠（2003）从静态和动态角度对异常数据进行识别，丰富和扩展了六大疑点识别准则中的时空评判准则，对于趋势性变化的识别采用上下连检定法和正负连检定法。武汉大学的何金平（2010）将监测数据的疑点测值分为尖点型和台阶型两类，并提出了偏度-峰度检验法。其他许多学者对疑点测值六大识别准则的应用范围进行了论证和拓展。

笔者收集施工期大坝混凝土温度疑点测值识别方面的分析报告和科研成果以及专家的工程经验等，概括起来设计了五大类疑点判别准则：统计模型识别准则、监控指标识别准则、设计允许值识别准则、速度加速度识别准则和时空异常值识别准则。

8.3.2.1　统计模型识别准则

1. 识别准则介绍

统计模型是通过数理统计方法定量分析历史监测资料建立的原因量和监测效应量相互关系的数学模型。由于施工期大坝混凝土的温度受到多种因素的复杂影响和综合作用，加上温度监测时引入的观测误差，温度测值具有一定的不确定性，可以视为随机变量。采用数理统计的方法建立大坝混凝土温度影响因子和温度测值之间的统计模型，通过对比统计模型计算值和温度实测值的偏离程度来进行温度测值疑点识别是一种可行的办法。

以施工期各浇筑仓温度测值序列为基础建立的温度统计模型为经验模型，易受随机因素的影响，不同温控阶段温控措施发生改变时极易出现疑点测值。此外，一般需要连续监测两天以上的监测数据才能进行统计模型建模，因此该准则只能在连续监测两天以上才可以进行疑点识别。

2. 识别准则公式表示

若统计模型计算值 $y_{c,i}$ 与温度实测值 $y_{m,i}$ 的差值 $|y_{c,i}-y_{m,i}|$ 满足：①$|y_{c,i}-y_{m,i}|\leqslant 2k$，则实测值 $y_{m,i}$ 为正常测值。②$2k<|y_{c,i}-y_{m,i}|\leqslant 3k$，若连续跟踪监测 2～3 次，如果仍然满足上式，则实测值 $y_{m,i}$ 为趋势性变化疑点测值，否则实测值 $y_{m,i}$ 为正常测值。③$|y_{c,i}-y_{m,i}|>3k$，则实测值 $y_{m,i}$ 为异常疑点测值。其中 k 由统计模型标准差和资料分析共同确定。

8.3.2.2　监控指标识别准则

1. 识别准则介绍

温度监控指标是大坝混凝土温控防裂的重要指标，为了达到温控防裂的要求，一般需要控制浇筑仓的最高温度和最大降温速率等。当最高温度和最大降温速率落在允许的区间范围之内时是较好的温控防裂工况，是大坝混凝土温控防裂追求的目标；当最高温度和最大降温速率落在允许的区间范围之外时是最不利的温控防裂工况，是大坝混凝土温控防裂急需避免的情况。

此外，如 6.2 节所述，由混凝土温度变化规律可知，新浇筑混凝土因水泥水化热，温度逐渐升高，若干天之后达到最高温度，然后降温，温度变化速率也在初期较大，后期逐渐减小，达到最高温度后开始降温，温度变化速率由正值变转为负值。如果浇筑仓混凝土最高温度超过允许最高温度，那么在达到最高温度之前典型龄期浇筑仓混凝土的温度和温度变化速率一般也会超过某个允许值，拟定达到最高温度之前典型龄期浇筑仓混凝土的容许温度和容许温度变

化速率（特殊监控指标）对控制浇筑仓最高温度十分必要。

在第6章介绍了小概率法或最大熵法拟定温度监控指标，也可以基于置信区间估计法拟定温度监控指标。置信区间估计法基本思路是根据监测资料建立相应的数学模型，设数学模型计算值 $y_{c,i}$ 与温度实测值 $y_{m,i}$ 的差值为 $|y_{c,i}-y_{m,i}|$，该值满足 $1-\alpha$[α 为显著性水平(一般为1%～5%)] 的概率落在置信带 $\Delta=\beta\sigma$ 范围之内，则测值无明显趋势性变化且为正常测值，对应的监控指标上限$[y_i]=y_{c,i}+\Delta$，监控指标下限$[y_i]=y_{c,i}-\Delta$。小概率法需要选择不利温控组合情况下的监测效应量构成样本空间，统计其均值和标准差，用小样本统计检验方法（A－D法、K－S法）对其进行分布检验，确定其概率密度函数和分布函数，然后假设浇筑仓混凝土温度实测值超过温度监测值的允许值的概率为小概率事件，则可以根据随机变量的分布函数和小概率求出这个温度监测值的允许值。最大熵法事先不需要假设分布类型，直接根据随机变量的数字特征进行计算得出较高计算精度的概率密度函数，进而求出温度监控指标。然后根据温度实测值是否在拟定的温度监控指标的控制范围之内作为测值数据疑点识别的依据。

2. 识别准则公式表示

不超过允许温度上限的监控指标识别准则可以表示为：①若 $y_{m,i}\geqslant[y_i]$，且 $y_{mrc,i}\geqslant[y_{rc,i}]$，则实测值 $y_{m,i}$ 为异常疑点测值，需重点关注并采取更有效的温控措施。②若 $y_{m,i}\geqslant[y_i]$，且 $y_{mrc,i}<[y_{rc,i}]$，则实测值 $y_{m,i}$ 为异常疑点测值，需关注并采取更有效的温控措施。③若 $y_{m,i}<[y_i]$，且 $y_{mrc,i}\geqslant[y_{rc,i}]$，则实测值 $y_{m,i}$ 为正常测值，但需跟踪监测。④若 $y_{m,i}<[y_i]$，且 $y_{mrc,i}<[y_{rc,i}]$，则实测值 $y_{m,i}$ 为正常测值，执行当前温控措施即可。其中 $y_{m,i}$ 和 $y_{mrc,i}$ 分别是混凝土龄期为 i 天时的温度和温度变化率，$[y_i]$ 和 $[y_{rc,i}]$ 分别是混凝土龄期为 i 天时的允许温度和允许温度变化率。

不低于允许温度下限的监控指标识别准则可以表示为：①若 $y_{m,i}<[y_i]$，且 $y_{mrc,i}\geqslant[y_{rc,i}]$，则实测值 $y_{m,i}$ 为异常疑点测值，需重点关注并采取更有效的温控措施。②若 $y_{m,i}<[y_i]$，且 $y_{mrc,i}<[y_{rc,i}]$，则实测值 $y_{m,i}$ 为异常疑点测值，需关注并采取更有效的温控措施。③若 $y_{m,i}\geqslant[y_i]$，且 $y_{mrc,i}\geqslant[y_{rc,i}]$，则实测值 $y_{m,i}$ 为正常测值，但需跟踪监测。④若 $y_{m,i}\geqslant[y_i]$，且 $y_{mrc,i}<[y_{rc,i}]$，则实测值 $y_{m,i}$ 为正常测值，执行当前温控措施即可。其中 $y_{m,i}$ 和 $y_{mrc,i}$ 分别是混凝土龄期为 i 天时的温度和温度变化率，$[y_i]$ 和 $[y_{rc,i}]$ 分别是混凝土龄期为 i 天时的允许温度和允许温度变化率。

其他监控指标识别准则可以表示为：①若 $y_{m,i}>[y_i]$，且 $y_{mrc,i}\geqslant[y_{rc,i}]$，则实测值 $y_{m,i}$ 为异常疑点测值，需重点关注并采取更有效的温控措施。②若 $y_{m,i}\leqslant[y_i]$，且 $y_{mrc,i}\geqslant[y_{rc,i}]$，则实测值 $y_{m,i}$ 为异常疑点测值，需关注并采取更

有效的温控措施。③若 $y_{m,i}>[y_i]$，且 $y_{mrc,i}<[y_{rc,i}]$，则实测值 $y_{m,i}$ 为正常测值，但需跟踪监测。④若 $y_{m,i}\leqslant[y_i]$，且 $y_{mrc,i}<[y_{rc,i}]$，则实测值 $y_{m,i}$ 为正常测值，执行当前温控措施即可。其中 $y_{m,i}$ 和 $y_{mrc,i}$ 分别是混凝土龄期为 i 天时的温度和温度变化率，$[y_i]$ 和 $[y_{rc,i}]$ 分别是混凝土龄期为 i 天时的允许温度和允许温度变化率。

8.3.2.3　设计允许值识别准则

1. 识别准则介绍

《混凝土重力坝坝设计规范》（SL 319—2005、DL 5108—1999）中均对坝体混凝土温度控制措施、温控指标和温度监测进行了明确规定和建议，设计院在设计规范的基础上设计了更加详细的温度控制方案、温度监控指标、温度变化速率和温度变化幅度。这些规范规定和设计要求是大坝施工过程必须严格执行的，因此可以作为温度测值疑点识别的依据。根据规范规定以及设计院的设计要求，若大坝安全监测值不在目标控制的范围内，则可以判为疑点数据。施工期影响大坝混凝土温度的因素很多，为了较好地控制大坝混凝土的温度，减少甚至避免出现温度裂缝，一般都采取分期通水冷却方案，不同的阶段有着不同的目标控制温度和温降速率，只要是在规范规定和设计要求的范围内，可以认为大坝混凝土的温度测值是正常的，否则就存在疑点。

2. 识别准则公式表示

如果温度实测值 $y_{m,i}$、日降温速率实测值 $y_{mrc,i}$、温度变化幅度实测值 $\Delta y_{m,i}$ 满足：①$y_{m,i}\leqslant[y_{dt,i}]$，且 $y_{mrc,i}\leqslant[y_{drc,i}]$，且 $\Delta y_{m,i}\leqslant[\Delta y_{d,i}]$，则实测值 $y_{m,i}$ 为正常测值。②$y_{m,i}>[y_{dt,i}]$，或 $y_{mrc,i}>[y_{drc,i}]$，或 $\Delta y_{m,i}>[\Delta y_{d,i}]$，则实测值 $y_{m,i}$ 为异常疑点测值。其中 $[y_{dt,i}]$、$[y_{drc,i}]$ 和 $[\Delta y_{d,i}]$ 分别是混凝土龄期为 i 天时的设计允许目标温度、设计允许日降温速率和设计允许温度变化幅度。

8.3.2.4　速度加速度识别准则

1. 识别准则介绍

由大坝混凝土温度变化的一般规律可知，大坝混凝土温度历时曲线可以近似看做是一条平滑连续的曲线。假设大坝混凝土温度和龄期满足函数关系 $y=f(x)$，且 $f(x)$ 连续可导，$f(x)$ 存在一阶导数 $f'(x)$ 和二阶导数 $f''(x)$，那么 $f'(x)$ 代表着温度变化的速度，$f''(x)$ 代表温度变化的加速度。由于温度历时曲线是平滑的，因而温度变化的速度历时曲线和加速度历时曲线也是平滑的，如果某点的温度值发生异常，那么该点温度变化的速度和加速度必然异常，即温度变化速度历时曲线和加速度历时曲线出现显著的突变。速度加速度识别准则就是通过识别大坝混凝土温度变化速度与加速度的异常来进行温度值的疑点识别。

以大坝混凝土温度测值为Y轴，以混凝土龄期为X轴，则相邻两点连线的斜率即为平均速度，可近似作为该点的温度变化速度；以温度变化速度为Y轴，以对应混凝土龄期为X轴，则相邻两点连线的斜率即为平均加速度，可近似作为该点的温度变化加速度。通过大坝混凝土温度变化的速度和加速度的异常，可以发现温度测值的异常。

具体来说，设龄期 $x_i(i=1,2,\cdots,n)$ 对应的温度测值为 $y_i(i=1,2,\cdots,n)$，温度变化的速度 $y_{v,i}$ 为

$$y_{v,i}=(y_i-y_{i-1})/(x_i-x_{i-1}) \qquad (i=2,3,\cdots,n) \tag{8.3.1}$$

温度变化的加速度 $y_{a,i}$ 为

$$y_{a,i}=(y_{v,i}-y_{v,i-1})/(x_i-x_{i-1}) \qquad (i=2,3,\cdots,n-1) \tag{8.3.2}$$

加速度 $\Delta y_{a,i}$ 的跳动特征可表示为

$$\Delta y_{a,i}=|2y_{a,i}-y_{a,i-1}-y_{a,i+1}| \qquad (i=3,4,\cdots,n-2) \tag{8.3.3}$$

加速度异常识别准则为

$$|\Delta y_{a,i}-u|/s>k \tag{8.3.4}$$

加速度跳动统计子样的平均值 u 与标准差 s 为

$$u=\sum_{i=3}^{n-2}\Delta y_{a,i}/(n-4) \qquad (i=3,4,\cdots,n-2) \tag{8.3.5}$$

$$s=\sqrt{\sum_{i=3}^{n-2}[(\Delta y_{a,i}-u)^2/(n-5)]} \qquad (i=3,4,\cdots,n-2) \tag{8.3.6}$$

其中，k 为疑点识别阈值，由随机变量的正态分布规律可知，$\Delta y_{a,i}$ 落在区间（$u-s$，$u+s$）的概率为68.3%，落在区间（$u-2s$，$u+2s$）的概率为95.5%，落在区间（$u-3s$，$u+3s$）的概率为99.7%，因此 k 一般取值为2或3。

2. 识别准则公式表示

若加速度变化值 $\Delta y_{a,i}$ 满足：①｜（$\Delta y_{a,i}-u$）/s｜$\leqslant k$，则加速度变化值 $\Delta y_{a,i}$ 正常，加速度 $y_{a,i}$ 正常，速度 $y_{v,i}$ 正常，实测值 $y_{m,i}$ 则为正常测值。②｜（$\Delta y_{a,i}-u$)/s｜$>k$，则加速度变化值 $\Delta y_{a,i}$ 异常，加速度 $y_{a,i}$ 异常，速度 $y_{v,i}$ 异常，实测值 $y_{m,i}$ 则为异常疑点测值。其中 u 为加速度变化值 $\Delta y_{a,i}$ 的均值，s 为加速度变化值 $\Delta y_{a,i}$ 的标准差，k 为加速度识别阈值，一般取2或3，根据具体情况确定。

8.3.2.5 时空异常值识别准则

1. 识别准则介绍

反映监测物理量在时间和空间上的变化分布规律是大坝安全监测资料最基本的功能。在正常的温控状态下，大坝混凝土温度历时曲线是符合一定变化规律的平滑曲线，在非正常温控状态下，温度历时曲线一般是难以符合变化规律

的不平滑的曲线，因此可以根据温度历时曲线的分布规律和平滑程度来进行温度疑点测值的识别。

时空异常值识别准则的基本思想是假设正常测值都是平滑的，疑点测值都是非平滑的，对测值进行中位数平滑估计，如果平滑估计前后差值超过平滑估计阈值，则该测值被判为疑点测值，其基本原理（周元春等，2011）如下：

首先从原始温度测值序列 $y_{m,i}(i=1,2,\cdots,n)$ 中依次取出5个相邻的测值：$y_{m,i-2},y_{m,i-1},y_{m,i},y_{m,i+1},y_{m,i+2}(i=3,4,\cdots,n-2)$，按照数值从小到大的顺序重新排列得 $y_{f,i-2}\leqslant y_{f,i-1}\leqslant y_{f,i}\leqslant y_{f,i+1}\leqslant y_{f,i+2}(i=3,4,\cdots,n-2)$，取其中位数构成新的序列 $y_{s,i}(i=3,4,\cdots,n-2)$；然后依次从中位数序列中取出3个相邻的数值 $y_{s,i-1},y_{s,i},y_{s,i+1}(i=4,5,\cdots,n-3)$，按照数值从小到大的顺序重新排列得 $y_{t,i-1}\leqslant y_{t,i}\leqslant y_{t,i+1}(i=4,5,\cdots,n-3)$，取其中位数构成新的序列 $y_{ds,i}(i=4,5,\cdots,n-3)$，由新的中位数序 $y_{ds,i}$ 构造平滑估计值 $y_{\text{æ},i}(i=5,6,\cdots,n-4)$，为

$$y_{\text{æ},i}=y_{ds,i-1}/4+y_{ds,i}/2+y_{ds,i+1}/4\qquad(i=5,6,\cdots,n-4)\tag{8.3.7}$$

若 $|y_{\text{æ},i}-y_{m,i}|\leqslant 3k(i=5,6,\cdots,n-4)$，则温度测值为正常测值，否则为异常测值。$k$ 为平滑估计阈值，根据实际情况确定。

2. 识别准则公式表示

如果平滑估计值 $y_{\text{æ},i}$ 与温度实测值 $y_{m,i}$ 的差值 $|y_{\text{æ},i}-y_{m,i}|$ 满足：①$|y_{\text{æ},i}-y_{m,i}|\leqslant 3k$，则实测值 $y_{m,i}$ 为正常测值。②$|y_{\text{æ},i}-y_{m,i}|>3k$，若 $[y_{d\max}]\leqslant y_{m,i}=y_{\max}\leqslant[y_{u\max}]$ 则实测值 y_{mi} 为正常测值，否则实测值 $y_{m,i}$ 为异常疑点测值。其中 $y_{\max}$ 为最大实测值，$[y_{d\max}]$ 为允许最高温度下限，$[y_{u\max}]$ 为允许最高温度上限，$3k$ 为平滑估计阈值，k 由平滑估计值标准差和资料分析共同确定。

8.3.2.6　识别准则权重分析

五大识别准则分别从统计模型、监控指标、设计规范规定、速度加速度、时空分布规律5个方面对温度测值的性质进行判别，可能会出现判别结论不一致的现象，即某一识别准则判别为正常测值而其他识别准则却判为疑点测值，因此需要对各识别准则进行权重分析。

统计模型识别准则是监测规范推荐的方法，比较简单。但是随着监测数据的海量增加、通水方案的改变等温控措施的改变，温度统计模型的预测精度就受到影响，尤其是发生一些突发事件，当温度实测值超过 $3k$ 时并不一定为异常测值，只有当有明显趋势性变化异常时才能判为疑点测值。

因为监控指标是根据实测资料的物理意义，结合工程经验和规范设计的规定而综合拟定的指标，是监测数据疑点识别的一种方法，能够在一定程度上起到指导工程实践的功效。然而如何拟定一个非常准确而合适的监控指标仍是一个亟待解决的问题，因为疑点测值和正常测值在疑点判别界限处是很难用一个

数值就能区分，因此监控指标识别准则也并非是完全可以担当“去伪存真”重任。

设计允许值满足规范规定的强制性要求，是对工程经验和设计规范优化应用细化的最终结果，是大坝安全监测物理量必须遵守的基本要求，是大坝混凝土温度控制的主要依据，也是大坝安全监测的根本保障。然而设计允许值只是对典型龄期和典型温控阶段的温控指标进行了规定，细化到每个监测数据时仍然需要进行扩展，针对具体问题也只能随机应变。

速度加速度识别准则是从温度变化速率的角度来进行疑点识别的，因为温度变化速率与水泥水化热温升以及温控措施密切相关，同时温度变化速率最终影响目标控制温度是否超出控制范围，通过控制温度变化的速度加速度能够有效地控制大坝混凝土的温度。但是不同的温控阶段温度变化速率有不同的要求，一期冷却阶段温度变化速率过大会导致最高温度过低影响混凝土早期强度的发展而降低混凝土的抗裂性能，变化速率过低又会导致最高温度超过温控指标的控制，由于水泥水化热温升的影响早期混凝土温度变化速率较大而后期温度变化速率则较小，不同温控阶段之间转换的时候速度加速度识别准则的识别效果较差。

时空异常值识别准则是根据监测物理量的时空分布规律来进行疑点识别，在一定程度上反映了人工识别疑点测值的理念和思想，不符合分布规律的测值必然为疑点测值，对于疑点测值中的粗差和异常测值具有较好的识别效果，但是对于趋势性变化异常则识别效果较差。

任何一种识别准则都无法完美解决“去伪存真”的疑点判别问题，需要五大准则相互制约相互补充，共同确定测值的性质状态。吸收国内外大坝安全监测疑点识别相关的理论和方法，综合上述五大准则的内涵和识别效果，对温度测值的疑点识别，五大准则有 3 种或 3 种以上认为某些测值为疑点测值时，则该测点的性质被判别为疑点测值，这样可以有效地避免疑点误判的情况。

8.3.3　推理类的知识

影响温度测值性质的因素很多，对于引起的疑点测值，有可能是一种影响因素引起的，也有可能是多种影响因素综合作用的结果，对各种影响因素进行定量分析是相当复杂和困难的。根据识别准则对测值性质进行初步识别，结合环境监测资料、巡视检查资料、工程经验等成果资料进行疑点成因分析是一种定性分析。其基本思路如下：

（1）进行观测因素异常检查分析，找出可能的疑点成因，如果能够确定疑点成因则结束疑点成因分析。

(2) 如果不能确定则进行外部因素异常检查分析，找出可能的疑点成因，如果能够确定疑点成因则结束疑点成因分析。

(3) 如果不能确定则进行内部因素异常检查分析，找出可能的疑点成因，如果能够确定疑点成因则结束疑点成因分析。

(4) 如果不能确定则有待专家综合分析和类比分析来最终确定疑点测值的性质和成因。

针对不同的疑点成因采取对应的数据处理方式和温控措施调控的辅助决策建议。

8.3.3.1　观测因素分析

观测因素异常检查分析主要包括以下两种情况：

(1) 观测环境异常或者观测仪器异常导致观测仪器无法正常工作。

(2) 观测仪器能够正常工作，但是观测成果未能正确记录下来最终导致温度测值变为疑点测值。

如果埋设的温度计本身有问题，那么温度测值很有可能是疑点测值，只需要检查温度计埋设前的质量检查记录、仪器率定记录、监测系统校核记录，确保温度计质量合格。对于分布式测温光纤，监测房监测环境异常也有可能导致光纤测温系统无法正常工作，可以检查巡查记录是否有监测房温度过高、湿度过大、振动、灰尘、光纤测温系统电压不稳、熔接点受损等记录来确保监测房的监测环境正常。如果测温光纤沿程测值与提取刻度未能准确对应，那么依据测温光纤埋设刻度记录来提取的光纤测温测值变成疑点测值也是极有可能的，因此需要检查提取刻度与测温光纤沿程测值的对应关系，确保测温光纤埋设刻度记录准确无误。

8.3.3.2　外部因素分析

如果不是观测因素的影响，那么进行疑点测值的外部因素分析。监测点处的混凝土在水泥水化热温升的同时也对外热传导、热辐射、热对流，监测的温度测值是3种传热方式耦合的最终表现，气温水温的变化、保温材料发挥功效的程度、保温措施的执行效果对大坝混凝土的温度变化都有着密切的联系。喷涂保温材料、粘贴保温苯板、覆盖保温被等，这些保温材料能够最大限度地削弱库水水温和外界环境气温对混凝土温度的影响；搭建遮阳棚、流水养护等，这些温控措施能够有效地遏制恶劣环境对混凝土温度的影响。气温骤变、天气变化、大坝蓄水、保温材料未能充分发挥功效、温控措施执行不到位等因素的影响效果在温度测值中均有所体现，因此可以检查是否是这些影响因素对混凝土温度产生不利的影响而导致温度测值变为疑点测值。

8.3.3.3　内部因素分析

如果既不是观测因素影响，也不是外部影响因素，那么疑点测值的成因极

有可能是内部影响因素造成的。内部影响因素主要有两大类：一是通水冷却方案发生改变引起混凝土的温度发生显著变化；二是混凝土水泥水化热的释放引起混凝土的温度发生变化。冷却水管的通水方案会随着大坝混凝土温控防裂的需要而发生变化，通水方向、通水水温、通水流量也会随着混凝土龄期、环境气温的变化而变化，冷却水管能够有效带走大坝混凝土水泥水化热并降低温度。混凝土的配合比会影响水泥水化热温升的过程，混凝土浇筑质量也有可能会导致大坝混凝土光纤测温测值变为疑点测值。

8.3.4 知识的表示及管理

8.3.4.1 知识的表示

根据施工期大坝混凝土测温辅助决策支持系统“实时分析”的过程及网络结构，判别类知识和推理类知识的详细网络流程图见图 8.3.1～图 8.3.6。

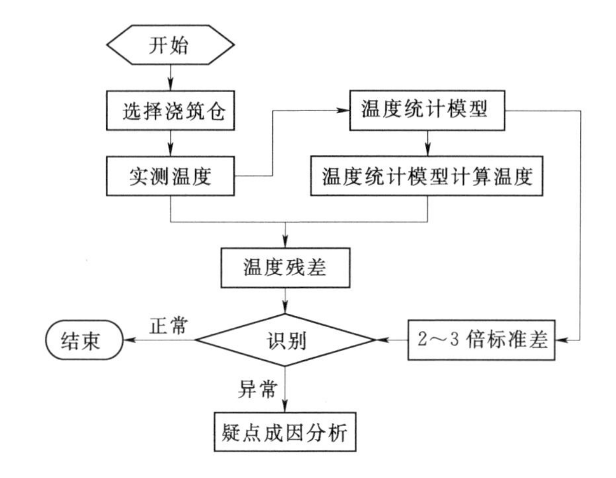

图 8.3.1 统计模型识别准则网络流程图

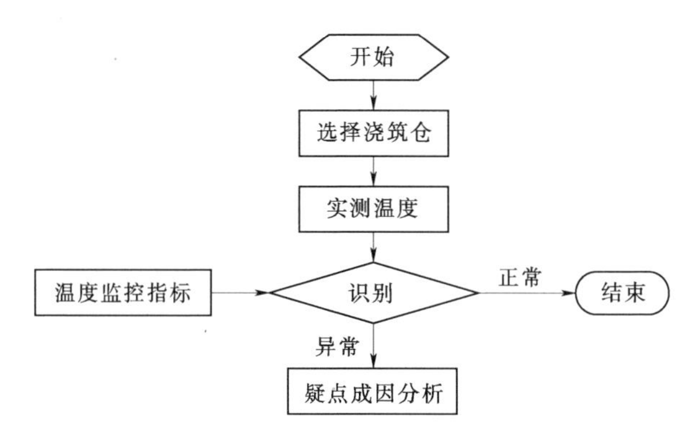

图 8.3.2 监控指标识别准则网络流程图

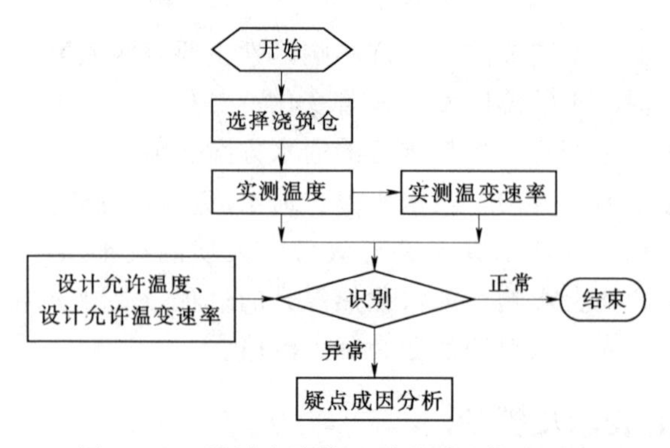

图 8.3.3　设计允许值识别准则网络流程图

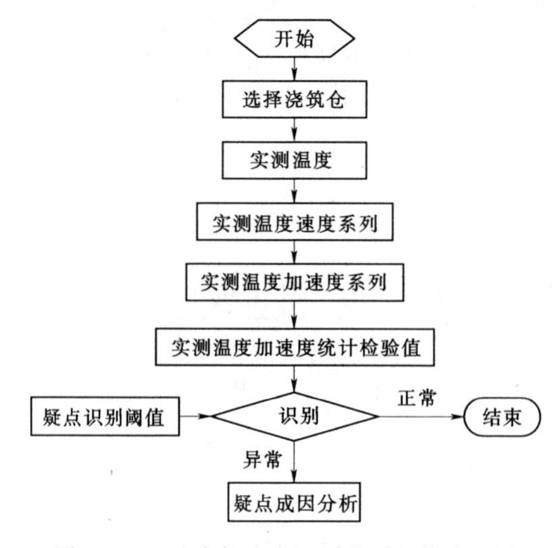

图 8.3.4　速度加速度识别准则网络流程图

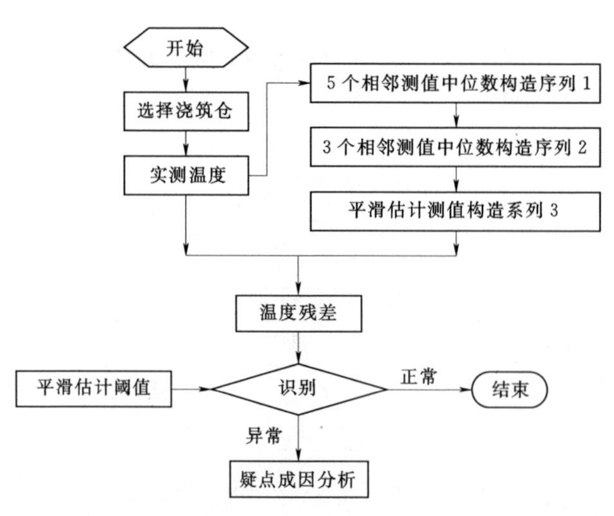

图 8.3.5　时空异常值识别准则网络流程图

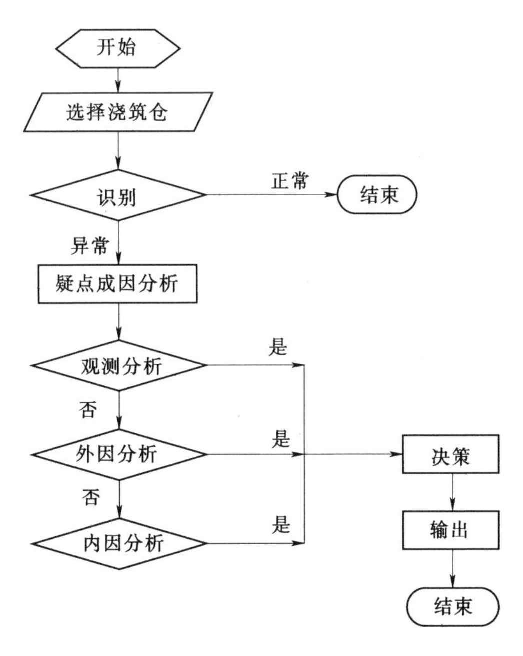

图 8.3.6 成因分析及辅助决策建议网络流程图

8.3.4.2 知识的管理

知识的管理直接影响到系统的工作效率和性能，涉及知识查询搜索、知识添加、知识修改、知识删除、知识选择、知识使用帮助等内容，主要依靠编写知识操作函数以菜单提示的形式实现。设计知识操作函数时需要遵循的基本原则是：对知识的任何操作都必须由知识操作函数进行，以确保辅助决策支持系统的运行独立于知识。知识操作函数被引用激活后由外部的人机对话的方式来获取相关内容，再由知识获取模块将其转化为系统内部能够识别和使用的形式，为了方便知识的更新操作，知识操作函数的应有详细的使用说明规则。

8.3.5 小结

论述了辅助决策支持系统的重要部分知识工程，主要内容涉及知识的定义、知识的表示、知识的基本内容以及知识的管理。具体内容如下：

(1) 知识包括专业领域内的专业知识和能够在计算机上实施的专门知识，辅助决策支持系统的专业知识主要包括与其相关的法律法规、设计规定、基本原理、质量保障、质量控制以及工程施工过程中相关的监测资料分析报告、科研成果、专家知识和经验等；辅助决策支持系统的专门知识是指能在计算机中编程实现温度测值疑点识别的判别类知识和测值疑点成因分析的推理类知识。

(2) 知识的表示用映射关系来实现，即将温度测值产生疑点测值的不透明映射用辅助决策支持系统和人机交互来透明化，用判别推理类准则和 if... then... else 语句来实现辅助决策支持系统相应的功能，用布尔类型的状态数组来存储疑点识别、成因分析和辅助决策建议的中间成果。

(3) 基于工程经验、概率统计、法律法规、设计规定、速度加速度、平滑分布规律总结设计了五大疑点测值识别准则：统计模型识别准则、监控指标识别准则、设计允许值识别准则、速度加速度识别准则、时空异常值识别准则，提出了测值性质由五大准则联合识别来确定。

(4) 推理类知识的基本思路主要是从观测因素分析到外部影响因素分析，再到内部影响因素分析的逐步推理分析疑点测值成因的过程。

8.4　施工期混凝土坝测温辅助决策支持系统

溪洛渡水电站位于四川省雷波县和云南省永善县境内的金沙江干流上，以发电为主，是中国第二、世界第三大水电站。溪洛渡大坝的死水位 540.00m，防洪限制水位 560.00m，正常蓄水位 600.00m，坝顶高程 610.00m，最大坝高 285.50m，水库总库容 126.7 亿 m^3，调节库容 64.6 亿 m^3，左右岸布置地下厂房，各安装 9 台 77 万 kW 水轮发电机，电站总装机 1386 万 kW。溪洛渡水电站枢纽主要由拦河大坝、泄洪消能、引水建筑物、发电建筑物等组成，其中拦河大坝为混凝土双曲拱坝，共 31 个坝段，坝身布置 7 个表孔、8 个深孔和 10 个临时导流底孔。溪洛渡拱坝坝顶拱冠厚度 14m，坝底拱冠厚度 60m，最大中心角 95.58°，顶拱中心线弧长 681.51m，弧高比 2.451，厚高比 0.216，基坑开挖量 365 万 m^3，大坝混凝土浇筑量预计达 558 万 m^3，温控防裂是大坝混凝土施工过程中的重点和难点。

根据溪洛渡工程建设部的要求，三峡大学溪洛渡水电站温控项目部分别在河床坝段 15 号坝段和 16 号坝段，以及岸坡坝段 5 号坝段和 23 坝段浇筑仓内埋设测温光纤，并结合监测获得的温度数据进行了相关的研究工作。

8.4.1　知识库的知识设计

应用 8.3 节知识工程的基本知识，对溪洛渡拱坝混凝土光纤温度测值进行疑点识别，具体应用如下。

1. 统计模型识别准则

施工期溪洛渡拱坝温控防裂主要采取骨料预冷、表面保温、通水冷却等温控措施，因此混凝土的温度也主要受浇筑温度、环境气温、通水冷却以及水泥

水化热温升的影响。针对每个影响因子的数学变化规律，浇筑温度用常数项来表示，环境气温采用周期项来表示，通水冷却和水泥水化热温升的影响采用两个指数函数来表示，施工期溪洛渡拱坝的温度统计模型可以表示为

$$T(t)=b_0+T_1(t)+T_2(t) \tag{8.4.1}$$

$$T_1(t)=b_1\sin\frac{4\pi t}{365}+b_2\cos\frac{4\pi t}{365}+b_3\sin\frac{2\pi t}{365}+b_4\cos\frac{2\pi t}{365} \tag{8.4.2}$$

$$T_2(t)=b_5\left[e^{-0.318(t+1)}-e^{-0.318}\right]+b_6\left[e^{-0.295(t+1)}-e^{-0.295}\right] \tag{8.4.3}$$

式中：b_0 为常数项；$b_1\sim b_6$ 分别为待求参数；$T_1(t)$ 为环境气温分量；$T_2(t)$ 为通水冷却和水化热温升分量。

采用逐步回归分析法或优化算法或仿生算法等获得温度统计模型的参数。

2. 监控指标识别准则

由于小概率法或最大熵法在拟定典型龄期的温度监控指标时，需要基于大量的样本数据获得概率密度函数和分布函数，操作起来比较麻烦，不利于编程实现；当获得了混凝土浇筑仓温度过程线时，虽然采用置信区间法拟定各个龄期的温度监控指标较容易，但由于每个浇筑仓的工况存在差异，导致温度过程线也有差异，以致拟定监控指标的过程也比较麻烦。结合每个浇筑仓温度监测资料，确定温度统计模型［式（8.4.1）］，然后由温度统计模型计算值，采用置信区间法获得温度监控指标，实践表明，该方法编程实现也比较容易。为此，依据施工期大坝混凝土温度统计模型，基于置信区间法拟定溪洛渡光纤温度测值的温度监控指标。

设统计模型预测值为 $y_{c,i}$，置信区间为

$$[y_{u,i}]=1.05y_{c,i},[y_{d,i}]=0.95y_{c,i} \tag{8.4.4}$$

式中：$[y_{u,i}]$、$[y_{d,i}]$、$y_{c,i}$分别为龄期为 i 时温度监控指标上限、温度监控指标下限、统计模型预测值。

对应的判别准则为：如果实测值 y_i 满足 $[y_{d,i}]\leqslant y_i\leqslant[y_{u,i}]$ 则为正常测值，否则为疑点测值。

3. 设计允许值识别准则

根据中国电建集团成都勘测设计研究院有限公司《金沙江溪洛渡水电站大坝施工技术要求》中拱坝混凝土温度控制施工技术要求，溪洛渡水电站的混凝土温度监测设计要求见表 8.4.1。为了将施工期混凝土温度降低至封拱温度，根据拱坝混凝土温控防裂特点，溪洛渡拱坝通水冷却分一期冷却、中期冷却、二期冷却等 3 个时期 9 个阶段进行，见图 8.4.1。

表 8.4.1　　溪洛渡温度控制施工技术要求

温控阶段	温　控　要　求
一期冷却	控温阶段最高温度 T_0，降低 2℃时控温阶段结束； 降温阶段日降温速率不大于 0.5℃/d，目标控制温度 T_1（自由区）； 一期冷却总时间约 21d
中期冷却	一次控温阶段温度变化幅度不超过 1℃； 中期冷却降温阶段日降温速率不大于 0.2℃/d； 开始中期冷却降温阶段混凝土龄期大于 45d； 中期冷却二次控温阶段目标控制温度为 T_2； 温度变化幅度不超过 1℃
二期冷却	中期冷却结束，混凝土龄期大于 90d； 同冷区二次冷却降温至设计封拱温度 T_c； 二期冷却日降温速率不大于 0.5℃/d； 一次控温阶段约束区不出现超冷，温升幅度不大于 0.5℃； 自由区温变幅度不大于 1℃； 灌浆控温阶段混凝土龄期大于 120d； 约束区欠冷不大于 0.5℃，自由区封拱温差±1℃； 二次控温阶段温度回升不大于 1℃

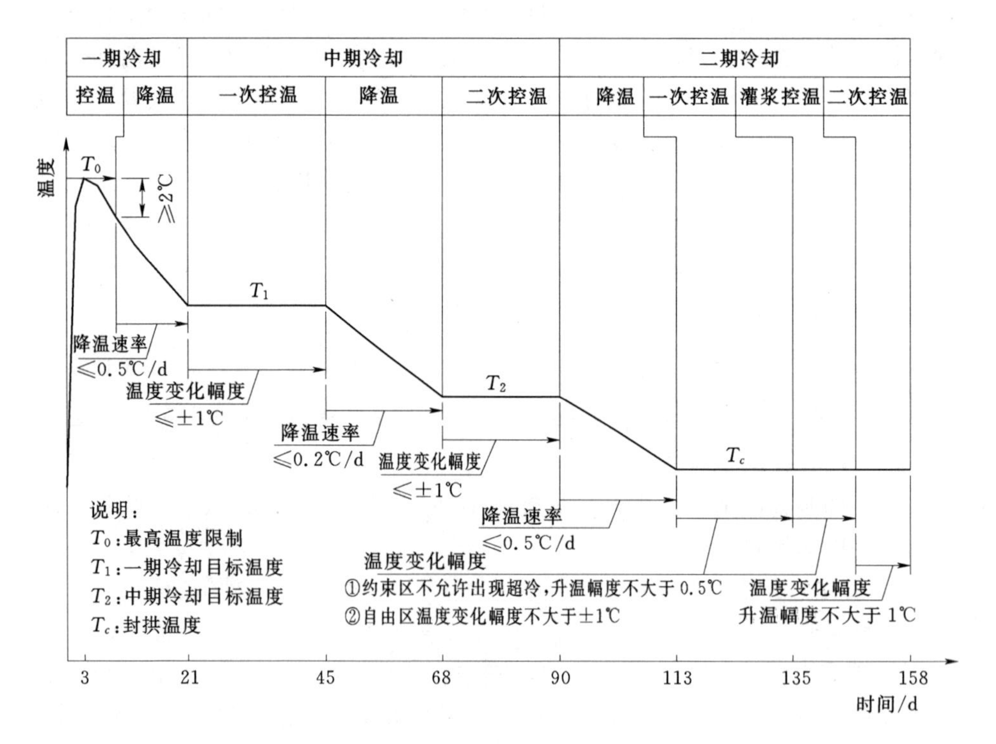

图 8.4.1　溪洛渡拱坝分期冷却示意图

从设计规范中归纳总结提取的设计允许温度、设计允许温变速率为

$$
[y_{dt,i}]=\begin{cases}
T_0 & i\in[0,t_1) \\
\dfrac{2}{t_1-t_2}i+T_0-\dfrac{2}{t_1-t_2}t_1 & i\in[t_1,t_2) \\
\dfrac{T_1-T_0+3}{t_3-t_2}i+T_0-2-\dfrac{T_1-T_0+3}{t_3-t_2}t_2 & i\in[t_2,t_3) \\
T_1+1 & i\in[t_3,t_4) \\
\dfrac{T_2-T_1}{t_5-t_4}i+T_1+1-\dfrac{T_2-T_1}{t_5-t_4}t_4 & i\in[t_4,t_5) \\
T_2+1 & i\in[t_5,t_6) \\
\dfrac{T_c-T_2}{t_7-t_6}i+T_2+1-\dfrac{T_c-T_2}{t_7-t_6}t_6 & i\in[t_6,t_7) \\
T_c+1 & i\in[t_7,t_8)
\end{cases} \tag{8.4.5}
$$

$$
[y_{drc,i}]=\begin{cases}
- & i\in[0,t_2) \\
0.5 & i\in[t_2,t_4) \\
0.2 & i\in[t_4,t_5) \\
0.5 & i\in[t_5,t_8)
\end{cases} \tag{8.4.6}
$$

式中：$[y_{dt,i}]$ 为混凝土龄期为 i 天时的设计允许目标温度；$[y_{drc,i}]$ 为混凝土龄期为 i 天时的设计允许降温速率；i 为混凝土的龄期；t_1 为混凝土达到最高温度时的龄期；t_2 为混凝土最高温度降低 2℃时对应的龄期；t_3 为一期冷却降温阶段结束时混凝土的龄期；t_4 为中期冷却一次控温阶段结束时混凝土的龄期；t_5 为中期冷却降温阶段结束时混凝土的龄期；t_6 为中期冷却二次控温阶段结束时混凝土的龄期；t_7 为二期冷却降温阶段结束时混凝土的龄期；t_8 为二期冷却降温阶段结束至接缝灌浆期间混凝土的龄期；T_0 为混凝土最高温度限制；T_1 为一期冷却目标温度；T_2 为中期冷却目标温度；T_c 为设计封拱温度。

光纤测温实测值不能超过设计允许温度，否则为疑点测值；降温阶段本次测值日降温速率定义为本次测值与前一日温度测值之差，必须不大于设计允许日降温速率，其中日降温速率为正时表示温升；光纤测温实测值或实测日降温速率，只要有一项超出设计允许，则该次测值为疑点测值。

4. 速度加速度识别准则

根据式（8.4.1），结合典型混凝土实测温度资料，采用逐步回归分析法回归获得温度统计模型参数，分别对其求一阶导数和二阶导数，得到混凝土温度变化的速度和加速度，绘制混凝土温度过程线、温度变化速度过程线、温度变化加速度过程线。

分析可知，新浇筑混凝土因水泥水化热，温度逐渐升高，若干天之后达到最高温度，然后降温；温度变化速率也在初期较大，后期逐渐减小，达到最高温度后开始降温，温度变化速率由正值变转为负值。溪洛渡拱坝温控防裂采用朱伯芳提出的“小温差、早冷却、缓慢冷却”的水管冷却指导思想，将水管冷却分为3期9个阶段，每个阶段分别采取相应的温控措施。由于不同温控阶段的温度控制指标和温控措施均有所差异，因而在温度变化的速度和加速度过程线上表现为：在浇筑仓混凝土温度达到最高温度之前表现为升温过程，但是温度变化的速度和加速度均呈现逐步减小的趋势；达到最高温度之后表现为降温的过程，温度变化的速度和加速度均呈现逐步减小并最终在小范围内波动的稳定趋势。

如果对整个过程直接采用速度加速度识别准则，有可能会出现误判和漏判的情况，因为同样大小温度变化的速度和加速度，放在早期也许是正常的，放在后期就有可能为疑点。为了达到较好的识别效果，需要分时段计算温度速度加速度的均值和标准差。

5. 时空异常值识别准则

将溪洛渡拱坝光纤温度测值按照时空异常值的识别准则进行平滑估计，首先采用5个相邻测值进行中位数构造新序列，然后采用3个相邻测值进行中位数构造新序列，采用式（8.3.7）进行平滑估计，最后根据光纤温度测值平滑估计前后的差异程度是否超过3倍平滑估计阈值来进行疑点识别。

6. 识别准则权重分析

光纤测温数据五大识别准则判别结论不完全一致时，五大识别准则至少有3种或3种以上的识别准则共同认定为疑点测值时才能判定为疑点测值。

7. 疑点测值成因分析以及辅助决策建议

根据疑点测值成因分析的基本思路，收集溪洛渡拱坝光纤温度测值可能存在的疑点成因以及辅助决策建议，见表8.4.2。

表8.4.2　　溪洛渡拱坝光纤测温疑点成因及辅助决策建议

成因分析	成因编号	疑点成因	辅助决策建议
观测分析	11	测温光纤是否质量合格	修正测值并消除误差的影响
	12	监测房监测环境是否正常	定期通风散热、除湿除尘
	13	光纤测温系统是否正常工作	重启光纤测温系统
	14	光纤埋设刻度记录是否无误	修正提取刻度和光纤测温测值
	15	其他原因	外部因素分析

续表

成因分析	成因编号	疑点成因	辅助决策建议
外因分析	21	气温是否发生骤然变化	加强保温措施的执行
	22	水位水温是否发生骤然变化	加强保温措施的执行
	23	保温材料是否完好有效	加强保温措施的执行
	24	表面保温措施是否执行到位	加强保温措施的执行
	25	其他原因	内部因素分析
内因分析	31	冷却水管通水参数是否合理	改变冷却水管通水参数
	32	混凝土配合比是否满足要求	加强温控措施
	33	浇筑质量是否满足要求	加强温控措施
	34	其他未知原因	专家综合分析确定

8.4.2 辅助决策支持系统设计

针对光纤温度测值数据量大、数据更新快、数据处理效率高的需求，依据数据库设计理论，设计的混凝土坝光纤测温辅助决策支持系统的数据库 E-R 模型见图 8.4.2，其中矩形表示实体，菱形表示关系，椭圆表示属性。

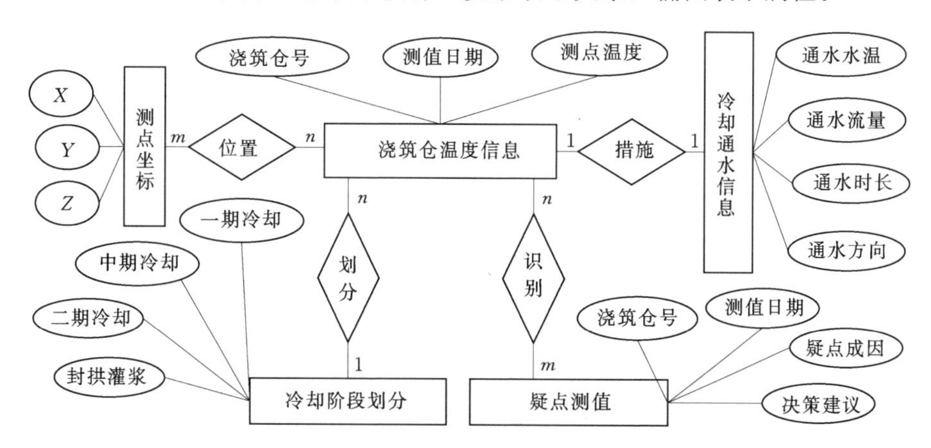

图 8.4.2 光纤测温数据库 E-R 模型

8.4.2.1 统计模型识别准则的界面设计

统计模型识别准则的界面设计见图 8.4.3，关键命令按钮操作如下。

(1) 仓号选择：在已浇筑坝段仓中选择需要进行疑点识别的仓号，获取该仓号的光纤温度测值序列。

(2) 确定模型参数：调用方法库的回归分析程序求解温度统计模型式 (8.4.1) 的参数和复相关系数，并在统计模型参数的文本框处显示；与此同时，在图形框中绘制实测温度过程线以及温度统计模型的拟合温度过程线。

(3) 疑点识别：对温度统计模型拟合值和光纤温度实测值的残差进行统计和判别，将识别出的疑点测值显示在识别出的疑点测值表格中。

(4) 导出结果：将识别出的疑点测值导出到Excel表格中。

(5) 退出：退出当前窗口，返回到首页。

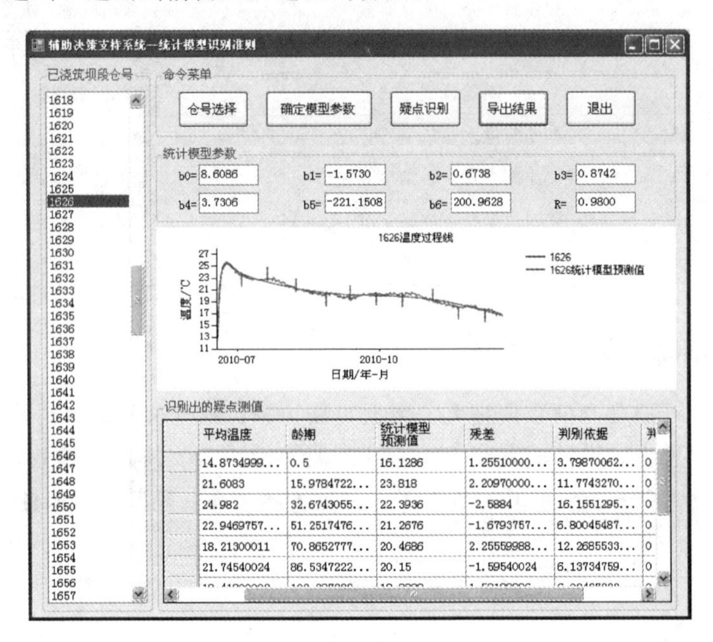

图 8.4.3 统计模型识别准则界面

8.4.2.2 监控指标识别准则的界面设计

监控指标识别准则的界面设计见图8.4.4，关键命令按钮操作如下。

(1) 仓号选择：在已浇筑坝段仓中选择需要进行疑点识别的仓号，获取该仓号的光纤温度测值序列。

(2) 拟定监控指标：调用方法库的回归分析程序求解温度统计模型式(8.4.1)的参数和复相关系数，同时采用置信区间法拟定温度统计模型计算值的上下区间，并在表格中显示。

(3) 疑点识别：对光纤温度实测值与监控指标上下限的对比判别测值是否为疑点测值，并在疑点测值表格显示本次识别出的疑点测值。

8.4.2.3 设计允许值识别准则的界面设计

设计允许值识别准则的界面设计见图8.4.5，关键命令按钮操作如下。

(1) 仓号选择：在已浇筑坝段仓中选择需要进行疑点识别的仓号，获取该仓号的光纤温度测值序列。

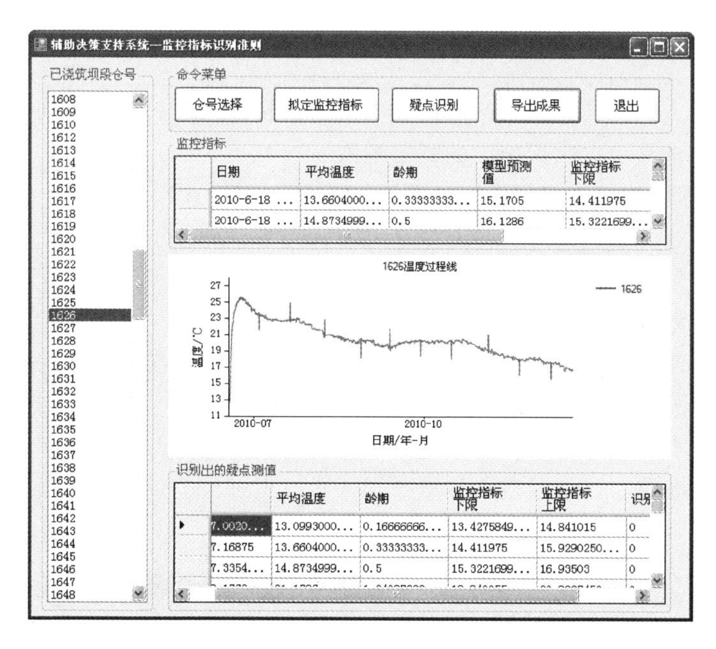

图 8.4.4 监控指标识别准则界面

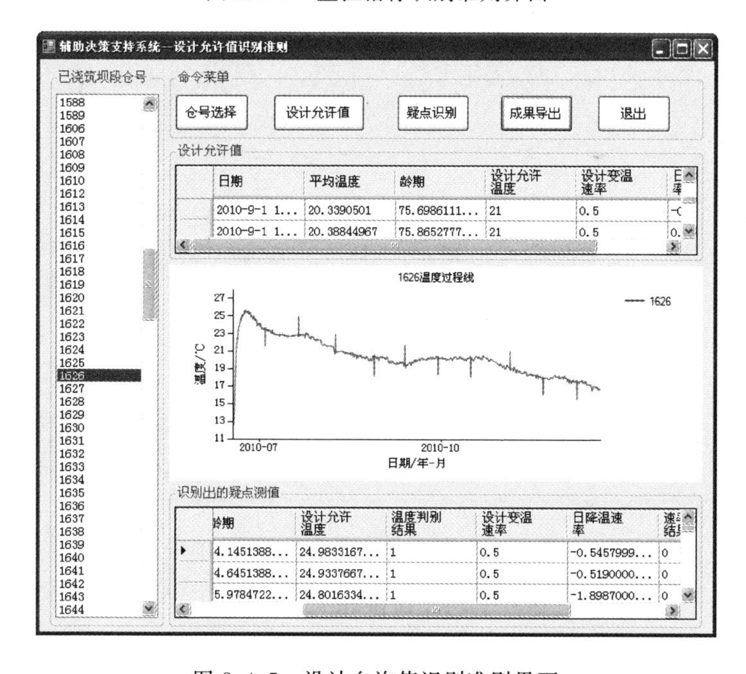

图 8.4.5 设计允许值识别准则界面

（2）设计允许值：根据各个坝段仓号的冷却时段划分表里面的典型龄期和设计允许值，计算各个光纤温度测值对应的设计允许温度和设计允许温变速率，并在设计允许值表格里面显示各个测值对应的设计允许温度和设计允许变温速率。

（3）疑点识别：判断光纤温度实测值是否超标来进行疑点判别，识别出的疑点测值表格显示本次识别出的疑点测值。

8.4.2.4　速度加速度识别准则的界面设计

速度加速度识别准则的界面设计见图 8.4.6，关键命令按钮操作如下。

（1）仓号选择：在已浇筑坝段仓中选择需要进行疑点识别的仓号，获取该仓号的光纤温度测值序列。

（2）求速度加速度：计算各个测值处的速度和加速度，并将计算结果在速度加速度计算成果表格中显示出来。

（3）疑点识别：通过计算加速度变化的均值和标准差，将加速度变化值转化为标准正态分布，然后进行疑点判别，通过识别出的疑点测值表格显示本次识别出的疑点测值。

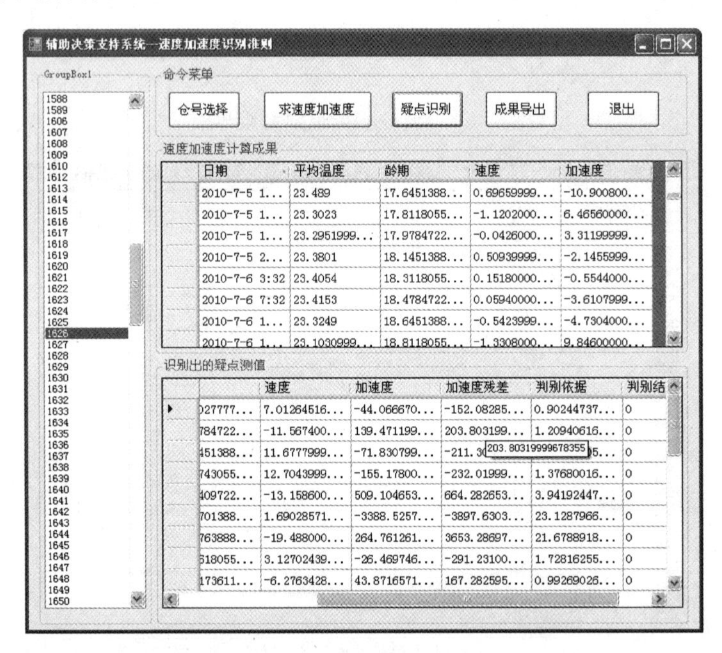

图 8.4.6　速度加速度识别准则界面

8.4.2.5　时空异常值识别准则的界面设计

时空异常值识别准则的界面设计见图 8.4.7，关键命令按钮操作如下。

（1）仓号选择：在已浇筑坝段仓中选择需要进行疑点识别的仓号，获取该仓号的光纤温度测值序列。

（2）平滑估计：调用方法库，对该仓温度测值过程进行 5 个相邻测值中位

数法构造新序列，3 个相邻测值中位数法构造新测值序列，然后进行平滑估计，并用 Chart 控件绘制平滑估计前后温度测值的过程线，平滑估计阈值一般取 3，也可根据识别效果和具体情况进行调整。

（3）疑点识别：根据平滑估计前后的残差统计其均值和标准差，通过转化为标准正态分布进行疑点判别，识别出的疑点测值表格显示本次识别出的疑点测值。

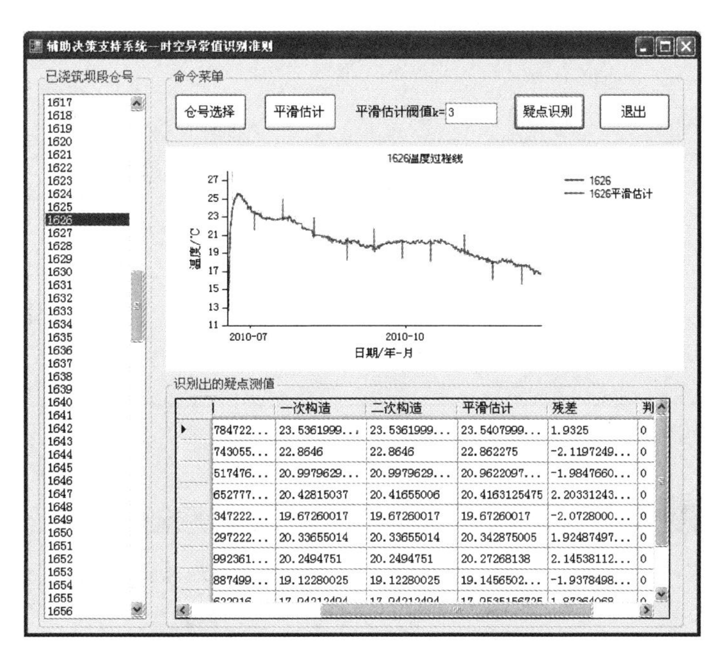

图 8.4.7 时空异常值识别准则界面

8.4.2.6 五大准则联合识别的界面设计

五大准则联合识别的界面设计见图 8.4.8，关键命令按钮操作如下。

（1）仓号选择：选择浇筑的坝段仓号，获取五大识别准则各自独立识别的结果，并在五大识别准则识别结果表格中显示各自的识别结果。

（2）联合识别：根据五大准则联合识别的权重分析，将 3 种或 3 种以上的识别准则均判别为疑点的测值作为联合识别出的疑点测值在联合识别出的疑点测值表格中显示出来。

8.4.2.7 成因分析界面设计

成因分析界面设计见图 8.4.9，关键命令按钮操作如下。

（1）仓号选择：选择浇筑的坝段仓号，在疑点测值龄期表格中显示五大准则联合识别出的疑点测值的龄期。

（2）成因分析：通过对疑点测值龄期来实现人机交互与疑点测值成因分析

图 8.4.8　五大准则联合识别界面

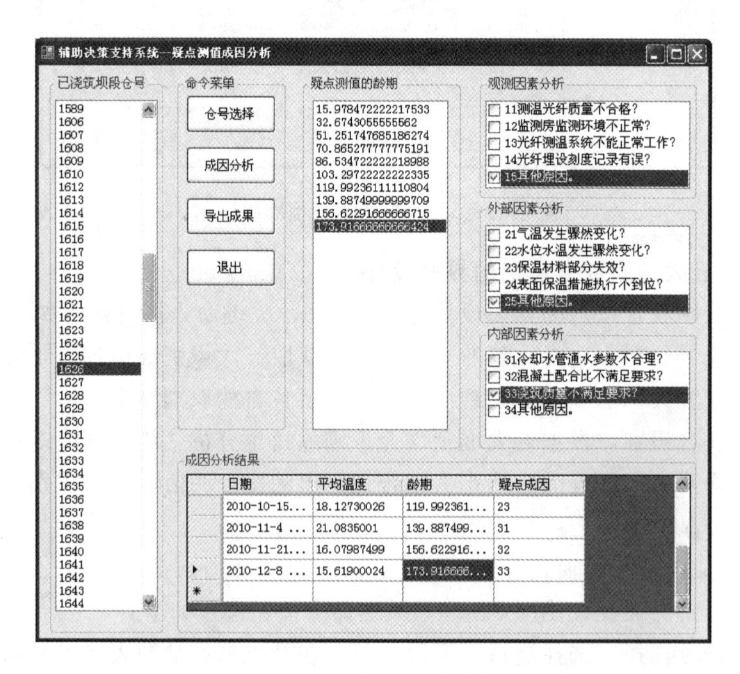

图 8.4.9　疑点测值成因分析界面

的定位对应关系，即逐个选择疑点测值的龄期，分别对其进行观测因素分析、外部因素分析、内部因素分析，成因分析结果的表格会显示用户疑点成因分析的结果。如果疑点成因在观测因素中，选择复选框对应的疑点成因，单击成因分析；如果无法确定，选择观测因素分析中的其他原因，然后才能在外部因素分析中选择相关疑点成因；如果外部因素分析中仍然无法确定疑点成因，则选择外部因素分析中其他原因，然后才能在内部因素分析中选择疑点成因。每次确定疑点成因（非其他原因）需要点击成因分析按钮，将结果记录下来并最终在成因分析结果表格中显示出用户所作的疑点成因分析。

8.4.2.8 辅助决策建议界面设计

辅助决策建议界面设计见图 8.4.10，关键命令按钮操作如下。

(1) 仓号选择：选择浇筑的坝段仓号，获取相应坝段仓号的疑点测值成因分析结果，并在疑点成因表格中显示出来。

(2) 决策建议：根据疑点成因返回值和疑点测值处理方式以及辅助决策建议之间一一对应的关系，自动生成疑点测值的处理方式和相应的辅助决策建议。

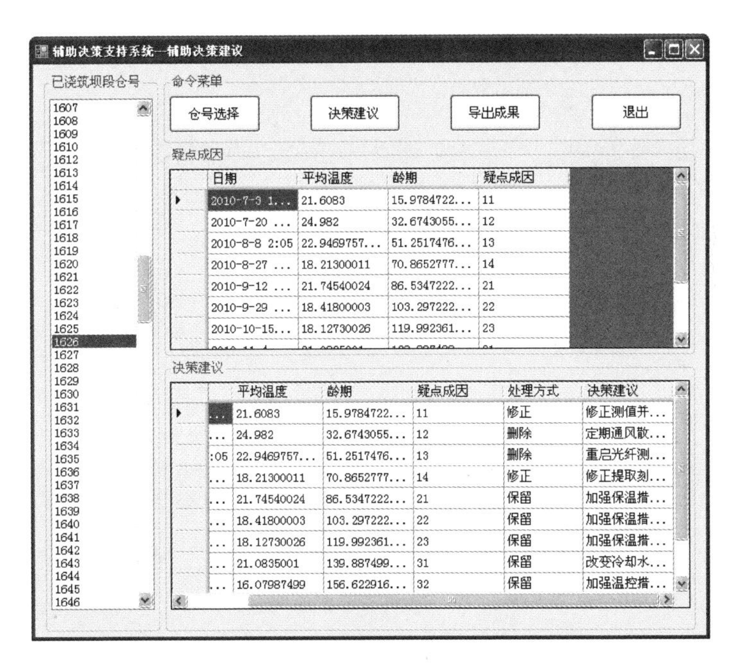

图 8.4.10 辅助决策建议界面

8.4.3 小结

(1) 对施工期混凝土坝测温辅助决策支持系统进行了总体设计，即首先对温度测值采取五大疑点识别准则联合进行疑点识别，然后针对疑点测值进行测值疑点成因分析，最后根据测值疑点成因提出疑点测值处理方式的建议和应当采取工程措施的决策建议。

(2) 根据施工期大坝混凝土的温度变化规律，针对施工期混凝土坝测温数据的疑点识别，初步设计了知识工程的识别准则，即统计模型识别准则、监控指标识别准则、设计允许值识别准则、速度加速度识别准则、时空异常值识别准则，采用五大准则联合进行疑点识别，可以确保“去伪存真”，避免疑点识别中误判的现象，并给出了疑点识别的流程图。

(3) 基于辅助决策支持系统的总体设计，应用疑点识别知识和成因分析知识，以 .NET 为开发平台，利用 VB.NET 语言和 SQL Server 2008 数据库开发施工期混凝土坝测温辅助决策支持系统，实现测温数据的疑点识别、成因分析和决策建议等功能。

(4) 结合实际工程，初步展示了施工期混凝土坝测温辅助决策支持系统的功能界面和应用效果。

参 考 文 献

[1] 敖麟．用有限单元法计算重力坝时关于地基边界条件的探讨［J］．水利学报，1981（4）：18－29.

[2] Bettess P. Infinite Element［J］. Int. J. Num. Meth. Eng.，1977 11（1）：53－64.

[3] 陈斌，刘宁，卓家寿．岩土工程反分析的最大熵原理［J］. 河海大学学报（自然科学版），2002，30（6）：52－55.

[4] 陈国荣．有限元法原理及应用［M］. 北京：科学出版社，2009.

[5] 陈火红，尹伟奇，薛小香．MSC. Marc 二次开发指南［M］. 北京：科学出版社，2004.

[6] 储海宁．混凝土坝内部观测技术［M］. 北京：水利电力出版社，1989.

[7] 柴军瑞．混凝土坝水荷载讨论［J］. 水电能源科学，2000，18（2）：18－20.

[8] 陈建余．非稳定饱和-非饱和渗流数值计算关键技术及其应用研究［D］. 南京：河海大学，2003.

[9] 丛培江，张燕．最大熵原理在坝体混凝土断裂韧度反演中应用［J］. 武汉理工大学学报，2008，30（1）：83－86.

[10] 丛培江，顾冲时，谷艳昌．大坝安全监控指标拟定的最大熵法［J］. 武汉大学学报（信息科学版），2008，33（11）：1126－1129.

[11] 陈立宏，李广信．关于“渗流作用下土坡圆弧滑动有限元计算”的讨论之二［J］. 岩土工程学报，2002，24（3）：396－397.

[12] 陈胜宏，陈尚法，杨启贵．三峡工程船闸边坡的反馈分析［J］. 岩石力学与工程学报，2001，20（5）：619－626.

[13] 常晓林，刘杏红，魏斌．考虑日照的碾压混凝土重力坝施工期温度仿真［J］. 武汉大学学报（工学版），2006，39（1）：26－29.

[14] 陈义涛．施工期混凝土坝光纤测温辅助决策支持系统应用探讨［D］. 宜昌：三峡大学，2015.

[15] 程中凯．基于蓄水期变形监测资料的溪洛渡高拱坝材料参数反演及变水位下温度荷载分析［D］. 宜昌：三峡大学，2014.

[16] 陈祖煜．关于“渗流作用下的坝坡稳定有限单元分析”一文的讨论［J］. 岩土工程学报，1983，5（3）：135－138.

[17] 陈祖煜．关于“渗流作用下土坡圆弧滑动有限元计算”的讨论之一［J］. 岩土工程学报，2002，24（3）：394－396.

[18] 邓建，李夕兵，古德生．岩石力学参数概率分布的信息熵推断［J］. 岩石力学与工程学报，2004，23（13）：2177－2181.

[19] 段亚辉，赖国伟．碾压混凝土重力坝失稳破坏机理的初步分析［J］. 水利学报，1995（5）：55－59.

[20] Elnahas M. M.，Williamson J. J. An improvement of the CTTC model for predicting urban air temperature［J］Energy and Buildings，1997，25（1）：41－49.

[21] 二滩水电开发有限责任公司．岩土工程安全监测手册［M］. 北京：中国水利水电出

版社，1999.

[22] 方开泰，马长兴．正交与均匀试验设计［M］．北京：科学出版社，2001.

[23] 傅少君，张石虎，解敏，等．混凝土拱坝温控的动态分析理论与实践［J］．岩石力学与工程学报，2012，31（1）：113－122.

[24] 范书立，陈健云，林皋．渗透压力对重力坝有限元分析的影响研究［J］．岩土力学，2007，28（增刊）：575－580.

[25] 冯夏庭，智能岩石力学［M］．北京：科学出版社，2000.

[26] 冯夏庭，周辉，李邵军，等．岩石力学与工程综合集成智能反馈分析方法及应用［J］．岩石力学与工程学报 2007，26（9）：1737－1744.

[27] 顾冲时，吴中如．大坝与坝基安全监控理论和方法及其应用［M］．南京：河海大学出版社，2006.

[28] 郭科，陈聆，魏友华．最优化方法及其应用［M］．北京：高等教育出版社，2007.

[29] 郭书祥，吕震宙．线性区间有限元静力控制方程的组合解法［J］．计算力学学报，2003，20（1）：34－38.

[30] DL/T 5178—2003 混凝土坝安全监测技术规范［S］．北京：中国电力出版社，2003.

[31] SL 601—2013 混凝土坝安全监测技术规范［S］．北京：中国水利水电出版社，2013.

[32] SL 282—2003 混凝土拱坝设计规范［S］．北京：中国水利水电出版社，2003.

[33] DL/T 5346—2006 混凝土拱坝设计规范［S］．北京：中国电力出版社，2007.

[34] SL 319—2005 混凝土重力坝设计规范［S］．北京：中国水利水电出版社，2005.

[35] DL 5108—1999 混凝土重力坝设计规范［S］．北京：中国电力出版社，2000.

[36] 黄耀英，沈振中，吴中如．Marc 软件在分析渗流场和渗流力中的应用［J］．河海大学学报（自然科学版），2006，34（5）：509－512.

[37] 黄耀英，黄光明，吴中如，等．基于变形监测资料的混凝土坝时变参数优化反演［J］．岩石力学与工程学报，2007，26（S1）：2941－2945.

[38] 黄耀英，沈振中，吴中如，等．混凝土坝及坝基分析中截取边界的影响［J］．水利水运工程学报，2007（4）：9－13.

[39] 黄耀英，沈振中，吴中如．不同应力分量下广义开尔文模型黏性系数探讨［J］．应用力学学报 2007，24（4）：588－591.

[40] 黄耀英．高坝与基岩时变效应的正反分析方法及其应用［D］．南京河海大学博士学位论文，2007.

[41] 黄耀英，沈振中，田斌，等．考虑渗流场和应力场耦合对混凝土坝位移的影响研究［J］．水力发电，2009，35（8）：18－21.

[42] 黄耀英，周宜红．两种不同水管冷却热传导计算模型相关性探讨［J］．长江科学院院报，2009，26（6）：56－59.

[43] 黄耀英，沈振中，王润富，等．水荷载引起混凝土重力坝位移的理论研究［J］．力学与实践，2010，32（1）：33－36.

[44] 黄耀英，沈振中，田斌，等．地基水荷载对混凝土坝位移影响研究［J］．水利水运工程学报，2010（1）：42－49.

[45] 黄耀英，郑宏，向衍．扬压力对水平拱圈坝肩影响研究［J］．水力发电，2012，38（10）：40－42.

[46] 黄耀英，周宜红，周建兵 水管冷却热传导计算模型能量分析 [J]. 水利水运工程学报，2012 (1)：78 - 81.

[47] 黄耀英，瞿立新，周宜红，等．混凝土浇筑仓温度双控指标拟定的最大熵法 [J]. 长江科学院院报，2012，29 (11)：104 - 107.

[48] 黄耀英，郑宏，向衍，等．不确定性大坝地基几何尺寸智能识别初探 [J]. 长江科学院院报，2013，30 (6)：76 - 79.

[49] 黄耀英，郑宏，向衍．不确定性地基水荷载的智能识别初探 [J]. 水利水运工程学报，2013 (1)：22 - 27.

[50] 黄耀英，周绍武，付学奎，等．中后期冷却期间混凝土浇筑仓温度动态预测模型研究 [J]. 四川大学学报 (工程科学版)，2013，45 (4)：34 - 38.

[51] 黄耀英，郑东健，周建兵．基于施工期实测温度的大坝混凝土导温系数反演 [J]. 水利水电科技进展，2013，33 (4)：6 - 9.

[52] 黄耀英，瞿立新，周宜红，等．基于小概率法的混凝土浇筑仓温度双控指标拟定及预警研究 [J]. 水利水电技术．2013，44 (11)：49 - 52.

[53] 黄耀英，沈振中，郑宏．重力坝深层抗滑稳定分析中扬压力施加方法 [J]. 长江科学院院报，2013，30 (12)：112 - 117.

[54] 黄耀英，丁月梅，吕晓曼，等．闸墩混凝土结构温控防裂措施智能优选研究 [J]. 中国工程科学，2014，16 (3)：59 - 63.

[55] 黄耀英，包腾飞．基于规范法的重力坝应力分析改进 [J]. 水力发电，2015，41 (1)：39 - 41.

[56] Jaynes E. T.. Information theory & statistical mechanics [J]. Physical Review，1957，106 (2)：620 - 630.

[57] 姜弘道，陈国荣，等．岩土工程中的反分析方法 [J]. 工程力学，1998，15 (增刊)：46 - 49.

[58] 刘丹丹，王俊，黄耀英，等．施工期混凝土坝温度统计模型探讨 [J]. 水电能源科学．2012，30 (2)：76 - 77.

[59] 李广信．高等土力学 [M]. 北京：清华大学出版社，2006.

[60] 林见，杨代泉．佛子岭坝实际的断裂韧度和纵缝传剪能力的反演分析 [J]. 水利学报，1988 (1)：66 - 71.

[61] 林继镛．水工建筑物 [M]. 北京：中国水利水电出版社，2009.

[62] 郦能惠．土石坝安全监测分析评价预报系统 [M]. 北京：中国水利水电出版社，2003.

[63] 梁通，金峰．基于广义有效应力原理的混凝土坝分析 [J]. 水力发电学报，2009，28 (2)：47 - 51.

[64] 林绍忠．有限元分析中坝基面和结构面渗透压力的合理模拟 [J]. 长江科学院院报，1993，10 (2)：50 - 53.

[65] 刘世君，岩石力学反演分析研究及其工程应用 [D]. 南京：河海大学，2003.

[66] 吕震宙，冯蕴雯，岳珠峰．改进的区间截断法及基于区间分析的非概率可靠性分析方法 [J]. 计算力学学报，2002，19 (3)：260 - 264.

[67] 李珍照．大坝安全监测 [M]. 北京：中国电力出版社，1997.

[68] 毛昶熙，李吉庆，段祥宝．渗流作用下土坡圆弧滑动有限元计算 [J]. 岩土工程学

报，2001，23 (6)：746－752.

[69] Owen D. R. J.，Hinton E. Finite elements in plasticity：theory and practice [M]. Swansea (U. K.)：Pineridge Press Ltd，1980.

[70] 潘家铮．论不稳定水头下的坝体扬压力问题 [J]. 水利学报，1958 (3)：90－111.

[71] 潘家铮．坝体有限元分析中的水荷载问题 [J]. 水力发电，1984，10 (3)：21－26.

[72] 邱志平，顾元宪．有界不确定参数结构位移范围的区间摄动法 [J]. 应用力学学报，1999，16 (1)：1－9.

[73] SL 352－2006 水工混凝土试验规程 [S]. 北京：中国水利水电出版社，2006.

[74] 苏静波，邵国建．基于区间分析的工程结构不确定性研究现状与展望 [J]. 力学进展，2005 (3)：338－344.

[75] 孙钧，汪炳槛．地下结构有限元法解析 [M]. 上海：同济大学出版社，1988.

[76] 沈珠江．莫把虚构当真实——岩土工程界概念混乱现象剖析 [J]. 岩土工程学报，2003，25 (6)：767－768.

[77] 沈振中．三峡大坝和基岩施工期变形分析及反分析模型 [D]. 南京：河海大学，1995.

[78] 沈振中，徐志英，雒翠．三峡大坝坝基黏弹性应力场与渗流场耦合分析 [J]. 工程力学，2000，17 (1)：105－113.

[79] 宋志文，肖建庄，赵勇．基于试验测定的混凝土热工参数反演计算 [J]. 同济大学学报（自然科学版），2010，38 (1)：35－38.

[80] Taylor D W. Fundamentals of Soil Mechanics [M] New York：John Wiley and Sons，1948.

[81] 王仁坤．水工大坝混凝土材料和温度控制研究与进展 [M]. 北京：中国水利水电出版社，2009.

[82] 吴相豪，吴中如．混凝土热力学参数反分析模型 [J]. 水力发电，2001 (2)：20－22.

[83] 王媛，速宝玉．坝基应力计算中的水荷载组合形式 [J]. 勘察科学技术，1995 (3)：3－7.

[84] 王媛．裂隙岩体渗流及其应力的全耦合分析 [D]. 南京：河海大学，1995.

[85] 万耀青．最优化计算方法常用程序汇编 [M]. 北京：工人出版社，1983.

[86] 吴中如，顾冲时．大坝安全综合评价专家系统 [M]. 北京：北京科学技术出版社，1997.

[87] 吴中如，顾冲时．大坝原型反分析及其应用 [M]. 南京：江苏科学技术出版社，2000.

[88] 吴中如．水工建筑物安全监控理论及其应用 [M]. 北京：高等教育出版社，2003.

[89] 吴中如．大坝的安全监控理论和试验技术 [M]. 北京：中国水利水电出版社，2009.

[90] 徐平，杨挺青，徐春敏，等．三峡船闸高边坡岩体时效特性及长期稳定性分析 [J]. 岩石力学与工程学报，2002，21 (2)：163－168.

[91] 杨强，刘福深，周维垣．基于矩法的重力坝建基面非线性等效应力分析 [J]. 水力发电，2006，32 (2)：23－25.

[92] 杨晓伟，陈塑寰，滕绍勇．基于单元的静力区间有限元法 [J]. 计算力学学报，2002 (2)：179－183.

[93] 张楚汉，王光纶，金峰．水工建筑学［M］．北京：清华大学出版社，2011.
[94] 赵代深．重力坝水荷载的计算［J］．水利学报，1984，15（7）：53－55．
[95] 朱伯芳．论拱坝的温度荷载［J］．水力发电，1984，10（2）：23－29.
[96] 朱伯芳．混凝土的弹性模量、徐变度和应力松弛系数［J］．水利学报，1985，16（9）：54－61.
[97] 朱伯芳．大体积混凝土施工过程中受到的日照影响［J］．水力发电学报，1999（3）：35－40.
[98] 朱伯芳．大体积混凝土温度应力与温度控制［M］．北京：中国电力出版社，1999.
[99] 朱伯芳，许平．加强混凝土坝面保护尽快结束“无坝不裂”的历史［J］．水力发电，2004，30（3）：25－28.
[100] 朱伯芳．拱坝温度荷载计算方法的改进［J］．水利水电技术，2006，37（12）：19－22.
[101] 朱伯芳，吴龙珅，杨萍，等，混凝土坝后期水管冷却的规划［J］．水利水电技术，2008，39（7）：27－31.
[102] 朱伯芳，杨萍．混凝土的半熟龄期——改善混凝土抗裂能力的新途径［J］．水利水电技术，2008，39（5）：30－35.
[103] 朱伯芳．有限单元法原理与应用［M］．北京：中国水利水电出版社，2009.
[104] 朱伯芳．小温差早冷却缓慢冷却是混凝土坝水管冷却的新方向［J］．水利水电技术，2009，40（1）：44－50.
[105] 朱伯芳．混凝土坝理论与技术新进展［M］．北京：中国水利水电出版社，2009.
[106] 朱伯芳，张超然．高拱坝结构安全关键技术研究［M］．北京：中国水利水电出版社，2010.
[107] 朱伯芳．论混凝土坝的水管冷却［J］．水利学报，2010，41（5）：505－513.
[108] 朱伯芳．混凝土热学力学性能随龄期变化的组合指数公式［J］．水利学报，2011，42（1）：1－7.
[109] 朱伯芳．大体积混凝土温度应力与温度控制［M］．北京：中国水利水电出版社，2012.
[110] 张光斗．混凝土重力坝的渗透压力［J］．水利学报，1956（1）：59－70.
[111] 张国新，艾永平，刘有志，等．特高拱坝施工期温控防裂问题的探讨［J］．水力发电学报，2010，29（5）：125－131.
[112] 张国新，杨波，张景华．RCC拱坝的封拱温度与温度荷载研究［J］．水利学报，2011，42（7）：812－818.
[113] 张国新，刘毅，解敏，等．高掺粉煤灰混凝土的水化热温升组合函数模型及其应用［J］．水力发电学报，2012，31（4）：201－205.
[114] 张国新，陈培培，周秋景．特高拱坝真实温度荷载及对大坝工作性态的影响［J］．水利学报，2014，45（2）：127－134.
[115] 章光，朱维申，白世伟．计算近似失效概率的最大熵密度函数法［J］．岩石力学与工程学报，1995，14（2）：119－129.
[116] 周厚贵，舒光胜．三峡工程大坝后期冷却通水最佳结束时机研究［J］．河海大学学报，2002，30（2）：101－104.
[117] 张建荣，徐向东，刘文燕．混凝土表面太阳辐射吸收系数测试［J］．建筑科学，

2006，22 (1)：42.

[118] 曾建潮．微粒群算法 [M]. 北京：科学出版社，2004.

[119] 张有天．岩石水力学与工程 [M]. 北京：中国水利水电出版社，2005.

[120] 周元春，甘孝清，李端有．大坝安全监测数据粗差识别技术研究 [J]. 长江科学院院报，2011，28 (2)：16-20.

[121] 赵光恒，张子明．有限深弹性层上基础梁的计算 [J]. 华东水利学院学报，1984 (2)：32-44.

[122] 赵志仁．大坝安全监测设计 [M]. 郑州：黄河出版社，2003.

Abstract

The water load during operation period and temperature control during construction period of safety monitoring in dams are discussed in this book. The forward and back analysis methods and optimal control models are given in detail with related examples. Eight chapters are included in this book. Introduction, deformation analysis of dam under water load, stability analysis of dam under water load, feedback analysis methods of concrete dam during operation period, feedback analysis methods of concrete dam during construction period, special monitor index of concrete dam during construction period, cybernetic method for pipe cooling in concrete dam during construction period and assistant decision support system on measured temperature of concrete dam during construction period.

This book can be used as a reference book by those are engaged in scientific research and engineering technology in the field of hydraulic engineering and civil engineering. It can also be used as a reference book for graduate students in the fields mentioned above.

Contents

“水科学博士文库”编后语

水科学博士是当今活跃在我国水利水电建设事业中的一支重要力量，是从事水利水电工作的专家群体，他们代表着水利水电科学最前沿领域的学术创新“新生代”。为充分挖掘行业内的学术资源，系统归纳和总结水科学博士科研成果，服务和传播水电科技，我们发起并组织了“水科学博士文库”的选题策划和出版。

“水科学博士文库”以系统地总结和反映水科学最新成果，追踪水科学学科前沿为主旨，既面向各高等院校和研究院，也辐射水利水电建设一线单位，着重展示国内外水利水电建设领域高端的学术和科研成果。

“水科学博士文库”以水利水电建设领域的博士的专著为主。所有获得博士学位和正在攻读博士学位的在水利及相关领域从事科研、教学、规划、设计、施工和管理等工作的科技人员，在各自领域的学术研究成果和实践创新成果均可纳入文库出版范畴，包括优秀博士论文和博士结合新近研究成果所撰写的专著以及部分反映国外最新科技成果的译著。获得省、国家优秀博士论文奖和推荐奖的博士论文优先纳入出版计划，择优申报国家出版奖项，并积极向国外输出版权。

我们期待从事水科学事业的博士们积极参与、踊跃投稿（邮箱：lw@waterpub.com.cn），共同将“水科学博士文库”打造成一个展示高端学术和科研成果的平台。

中国水利水电出版社
水利水电出版分社
2015 年 11 月